生物の形や能力を利用する学問
バイオミメティクス

国立科学博物館叢書 ⑯

生物の形や能力を利用する学問
バイオミメティクス

篠原現人・野村周平 編著

東海大学出版部

A Book Series from the National Museum of Nature and Science No. 16
Biomimetics – Learning from Nature to Enhance Our Lives
Edited by Gento SHINOHARA and Shûhei NOMURA
Tokai University Press, 2016
ISBN978-4-486-02098-1

序　文

　バイオミメティクスは通常，生物の形態や構造，機能などを模倣し，工学技術に応用することを指し，「生物模倣技術」などと訳される．しかし，本書では「生物規範工学」という言葉を用いている．その理由については本書の「バイオミメティクスの定義と歴史，将来への展望」お読み頂きたい．バイオミメティクスは，生体や遺伝子そのものを変化させたり，直接利用したりするバイオテクノロジーに似ているように思われるかもしれないが，バイオミメティクスは生物を研究し，その原理をモノづくりに応用するという点でバイオテクノロジーとは考え方がまったく異なる学問である．

　この本は生物の優れた能力に深い関心をもつ生物学や工学，情報科学などの異分野の研究者たちによって書かれた．通常，生物学と工学は非常に異なった学問分野と考えられている．実際これまでは，生物学者と工学者が同じテーブルにつき，議論することがなかった．しかし両者は「かたち」という共通言語によってコミュニケーションがとれることに気づき，協力して双方にメリットのある研究を発展させつつある．

　さて，現代社会はさまざまな問題（例えば，食糧問題，環境問題，エネルギー問題）をかかえている．その中のいくつかは生物から学ぶことで解決可能であると私たち研究者は考えている．しかし，生物学と工学が組むだけでは，問題解決にはきわめて不十分であり，環境科学などの知識や協力が必要になる．つまり幅広い異分野連携なくしては現代社会の問題を解決することはできない．

　この本を作るきっかけとなったのは，文部科学省科学研究費新学術領域「生物多様性を規範とする革新的材料技術」（代表：下村政嗣：平成24〜28年度）という大型研究企画である．この研究は，生物と工学の連携を基礎にして，分子系と材料系，材料系と機械系を統合し，さらに情報科学とも連携し，危機管理，環境科学，科学技術論などの視点も取り込んで異分野連携を劇的に推進する画期的な試みでもある．

　この本は私たちが取り組んでいるバイオミメティクス研究の基本や研究成果を社会一般に知ってもらいたいという熱意によって完成した．本書を通じて生物から学ぶことの楽しさや可能性について興味をもってもらえれば幸いである．

　　　　　　　　　　　　　　　　　　　　　　　　　　　　　　　　篠原現人・野村周平

謝　辞

　本書の企画や完成に際して，下澤楯夫氏（北海道大学）と森　直樹氏（京都大学）にご協力やご助言を頂きました．また，写真・情報提供で瀬能　宏氏（神奈川県立生命の星・地球博物館）と何　宣慶氏（台湾国立海洋生物博物館）にご協力を得ました．

　各章各節については次の方々にお世話になりました．第1章「バイオミメティクスの定義と歴史，将来への展望」への画像提供：芳賀拓真氏（豊橋市自然史博物館）．第1章「生物多様性とバイオミメティクス」への画像提供：浅野　勤・内野啓道・妹尾万里・瀬能　宏・山崎公裕各氏（神奈川県立生命の星・地球博物館），伊地知告氏（鹿児島県），笠原里恵氏（立教大学），西海　功・野村周平・矢野　亮各氏（国立科学博物館）；情報提供：並河　洋・濱尾章二両氏（国立科学博物館）；SEM（走査型電子顕微鏡）撮影協力：片山英里氏（国立科学博物館）；原稿へのコメント：松浦啓一氏（国立科学博物館）．第2章「生息場所の多様性」と「バイオミメティクスの視点から気になる微細構造」へのSEM撮影協力：亀澤　洋氏（国立科学博物館）．コラム2「振動を用いた害虫防除」への画像提供：遠田暢男氏（故人）．第3章「魚類のかたちと生息環境」への画像提供：大塚幸彦・内野啓道・内野美穂・春日智香子・小林洋子・小林　裕・熊澤伸宏・瀬能　宏・森田康弘各氏（神奈川県立生命の星・地球博物館）；資料提供：枝廣雅美氏（島津製作所）；資料作成：片山英里氏（国立科学博物館）．第3章「抵抗はなぜ起こるのか」への画像提供：栗岩　薫氏（国立科学博物館）．第3章「バイオミメティクスで注目される海洋生物の機能や構造」への画像提供：内野美穂・瀬能　宏両氏（神奈川県立生命の星・地球博物館），齋藤　寛氏（国立科学博物館）；資料提供：枝廣雅美氏（島津製作所）；原稿へのコメント：松浦啓一氏（国立科学博物館）．第4章「飛翔の原理」の図作成補助：片山英里氏（国立科学博物館）．第4章「飛翔の進化と多様性」への情報提供：北川一敬氏（愛知工業大学），斉藤一哉氏（東京大学），土岐田昌和氏（東邦大学）；原稿へのコメント：松浦啓一氏（国立科学博物館）．第4章「バイオミメティクスの観点から見た鳥類の飛翔適応」へのSEM撮影協力：森本　元氏（山階鳥類研究所）；原稿へのコメント：松浦啓一氏（国立科学博物館）．コラム4「羽や翅にみられる構造色」への画像提供：吉岡伸也氏（東京理科大学）．第5章「バイオミメティクスデータベースとその革新的検索技法」の情報についてはデータベースの共同開発者でもある古崎晃司氏（大阪大学），來村徳信氏（立命館大学），小川貴弘氏（北海道大学），森本　元氏（山階鳥類研究所）には用語集へご協力を頂きました．

　また，本書の英語タイトルについてはMark McGrouther氏（オーストラリア博物館）のご助言を得ました．最後にこの本を作るきっかけとなった大型研究企画の代表で異分野連携を終始支えて下さった下村政嗣氏（千歳科学技術大学）に感謝の意を表します．

目　次

序　文 —— v
謝　辞 —— vi

第1章　バイオミメティクスとは何か？ ——————————————————————— 1
- バイオミメティクスの定義と歴史，将来への展望／野村周平・下村政嗣 —————— 2
  - **コラム1**　動かない動物のしたたかな生存戦略／椿　玲未　*12*
- 生物多様性とバイオミメティクス／篠原現人・山崎剛史 ————————————— 14

第2章　歩行する生物に学ぶ ————————————————————————————— 25
- 昆虫の生息場所の多様性／野村周平 ————————————————————————— 26
- 歩くために必要な摩擦や接着／細田奈麻絵 —————————————————————— 37
  - **コラム2**　振動を用いた害虫防除／高梨琢磨　*46*
- バイオミメティクスの視点から気になる昆虫の微細構造／野村周平 ——————— 48

第3章　遊泳生物にみられる工夫 ————————————————————————— 59
- 魚類のかたちと生息環境／篠原現人・松浦啓一・河合俊郎 —————————————— 60
- 水の抵抗はなぜ生じるのか／田中博人 ————————————————————————— 74
  - **コラム3**　フジツボに対する抗付着ハイドロゲル／室崎喬之　*82*
- バイオミメティクスで注目される海洋生物の機能や構造／平井悠司・篠原現人・片山英里 — 84

第4章　飛翔からわかること ————————————————————————————— 93
- 生物飛翔の原理／劉　浩 ————————————————————————————————— 94
- 飛翔の進化と多様性／山崎剛史・野村周平 —————————————————————— 103
- バイオミメティクスの観点から見た鳥類の飛翔適応／山崎剛史 ————————— 113
  - **コラム4**　羽や翅にみられる構造色／森本　元　*120*

第5章　科学や人の生活に役立つ生物学情報 ——————————————————— 123
- バイオミメティクスデータベースとその革新的検索技法／溝口理一郎・長谷山美紀 — 124
- 厳しい環境制約の中で心豊かな暮らしをつくるバイオミメティクス／
  石田秀輝・古川柳蔵・山内　健・小林秀敏・須藤祐子 ————————————————— 133
  - **コラム5**　ネムリユスリカのクリプトビオシス／奥田　隆　*142*

用語集／古崎晃司・野村周平・篠原現人・山崎剛史 ————————————————— 145
索　引 —— 149

第 1 章
バイオミメティクスとは何か？

バイオミメティクスの定義と歴史，将来への展望

野村周平・下村政嗣

バイオミメティクスとは何か？

「バイオミメティクス（biomimetics）」という言葉は通常，生物の形態や構造，機能，能力などを模倣し，モノづくり，すなわち工学に応用することを言う．日本語では「生物模倣技術」などと訳される．バイオミメティクスという言葉は，1950年代後半，アメリカ人の神経生理学者であるオットー・シュミット（Otto Schmitt: 1913-1998）によって提唱された．シュミットは神経システムにおける信号処理を模倣して，入力信号からノイズを除去し矩形波に変換する電気回路として知られている「シュミット・トリガー」を発明した．バイオミメティクスと類似した言葉に，「バイオミミクリー（biomimicry）」や「バイオインスパイアード（bio-inspired）」なども流通している．これらの用語は大要においてバイオミメティクスと同じと判断される．しかしこれら3つの単語は異なる成立過程をもち，細かいニュアンスにおいて異なっている．それらの過程についてはバイオミメティクスの歴史をたどる項目で触れたい．

バイオミメティクスとはあらゆる生物の構造と機能にヒントを得る，つまり生物多様性を規範として，新しい機能や技術を私たちのモノづくりに活かしていこうという取り組みである．モデルとなる生物は実にさまざまである．典型的な例を以下に挙げる．

夏の水面を彩るハス（図1）の葉の表面には，強い撥水性がある．水がかかっても濡れることがなく，水滴となって葉の表面を転がる．葉の表面を走査型電子顕微鏡（SEM）で観察すると，多数の円錐状の突起があり，それらの突起の表面にはさらに微細な複雑な凹凸がある．日本の繊維メーカーである帝人株式会社では，ハスの葉表面の撥水性をモデルとして，雨具などに用いる超撥水の繊維を開発した．

バイオミメティクスのモデル生物として非常に有名なのは，夜間家の壁や天井を這い回るヤモリ（爬虫類）（図2）である．ヤモリには大きいもので体長20 cm以上に達する種もいる．最大のものはそれなりの重さがあるが，その体重に耐える粘着力を4つの脚の裏にもっている．それぞれ5本の指の表面には，細かく枝分かれした毛がびっしりと生えており，そこに働くファンデルワールス力（分子間力）によって，強い粘着力が生じると言われている．日東電工株式会社など国内外のいくつかの会社が，ヤモリの接着メカニズムを応用した粘着テープを開発しており，一部は実用化されている．

日本の住宅機器メーカーである株式会社LIXIL（リクシル）では，カタツムリ（図3）の殻の表面を模倣した住宅の外壁材の開発を進め，実用化に至った．カタツムリの殻には微細な凹凸が多数あり，薄い水の膜によって表面が覆われるため，汚れが殻に直接付着することなく雨水などによって自然に洗い流されるので，常に表面を清潔に保つことのできる「自動洗浄作用」をもつ．その構造を模倣することによって，同様の作用をそなえた製品が開発された．

このようなバイオミメティクス研究は，日本だけでの取り組みではなく，世界的な科学技術の潮流と言える．むしろ日本での動向は，ドイツやアメリカに比べると，「周回遅れ」といっても過言ではない．しかし我々が参加している科研費新学術領域「生物規範工学」を軸に，このような遅滞した状況を打開し，世界に対してリーダーシップを発揮するべく，多くの学術分野からの参加と検討がなされている．世界的な潮流の中で，バイオミメティクスの「国際標準化」の動きは特に注目すべきものである．標準化とはバイオミメティクスの概念を整理し，定義することによって，世界各国で発展しているバイオミメティクスの産業化と普及を図るものである．世界的な工業規格の標準化機関であるISO（International Organization for Standardization）の技術委員会TC266において審議されている．国際標準化の詳細については

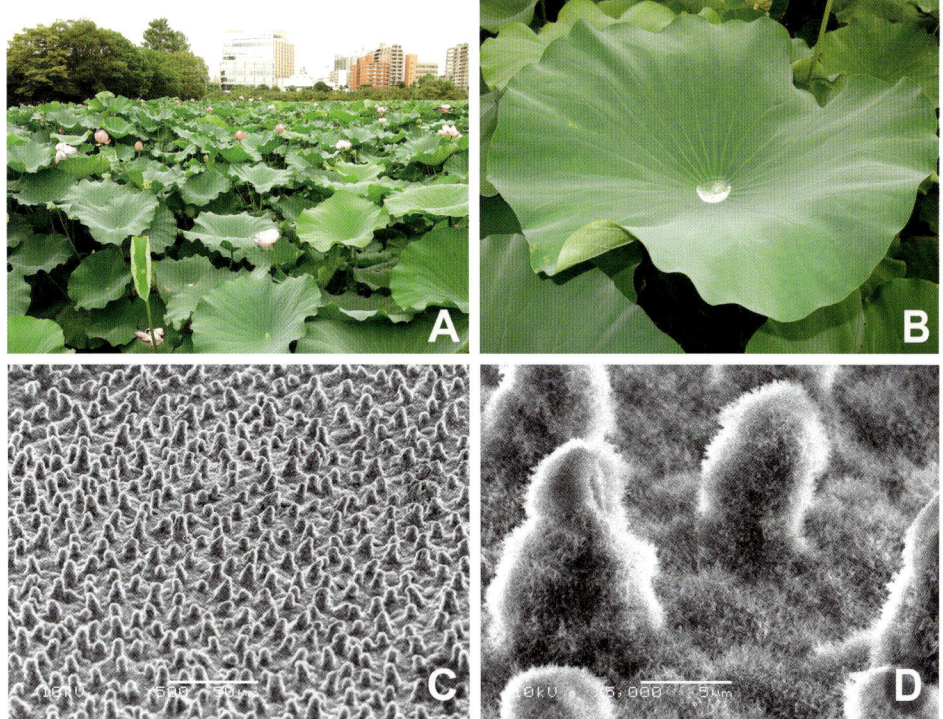

図1　A, ハス（大賀ハス）の生育状況（東京都台東区不忍池）；B, ハスの葉表面の撥水効果；C, 同左表面の SEM（走査型電子顕微鏡）画像（500倍）；同左拡大（5,000倍）

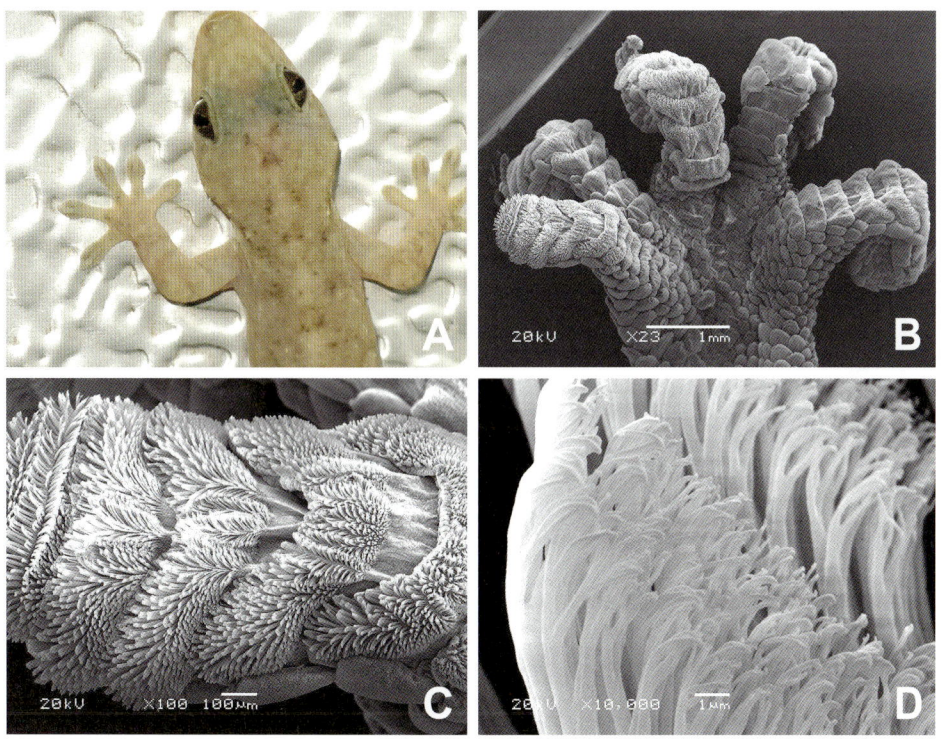

図2　A, ミナミヤモリ（沖縄県沖縄島）；B, 同左前脚表面 SEM 画像（23倍）；C, 同左拡大（100倍）；D, 同左拡大（10,000倍）

第1章　バイオミメティクスとは何か？——3

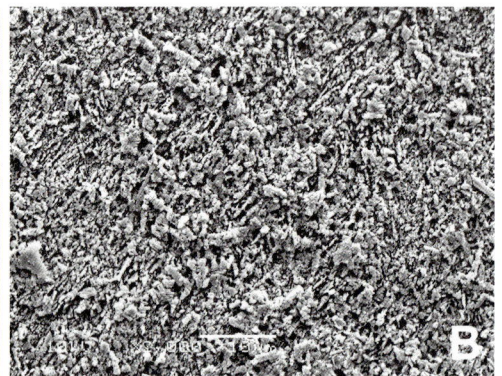

図3　A, カタツムリの一種サッポロマイマイ（北海道千歳市）；B, 同左殻表面 SEM 画像（2,000倍）

後半で紹介する．

バイオミメティクスの黎明

　生物模倣の考え方は古くからあり，何がその起源か，誰がその創始者か，ということを明確に決定することは難しい．万能の天才と呼ばれる，ルネッサンス期の画家であり科学者でもあったレオナルド・ダ・ヴィンチ（Leonardo da Vinci: 1452-1519）はその有力な候補のひとりと言えるだろう．ダ・ヴィンチの時代には，人類はまだ最初の飛行機を手にするはるか以前であった．しかし彼は鳥の飛翔プロセスを詳細に研究し，人間が空を飛行する器械を創造しようとして成功まであと一歩のところまで至ったと言われている（白石, 2014）．

　バイオミメティクスの黎明期には，自然の生き物の構造や機能に学んで工学技術に活かすという体系的な発想があったわけではなく，あくまでも個別的であった．まだ「バイオミメティクス」という言葉や概念が普及するより以前のことなので，これに該当する事例はどれだけ集めたとしても断片的である．その典型的な例のひとつが，現代でも広く採用されているシールド工法である．これは木造船の船体に穴をあける害虫であるフナクイムシ（図4）にヒントを得て創出され，その後の土木工学に大きな影響を残した．フナクイムシは二枚貝の一種であり，胴体はミミズのように細長くやわらかい．しかし先頭の頭の部分には，石灰質の小さな円形の硬い貝殻を備えている．この貝殻を使って木材に穴をあけて掘り進む．そして胴体部分から粘液を出して，開けたトンネルの外壁を補強しながら進む．

　フナクイムシの生態からヒントを得て，19世紀前半に，マーク・イザムバード・ブルネル（Marc Isambard Brunel: 1769-1849）というフランス生まれでイギリスで活躍した技師がシールド工法を案出し，テムズ川の下をくぐるトンネル工事を成功に導いた．この工法はその後の土木工事に大きな影響を与え，現代まで多くのトンネルがこの工法によって建築されている．この成功は，バイオミメティクスの典型例として記憶されることとなった．

　さらに時代が進み，1935年にアメリカのデュポン社（Du Pont）の化学者ウォーレス・ヒューム・カロザース（Wallace Hume Carothers: 1896-1937）が絹糸を模倣した合成繊維として有名なナイロンを発明した．絹糸は本来，ヤママユガ科の蛾の一種であるクワコが家畜化されたカイコガが作る繭を構成する繊維を利用したものである．絹糸を構成しているのはグリシンとアラニンを大量に含む特異的なアミノ酸配列をもった繊維状の高分子タンパク質であり，絹糸そのものを人工的に合成するのは非常に難しい（赤池, 2006）．カイコの天然繊維である絹糸生産は20世紀前半まで世界中で盛んにおこなわれ，養蚕業として一大産業分野を形成するまでになった．しかし現代では，合成繊維は絹糸の代用品としての地位をはるかに超え，繊維工業界の業態は完全に塗り替えられた．

　生物構造の古い応用例として，マジックテープとして普及している面状ファスナー（VELCRO®；図5）はよく知られている．これはオナモミやゴ

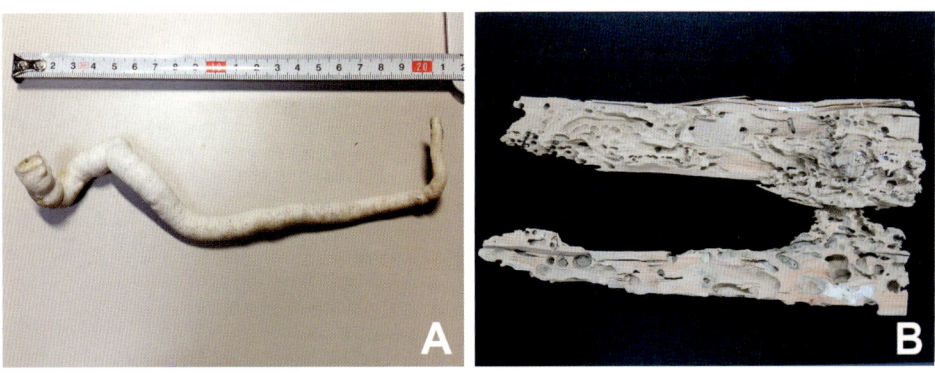

図4　A, フナクイムシ棲管（トンネルの後方に作られる石灰質の管）の標本；B, フナクイムシの食痕

図5　A, オナモミの一種トゲオナモミ（白矢印）の生育状況（東京都大田区野鳥公園）；B, トゲオナモミ；C, 同左SEM画像（50倍）；D, 面状ファスナーのSEM画像（100倍）

ボウのようなキク科の植物のタネが動物の毛に付着することからヒントを得て製品となったものである．これらの植物のタネでは表面にクリの"いが"のような多数のトゲが叢生しており，トゲの先端がU字型に曲がっていることによって，動物の毛皮に効率的に絡みつく．この「くっつき」作用を模倣して，製品が生み出された．

1950年代後半に「バイオミメティクス」という言葉と概念が誕生し，これ以降いくつかの分野でバイオミメティクスは特筆すべき発展を経験することとなる．1940年代以降のバイオミメティクスの動向をひとつにまとめたのが図6である．

バイオミメティクス各分野の歴史と動向

オットー・シュミットによって「バイオミメティクス」という言葉と概念が生み出されて以降，世界中でバイオミメティクスに関するさまざまな取り組みがなされるようになった．その流れは，

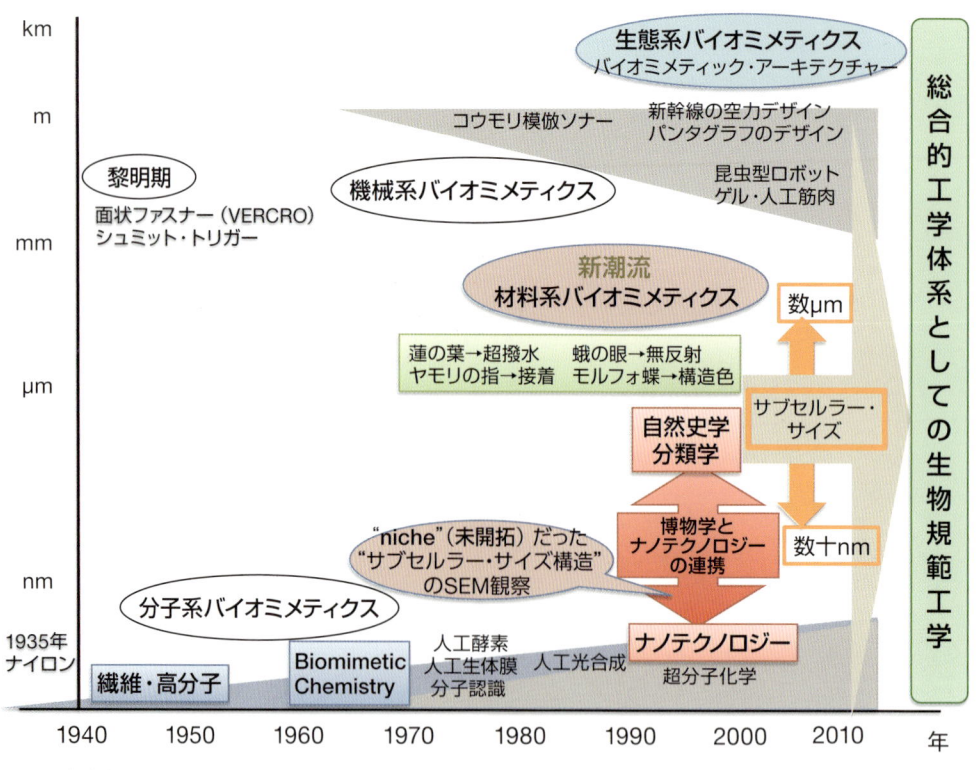

図6　対象物のサイズに注目したバイオミメティクスの年表

ものサイズによって，おおまかに分けることができる．スケールが大きいところでは，機械やセンサーなどの「機械系バイオミメティクス」があり，小さいほうでは，化学物質を対象とする「分子系バイオミメティクス」がある．またそれらの中間に「材料系バイオミメティクス」とも言うべき研究潮流があって，それぞれが独自の発展を遂げてきた．これらの研究開発動向について，以下に時系列的に解説していきたい．

これらの中で，最初に火がついたのは「分子系バイオミメティクス」であった．1970年代，化学の分野において，酵素や生体膜などを分子レベルで模倣しようとするバイオミメティック・ケミストリーが世界的な潮流を迎える．これは，X線構造解析によって生体触媒である酵素の反応部位の化学構造が明らかになったことで，有機化学の手法を用いて生体反応を分子論的に解明することができるようになったからである．80年代に盛んになった人工光合成の研究は色素増感太陽電池の基礎を明らかにした．また人工筋肉の研究（ゲルアクチュエーター）はソフトマテリアルの基盤になった．その後，分子生物学の大きな展開によって遺伝子を中心として生命現象を解明する研究が生物学の主流になっていく中で，「分子系バイオミメティクス」の潮流は，80年代後半における分子エレクトロニクスの台頭とあいまって分子組織化学や超分子化学を生み出し，インテリジェント材料やスマート材料と呼ばれる材料の開発を支える分子ナノテクノロジーへと展開する．さらに1990年代になると，化学や材料の分野において「生物に学ぶ」という考え方が「常識化」したとされる一方で，農学，昆虫学，植物学などと物理，化学，材料などが交流する機会はほとんど作られなくなった．そして分子ナノテクノロジーやナノバイオロジーがクローズアップされる一方でバイオミメティック・ケミストリーという用語はほとんど用いられなくなり，生物にヒントを得，生物を超える「バイオインスパイアード（bio-inspired）」という考え方が主流になった．第一世代バイオミメティクスとも言うべきバイオミメティック・ケミス

トリーという言葉は，少なくとも我が国では使われなくなる．しかし，分子系バイオミメティクスがナノテクノロジーの底上げの基礎を作ったことに間違いはない．

一方，機械工学や流体力学の分野でもバイオミメティクス研究の潮流がおこり，昆虫の飛翔や魚の泳ぎをまねたロボットや，コウモリの反響定位や昆虫の感覚毛を模倣したソナーやレーダーなどが開発された．近年新幹線の形状がカワセミのくちばし形状を模倣して流体抵抗を低減することや，パンタグラフにフクロウの風切羽(かざきりばね)の構造を適用することで防音効果が得られることが知られている．機械系バイオミメティクスの研究は衰退することなく継続し，軍事産業，鉄道や船舶，航空機産業のみならずマイクロマシンやメムス（MEMS: Micro Electro Mechanical Systems）などの先端技術分野のみならずエコ家電製品などにも影響を与えている．現在我が国においては「バイオミメティクス」は「ロボット」研究の代名詞という認識が強いように思われる．第4次産業革命（インダストリー4.0）で盛り上がっているハノーバー・メッセ（ドイツで開催される世界最大の産業見本市）では，ドイツの機械メーカーのフエスト社（FESTO）が，共同作業をおこなうアリ型ロボット（BionicANTs）や，ぶつかることなく群舞する蝶型ロボット（eMotionButterflies）のデモンストレーションをおこなっている．

今世紀に入ると材料研究分野においてバイオミメティクスの新潮流が欧米を中心に注目を集め，実用化の動きがはじまりつつある．ハスの葉の超撥水性，ヤモリや昆虫の足の構造接着，サメ肌の流体抵抗低減化，蛾の眼（モスアイ）のもつ無反射性，モルフォチョウの鱗粉が放つ構造色など，生物表面に形成されるナノ・マイクロ構造に起因する特異な機能を模倣して，テフロンを使わない撥水材料，接着物質を使わない粘着テープ，スズ化合物を使わない船底防汚材料，金属薄膜を使わない無反射フィルム，色材を用いない発色繊維などが開発されている．これらの発見は，博物学や分類学とナノテクノロジーの連携によってなされたものである．

前世紀末からのナノテクノロジーの世界的展開は，電子顕微鏡による観察をより身近なものにした．生物の表面は構造を有しており，多くの場合，ナノからミクロンにいたる領域において階層性をもっている．この大きさはナノテクノロジーの対象となる領域である．電子顕微鏡は，生物が有するナノからマイクロに至る階層構造を明らかにした．ナノテクノロジーが従来の科学技術と大きく異なる点はその対象物の大きさが電子顕微鏡による観察や解析を不可欠とするサイズである．それゆえ共通の観察・解析手法を通して，生物学と材料科学が連携する可能性を含む．このことによってこれまで置き去りにされていた「生物のサブセルラー・サイズ構造」が解明される素地ができてきたのである．生物学者や博物学者が明らかにした生物のもつ表面微細構造をヒントにして，材料ナノテクノロジーの研究者が類似の構造を人工的に製造し，その構造に由来する機能を人工的に発現させようとする研究が欧州，とりわけドイツとイギリスで興った．材料科学の成果は生物学にフィードバックされ，生物学と工学双方にメリットのある共同研究の輪（ループloop）が出来上がった．生物は極めて大きな多様性をもつことからも「サブセルラー・サイズ構造」は材料設計の宝庫として大きな期待を集めている．

第一世代バイオミメティクスであるバイオミメティック・ケミストリーはX線構造解析を契機に分子レベルでの生物模倣を目指した生化学と有機化学の連携から生まれた．新世代バイオミメティクスとも言うべき材料系研究の新潮流は，電子顕微鏡観察と微細加工技術を基盤とする博物学・生物学と材料ナノテクノロジーの連携から生み出された．欧州のナノテクノロジーの特徴は「ナノがバイオに出会う（原文：Nano meets Bio）」というキャッチフレーズが象徴するように，異分野の融合や連携を目指すことにある．事実，ドイツの大学においては異分野連携が研究費獲得の前提になっており，材料系バイオミメティックス研究が欧州において動き始めたことは，融合を重んじる文化的風土と融合を積極的に図ろうとする科学技術政策によるものであり，なかば必然的である．そして新しい研究潮流の「材料系バイオミメティクス」を中心として，これまで個別に発展してきた「分子系バイオミメティクス」と「機械系バイオミメティクス」の二大潮流を統合し，総合的な

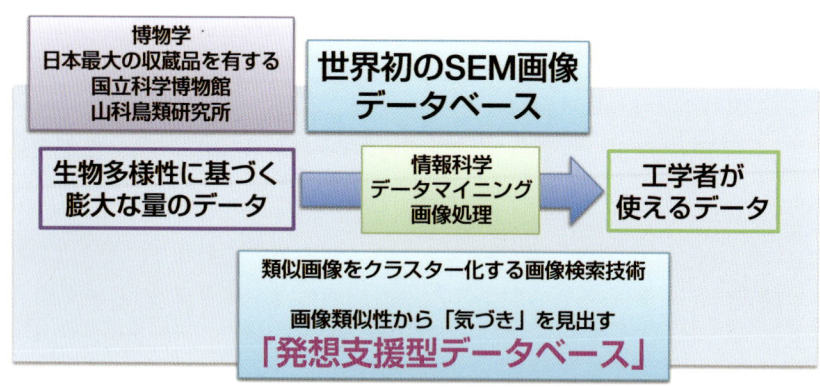

図7　発想支援型データベースにおける情報の流れを示す模式図

バイオミメティクス（＝生物規範工学）として技術の体系化が強く求められている．

世界的な取り組み

2011年8月12日付けのファイナンシャル・タイムズ（イギリスで発行される日刊新聞）のオンライン版は「自然に学ぶ（Inspired, naturally）」と題する記事において，サンディエゴ動物園が2010年10月に出版した報告書で「バイオミミクリー（biomimicry）の分野が，アメリカにおいて15年後に年間3,000億ドルの国内総生産，そして2025年までに160万人の雇用をもたらす」という経済予測をおこなったことを報じた．さらにサンディエゴ動物園は，2012年8月と2014年9月には，学界，産業界を対象にした「バイオミミクリー・ヨーロッパ・イノベーション・アンド・ファイナンス・サミット」（欧州におけるバイオミミクリーすなわち技術革新と経済に関する会議）をチューリッヒ動物園等と共に開催している．一方，2010年に名古屋で開催されたCOP10（生物多様性条約第10回締約国会議）に先駆けて経団連は，2009年に発表した「経団連生物多様性宣言」の「行動指針とその手引き」において，「自然の摂理と伝統に学ぶ技術開発を推進し，生活文化のイノベーションを促す科学技術」としてバイオミミクリーを取り上げ，その例として，「絹糸の新繊維への応用」や「モルフォチョウの翅の構造の発色技術への応用」，「フクロウの羽やカワセミのくちばしの形の新幹線の空気抵抗低減への応用」，「カタツムリの殻の構造を汚れにくい建材技術への応用」，「ハスの葉の微細構造の撥水技術の応用」などを紹介している．

ここで使われているバイオミミクリーという用語は大体においてバイオミメティクスと重なる．この用語の命名者は「自然と生体に学ぶバイオミミクリー」（Benyus, 2006）の著者であり，バイオミミクリー研究所（Biomimicry 3.8）の創設者でもあるアメリカの生態学者ジャニン・ベニュス（Janine M. Benyus: 1958-）である．「バイオミメティクス」と「バイオミミクリー」の微妙なニュアンスの違いには，オットー・シュミットがバイオミメティクスを命名してから半世紀，エネルギーや資源，環境が問われる現在において技術のありかたが問い直されているという背景がある．

バイオミメティクスでは生物学から工学への技術移転が不可欠である．膨大な生物学データベースから工学的発想を導きだすのである．バイオミメティクスの普及においては，生物学的情報と工学的情報を結びつける土台（知識インフラ）の整備が不可欠である．博物館，大学などの収蔵品（インベントリー）を工学に利用できるデータベースにする必要がある．そして生物学と工学を繋ぐのは情報科学である（図7）．

ドイツ規格協会は，2011年にジュネーブの国際標準化機構に対してバイオミメティクスに関する新しい技術委員会の提案をおこない，先に挙げた「バイオミメティクス」部会がスタートした．2012年にベルリンで開催された一回目の国際委員会では，「用語と方法論」，「構造と材料」および「バイオミメティック最適化」のそれぞれを決める3

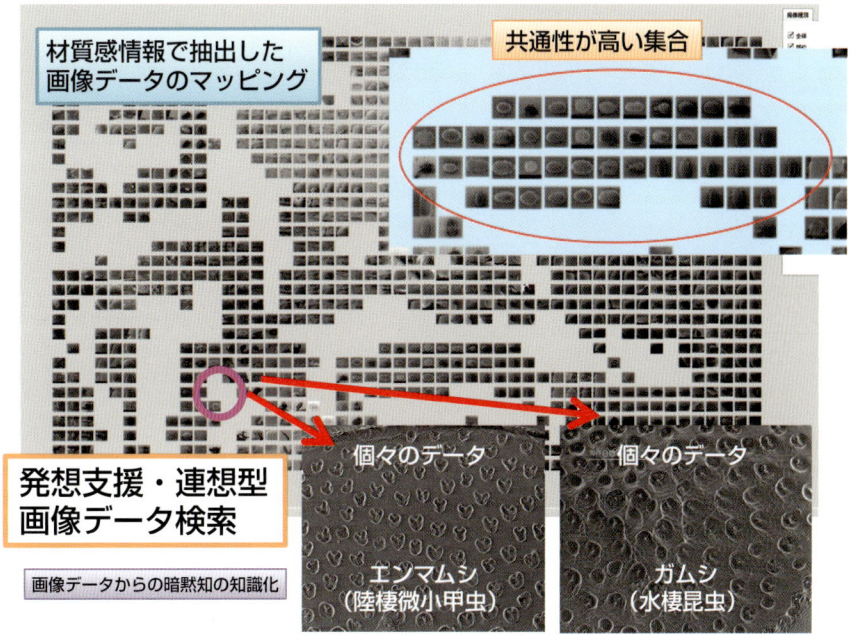

図8　開発中の画像検索システムのイメージ

つの委員会が設置された．さらにパリで開催された第二回国際委員会において，日本から提案した「バイオミメティクスの知的構造基盤（Knowledge infrastructure of biomimetic）」に関する作業委員会が承認された．この提案は，生物学と工学の概念の関係を研究する手法（オントロジー）を使い，異分野間で共有できる類語辞書（シソーラス）をつくるための手順の標準化を目指したものである．

生物学から工学への技術移転や，物理化学的知見の生物学へのフィードバックを可能とするためには，異なる研究分野をつなぐ発想支援型データ検索システムは必要不可欠である．画像による画像の検索によって情報交流の少ない異分野のデータ検索を可能とした（図8）．これは膨大の量の画像から生物学者の経験や勘に基づく知識で，言葉などで表現が難しいものである「暗黙知」を，工学的発想を誘発する「形式知」にすること，即ち，「気づきの誘発と発想支援」をもたらす従来にない検索システムである．この検索エンジンを実装することで，"思いつき"や"偶然の発見"に頼るのではなく，体系的な発想誘起を可能とするのである．

バイオミメティクスに求められているもの

現代社会では前述したようなバイオミメティクスがもたらすパラダイムシフト（paradigm shift）とバイオミミクリーが問うもの（持続可能性への寄与）を統合し，情報科学によって生物学と工学を融合した総合的技術体系を確立することが求められている．

福島第一原発事故は，「人間の技術体系」が地球環境の「持続可能性」に対して，解決すべき問題が多いことを改めて明らかにした．「技術」とは，「自然に働きかけ，利用して生き残る術」であり，人間にもまたその他の生物にも，それぞれの「技術体系」がある．「人間の技術体系」と「生物の技術体系」を比較すると，利用する「物質」，「エネルギー」そして「ものつくりの方法」は明らかに違っている．やや極端な言い方をすれば，産業革命やIT革命以来「人間の技術体系」は「化石資源や原子力をエネルギー源」とし，「鉄，アルミ，シリコン，そして希少元素」を原料とし，「高温，高圧条件やリソグラフィ」を駆使してモノを作り，情報や価値を生み出してきた．一方，植物や動物は「太陽光や化学エネルギー」を用い

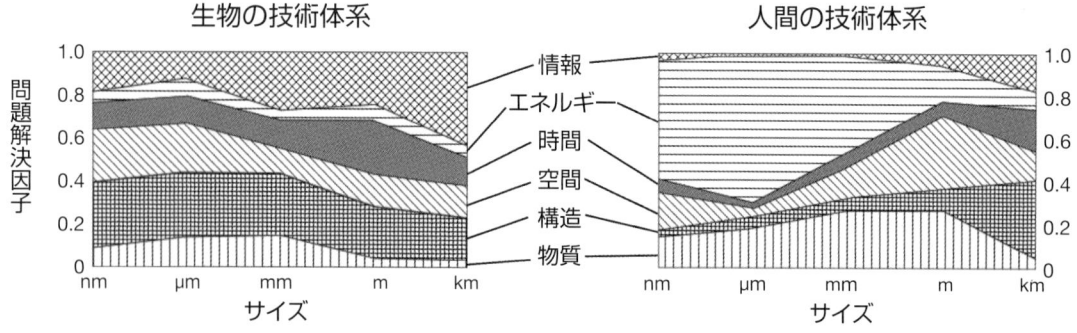

図9 生物と人間の技術体系における各要素の構成比の比較

て,「炭素を中心とする有機化合物,汎用元素」を主として,「常温,常圧で分子集合や自己組織化」によって,場合によっては「時間」をかけながらモノを作る「生物の技術体系」とも呼ぶべき仕組みをもっている.地球環境の持続可能性から見ると,「生物の技術体系」は低環境負荷であり,「高炭素」社会による「完全な炭素循環」が達成されているのだ.

喫緊の課題である持続可能性を考えるためには,既存の工学体系だけに依存することから脱却しなければならない.そのために「生物の多様性」に学び「人間の叡智」を組み合わせることで,「新しいパラダイムに基づく技術革新」を興し,「低環境負荷技術体系」としての「生物規範工学」を提唱する.これは「汎用元素を利用」し,「効率的なエネルギー利用・変換」と「省エネルギー型のものつくり」によって,人間社会の持続可能性に値するものである.実は,すでに人間は「温故知新」とも言うべき「生物に学ぶ科学・技術」として生物の模倣という学術・技術体系を作ってきた.今,改めてバイオミメティクスに注目する理由は何であろうか.生物の生き残り戦略には,人間の技術体系の行き詰まりを打開するパラダイム変換のヒントがあるはずだ.

ハスの葉の表面は,すぐれた超撥水性をそなえ,表面にフッ素コーティングは不要である.これはいわば,「汎用元素の利用」と「セルフクリーニング材料技術」であり,持続可能性に関係する.ヤモリの指先には「接着剤フリー,溶剤フリー」の接着技術があり,リサイクル可能な無溶剤接着技術によって,建材,エレクトロニクス実装の省エネが可能となる.「生物の技術体系」では,撥水や接着を実現するパラダイムが「人間の技術体系」と大きく異なることが分かる(図9).

生物と工学の連携を基礎に,分子系と材料系,材料系と機械系を統合し,さらに情報科学との連携を総合的に体系化することだけでは,生物模倣技術を「生物規範工学」として体系化することにはならない.ナノテクノロジーやバイオテクノロジーがそうであるように,危機管理,環境科学,科学技術論などの視点が必要である.持続可能社会への寄与と,我が国の国際競争力の強化も図らねばならない.さらに省エネ化を図れば図るほどエネルギー消費が増えるという「エコジレンマ」を回避するためには,ライフスタイルと環境政策のマッチングをさせねばならない.生物に学ぶ新しい工学を創成することで「持続可能性のための技術革新」を実現するのである(図10).

膨大な情報資源とも言える生物インベントリーを保存しているのは,博物館であり,動物園である.ウィーンの自然史博物館やミュンヘンのドイツ博物館ではバイオミメティクスの常設展示がされており,我が国でも国立科学博物館において2010年10月に開催された「自然に学ぶネイチャー・テクノロジーとライフスタイル展」を皮切りに,全国の博物館,科学館などで展示も開催されるようになっている.

サンディエゴ動物園保存科学研究所長は,2012年3月の国際光学会議の基調講演の冒頭で使った「未来は過去か? 未来のために過去を掘り出す(原文:The future is the past? Mining the past for the future.)」というメッセージは,まさにバイオ

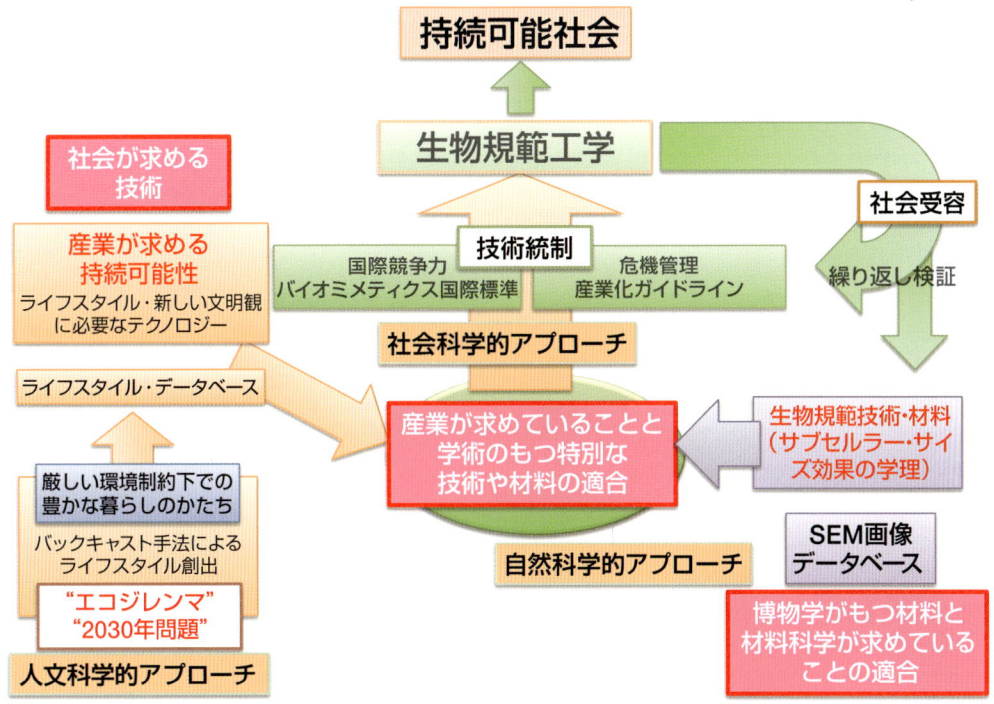

図10 生物規範工学と社会科学的諸問題との関係性を示す模式図．エコジレンマ：技術開発において，省エネ化を図れば図るほどエネルギー消費が増えるという矛盾；2030年問題：約15年後の2030年には日本の総人口が10%近く減少し，高齢者の割合が総人口の3割に達するとする予測

ミメティクスが「温故知新」であることを宣言している．

　「自然の神秘とその威力を知ることが深ければ深いほど人間は自然に対して従順になり，自然に逆らう代わりに自然を師として学び，自然自身の太古以来の経験をわが物として自然の環境に適応するように務めるであろう」（寺田寅彦：1878-1935）

　「自然は暗号に満ちている」（カール・ヤスパース Karl Jaspers: 1883-1969）

情報科学によって生物学と工学を融合した総合的技術体系を確立するために，日本の政府系各機関もさまざまな取り組みを始めた．人間の歴史よりもはるかに長い時間をかけた進化と適応の結果である生物の多様性が，制約された環境の下で持続可能な「モノづくり」や「まちづくり」を可能とする技術革新のヒントを与えてくれるに違いない．

引用文献

赤池　学．2006．昆虫力．小学館，東京．
白石　拓．2014．バイオミメティクスの世界．宝島社，東京．
Benyus, J. M.（山本 良一監訳・吉野美耶子訳）．2006．自然と生体に学ぶバイオミミクリー．オーム社，東京．
長谷山美紀．2015．ものづくりの発想を支援する—バイオミメティクス・画像検索基盤—．現代化学，(529): 31-34．

コラム1

動かない動物のしたたかな生存戦略

椿　玲未

「動物」といえば，読んで字のごとく動き回る生物を想像する人が多いだろう．哺乳類や鳥類はその代表で，彼らは動物園の主役である．しかし動物とは動物界に分類される生物全体を指し，むしろ動物園では決して登場しないような地味な生き物たちこそがその多様性の中心である．我々人間は陸で生活しているので，動物というと海や川よりも陸に棲む動物を思い浮かべるが，実は陸生の種のみで構成される動物門（動物の最上位分類群）は現生全19門のうちただひとつ有爪動物門のみである．つまりほとんどの動物門には海産の種が含まれており，動物の門レベルでの多様性の中心は海にある．これは動物が原始の海で誕生し，その後長い時間をかけて海で進化してきたこととは対照的に，動物の陸上進出は比較的最近起こったため，陸上での多様化はまだ海ほどは進んでいないことに起因する．現生の動物門はカンブリア紀には出揃い，その後大幅なボディプランの変更はせずに現在まで生き延びてきている．

陸上の動物相と比較して海の動物相の特徴的な点は，「動かない動物」が多いということであろう．海洋では，海底の岩などにひっついて暮らす固着性の動物が優占し，プランクトンなどの水中の懸濁物を餌としている．懸濁物は基本的に水中のどこでも手に入れることができる資源なので，貝類やサンゴ，ホヤやカイメンなどさまざまな分類群で懸濁物食性は獲得され，現在まで受け継がれてきた．水中の豊富な懸濁物を背景として懸濁物食者は海底で優占し，海の生態系の礎を担う重要な役割を果たしている．海底でじっと動かず，日がな一日水に浮かぶ餌を採って食べるというといかにも呑気で優雅な暮らしにも思えるが，固着動物には固着動物なりの苦労がある．彼らが日々の生活の中で直面する苦難にどう対処しているか，その創意工夫の一端を紹介したい．

まず，常に流れが押し寄せる海底で自分の体をしっかりと基質に固着させることがそもそも至難の技である．イガイの仲間では足糸と呼ばれる糸状の付着器を分泌し，体を固定させている（図1）．足糸の主成分は接着性のあるタンパク質で，荒波でも基質から引き剥がされることのない強固な接着を可能にしている．同様に，フジツボも接着性のタンパク質を用いて基質に固着する（図2）．他にも，サンゴや泥岩などの基質に穿孔するものや，粘液や砂粒・石灰質などで塗り固めた棲管と呼ばれる巣穴を作ってその中に棲むものなど，実に多様な方法で自らを海底に固着させる．

さて，うまく固着できたら次は捕食者への対抗策が必要となる．固着動物は成体になると移動能力を失い，素早く逃げることができなくなるので，その場からじっと動かないまま身を守らなければならない．捕食者

図1　ムラサキイガイの足糸（矢印）

図2　岩に付着するクロフジツボ

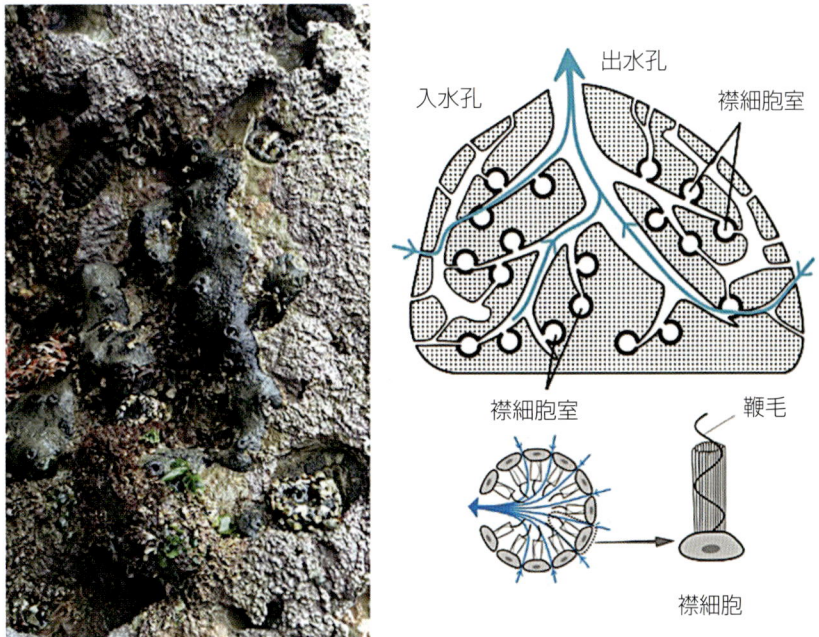

図3 岩に付着するクロイソカイメン（左）とカイメン体内の模式図（右）

への対抗策の筆頭は，貝殻に代表されるような体全体を覆う硬い殻である．殻の合わせ目はぴったりと閉じることができるので，捕食者が現れたら殻を閉じてその中に引きこもってやり過ごす．殻ごと砕いてしまうカニなどの強力な捕食者への対抗として殻を分厚く成長させたり，殻の上にトゲなどを作ったりする貝も多い．またホヤやカイメンなどでは，殻による物理的な防御はできない代わりに有害な二次代謝産物を産生して化学的に捕食者から身を守っている（Taylor et al., 2007）．造礁サンゴなどでは，石灰質の骨格による物理的な防御と化学防衛を併用している．

摂餌方法にも，固着動物の創意工夫を見ることができる．懸濁物食は受動的摂食と能動的摂食の二つに大別され，ソフトコーラルと呼ばれるヤギ類は，流れに直行する平面で扇状に成長して全身で流れを受け止め，流れてくる餌を食べる受動的懸濁物食者である．それに対し，二枚貝やカイメンなどは，繊毛や鞭毛を用いて自ら水流を起こし，その中に含まれる粒子を濾しとって食べる能動的懸濁物食者だ（図3）．フジツボはその中間で，周囲の流れが遅い時は自らの脚を使って周辺の粒子を能動的に集めるが，流れが早い時は脚をあまり動かさず，餌が引っ掛かるのをじっと待つ受動的懸濁物食者として振舞う（Riisgård and Larsen, 2010）．

このように海底の固着動物たちは，移動ができないという弱点を補うさまざまな形質をもっており，本稿で紹介したのはそのほんの一部に過ぎない．全く異なる分類群で同じ形質が収斂進化している場合もあれば，独自の形質を進化させている場合もある．そのような形質を詳細に調べることにより，技術開発のヒントを得ることができるのではないかと期待され，特に二枚貝の足糸の接着タンパク質をまねた水中接着材料の研究開発が盛んにおこなわれている（Lee et al., 2011）．足糸に限らず，固着生活という制約の中で進化してきた形質に着目してみると，もしかしたら技術開発にパラダイムシフトをもたらすような新発見があるかもしれない．

引用文献

Lee, B. P., P. B. Messersmith, J. N. Israelachvili and J. H. Waite. 2011. Mussel-inspired adhesives and coatings. Annual Review of Materials Research, 41: 99-132.

Riisgård, H. and P. Larsen. 2010. Particle capture mechanisms in suspension-feeding invertebrates. Marine Ecology Progress Series, 418: 255-293.

Taylor, M. W., R. Radax, D. Steger and M. Wagner. 2007. Sponge-associated microorganisms: evolution, ecology, and biotechnological potential. Microbiology and Molecular Biology Reviews, 71(2): 295-347.

生物多様性とバイオミメティクス ———— 篠原現人・山崎剛史

バイオミメティクスを支える土台

　生物の優れた特徴を模倣することで今までにない技術革新を成し遂げようとするバイオミメティクスにとって，多様な生物がいる世界の重要性は自明である．しかし，今その重要な生物多様性が人間の経済活動の結果として急速に失われつつある．生物多様性が失われることでどのような問題が起きるのだろうか．生物多様性を守るためにどのような活動がおこなわれているのか．また，生物多様性はそもそもどのようにして生じてきたものなのか．バイオミメティクスに携わる者は基礎的なバックグラウンドとして，これらの問いに対する答えや知識をもっておくべきだ．バイオミメティクスの土台である生物多様性が失われてしまえば，バイオミメティクス自体も危機に陥ることになる．生物多様性を守ることはバイオミメティクスを自然と調和した技術体系として育てていく上で欠かすことができないのである．

　生物多様性は字義のとおり生物の多様な姿や生き方を指し，同時にそれらの関係を示す言葉である．社会生物学で有名なエドワード・ウィルソン（Edward O. Wilson: 1929-）たちが生みの親である．1988年に誕生したこの単語は年を追うごとにマスメディアをはじめとして多くの場所で目にするようになった．そして生物多様性が人類と生物との共存，生物の保護などに深く関係するという認識は一般にも浸透しているであろう．しかし，生物多様性の意味をあらためて考えてみると，それだけでないことが理解できるはずだ．生物多様性は，さまざまな角度から考察されるべきものである．まずは生物多様性を取り巻く状況を説明し，バイオミメティクスとの関係や問題点について紹介したい．

生物多様性の役割

　人間社会において，生物と接する機会は実に多様である．食料や薬となる生物がいる一方で，人間に害をなすものもいる．観葉植物やペットのように私たちに癒しを与えてくれる生物もいる．農作物にしても国や地域によって異なり，漁業対象となる水産物も地域性があり，驚くほどに多様なのだ．しかし，地球上の全生物種の86％はまだ発見されていないという研究もあり（Mora et al., 2011），さらに一般の人たちが名前だけでも知っている生物に限れば既知の種の数はさらに小さくなる．そして工学系の研究者に注目されるものはもっと少ない（図1）．例えばキリンの足は宇宙飛行士の着る加圧服のヒントになっており，カワセミの頭の形は新幹線の騒音軽減に利用され，そして魚の群れは未来の無事故交通システムに応用できる可能性がある（赤池，2011）．また金属光沢をもつ昆虫では「構造色」に関する研究が進んでいる．ひとつの生物を深く知ることは良いことであるが，生物から新しいヒントを得るならより多くの生物を知っておくべきであろう．

　地球温暖化や酸性雨など，地球環境問題への関心が高まってきたのは1970年頃である（細谷・神保，2010）．二酸化炭素が引き起こす異常気象などの環境の変化，化学物質による水や大気の汚染，開発による環境破壊，乱獲・密猟による生物の個体数の激減や絶滅への圧力など，生物をとりまく状況は年を追って厳しさを増している．

　さて，生物多様性は少なくとも3段階に分けられると考えられている．すなわち「遺伝的多様性」，「種の多様性」および「生態系の多様性」である．さらに複数の生態系をあわせた環境や自然だけにこだわらず人工的なものや人類の文化をも含んだ「景観の多様性」を4番目に加える場合もある．つまり里地里山のように水田や畑などの農耕地，雑木林，貯水池，民家などが入り混じることで，多様な動植物が生息できる環境が形成される．また景観の多様性としては天然記念物に指定されている場所が良い例である．例えば房総半島の先端にある鯛の浦タイ生息地は，日蓮上人ゆかりの地として，魚類の殺生禁止と給餌が長い間おこなわれてきた．この地域では遊覧船で湾内にでて，舷側をたたくとマダイをはじめとする魚類が

図1 工学からその機能や行動が注目されている動物たち．A, キリン（撮影者：篠原現人，南アフリカ）；B, カワセミ（撮影者：矢野 亮，目黒自然教育園）；C, マアジ（撮影者：浅野 勤，神奈川県立生命の星・地球博物館魚類写真資料 KPM-NR0094827, 伊豆半島）；D, ハンミョウ（撮影者：野村周平，宮崎県）；E, ヤマトタマムシ（撮影者：野村周平，茨城県）

海底から浮上し，人間の投与する餌をよく食べる現象を観察することができる．また，国立科学博物館の附属自然教育園も天然記念物に指定されており，都会の真ん中にある緑地ということで動植物の愛好家たちに人気がある．

　生物多様性はなぜ大切さなのだろうか．この書籍を手に取って読んでくれる人たちは自然や生物に興味をもっていると思うが，全く興味のない人たちも世の中にはたくさんいる．しかし，衣食住を考えることによって，誰でも生物多様性の重要性に気づくことであろう（香坂，2011など）．

　例えば，「衣」に関しては綿，麻，羊毛，絹などの生物由来のものが使用されてきた．毛皮や羽毛製品を好む人たちも大勢いる．自然素材による

繊維はナイロンが登場するまで幅広く使われていた．いわゆる化石燃料の起源についてはいろいろな議論があるが，もし石油や石炭が生物由来であるならナイロンを含む合成繊維でさえ生物を材料として作られたと言える．さらに「食」については塩を除くと，生物由来ではないものを見つけるのは困難であろう．食材そのものになる生物は非常に多いが，発酵などの加工を手助けする微生物の存在も忘れてはならない．また，「住」については家の材料として利用できる木材などをすぐにイメージできるかもしれない．

人間は衣食住だけを必要としているわけでなく，知的好奇心を満したい，幸福にすごしたいと思っている．それらを満足させるためにも，生物や環境は役立っているのだ．筆，紙，楽器，絵画，嗜好品などがなければ，世の中はきわめて不便で，どんなにつまらないことであろう．結局，生物やその生態系がなくなってしまうということは，私たちの衣食住が脅かされ，人間の生活が無味乾燥になってしまうことなのだ．

さらに生物多様性が失われるということは自然界のバランスが崩れることを意味するが，そうなった時にどのようなことが起こるのか，どのくらい人類にとって危険なのかは予測が難しい．相対性理論で有名なアルベルト・アインシュタイン（Albert Einstein: 1879-1955）は「ミツバチが消えると人類は4年も生きられない（原文：If the bee disappears from the surface of the earth, man would have no more than four years to live.)」という言葉を残した．この意味は受粉する昆虫がいなくなると，植物が実を結ばなくなり，食糧が枯渇するということだ．そして地球上の生物が相互に関わり合って生きており，人間の生活もいろいろな生物に支えられていることを示唆しているのである．

生物多様性の研究は生物間の相互関係や生態系も課題としている．生物間の相互関係にはさまざまなものがあるが，食物連鎖はその良い例である．共生という現象も生物間の関係を知るには重要な研究分野である．人間に有用なものだけを育てようとして害虫，害獣などを除去した結果，それまでなりを潜めていたより悪質の生物が猛威を振ったという失敗経験を人間は多く繰り返してきた．また農薬を散布して，毒に対してより抵抗性の高い病原菌を生み出してしまったりしている．

遺伝的多様性と生物のもつ能力

生物の特徴のひとつとして変異性がある．同種でも2つ以上の個体の形態や生態が全く同じということはない．同じ種にもかかわらず個体によって色，形，大きさなどが違う例は生物にはいくらでもある（図2）．生物学者がひとつの種で多くの標本を集めるのは，種内変異（地理的変異や個体変異）を調べるためである．変異を把握することで個体群や種の特徴を明らかにしようとしている（Rocha et al., 2014）．

個体変異は体の内部でも見られる．魚類では脊椎骨の数に種内変異が見られることが多い．脊椎骨数の変異は大部分が遺伝的な要因によるものであるが，環境が影響を与える場合もある．背骨の原基が完成するまで過ごした環境の水温の違いによって脊椎骨数に相違が生じる．

個体差だけでなく，雌雄差も種内変異のひとつである．また，同じ種でも成長段階によって姿が大きく変わるものもいる．昆虫における幼虫と成虫，魚類における仔魚と成魚などである．親と子の姿があまりにも違うことで有名なのはウナギであろう．子供はレプトセファルス幼生と呼ばれ，小さい頭と大きな葉状の体をもつ（図3）．マリアナ諸島の深海で卵から生まれたニホンウナギのレプトセファルス幼生は黒潮に乗って北上し，日本の沿岸にたどり着く．その葉状の体は浮力をもち，海流で輸送されるのに適している．このレプトセファルス幼生はやがて接岸し，河口近くでシラスウナギと呼ばれる細長い形（ウナギ形）に変態する．

遺伝子の本体であるDNAの研究はこの数十年に飛躍的に進歩した分野である．遺伝情報である塩基配列の膨大なデータが蓄積されている．その結果，数多くの生物種において遺伝子レベルで種に固有の特徴が見られ，種内で変異が生じることが分かってきた．

日本のメダカは2011年までは1種類とみなされていたが，現在はキタノメダカとミナミメダカの2種に分類されている．ミナミメダカにはメダカに用いられていた*Orizias latipes*という学名が適用され，新種と判明したキタノメダカには*Oryzias*

図2 種内変異としてさまざまな体色をもつハダカハオコゼ（フサカサゴ科）．左上，KPM-NR0087351（撮影者：内野啓道，沖縄）；右上，KPM-NR0019298（撮影者：浅野　勤，沖縄）；左下，KPM-NR0013675（撮影者：妹尾万里，沖縄）；右下，KPM-NR0023933（撮影者：山崎公裕，奄美大島）

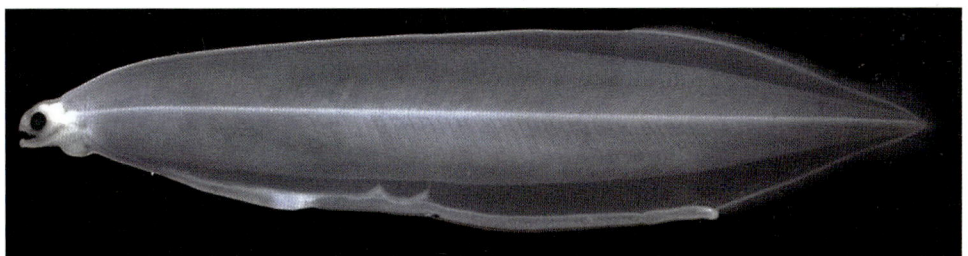

図3　ニホンウナギのレプトセファルス幼生（全長48 mm）

sakaizumii という学名が付けられた．「メダカ」は童謡にも歌われているように，日本人が古くから親しんできた魚である．「メダカ」の品種として作られた「ヒメダカ」は愛玩用・教材用として普及した．しかし，「ヒメダカ」が放流されて野生集団と交雑すると「遺伝的攪乱」が生じてしまう．「メダカ」は保全に関わる多くの問題を抱えている（竹花・北川，2010）．

　種内の遺伝的多様性はどのような役割を果たすのだろうか．これは逆に，全てがクローンから構成されるような，遺伝的多様性に乏しい生物（クローンとはいえ，時折，突然変異が起きるため遺伝的な変異が全くないわけではない）を考えてみるとよく分かる．それらは全てがほぼ同じ遺伝的組成をもつが故に，環境の変化によって壊滅的な被害を受けることがある．例えば，栽培バナナは不稔であり，全てクローンからなるため，病害にきわめて脆弱であることが知られている．遺伝的

図4 コウノトリは野生復帰事業がおこなわれ，遺伝的多様性の維持が重要な課題となる．左）撮影者：山崎剛史，兵庫県豊岡市；右）撮影者：伊地知告，鹿児島県喜界島

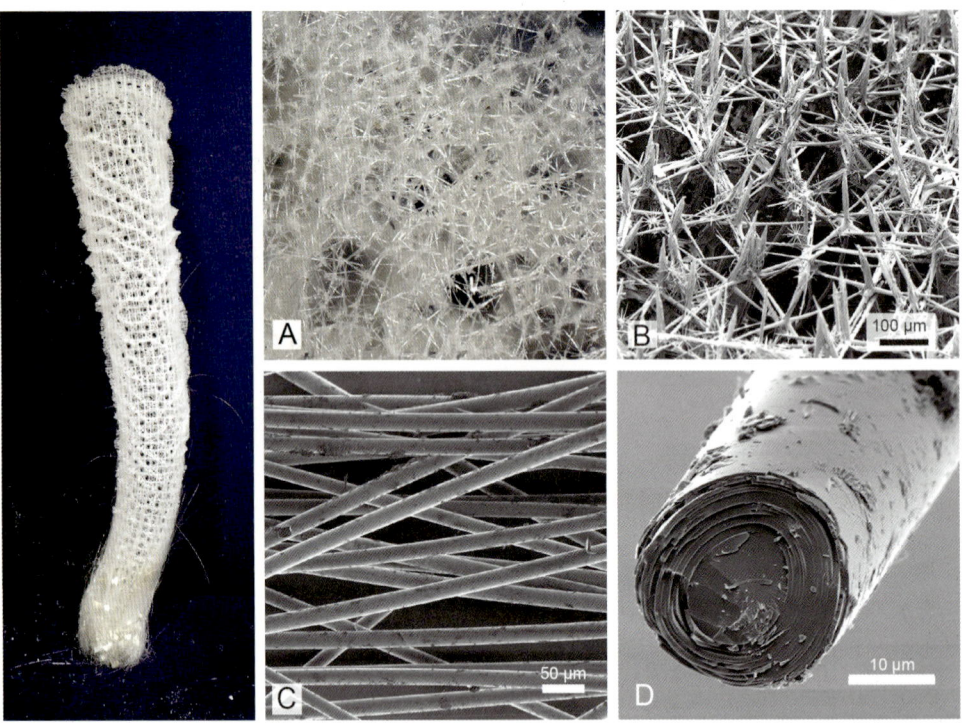

図5 カイロウドウケツ（六放海綿）とその骨格．A，体側の骨片のデジタルマイクロスコープ画像；B，体側壁の骨片のSEM（走査型電子顕微鏡）画像；C，基部の毛状のガラス繊維のSEM画像；D，同ガラス繊維の断面のSEM画像

多様性には，その種の絶滅のリスクを引き下げる効果があるのである（図4）．

遺伝子が生物の体を形づくるプログラムと考えると，そのプログラムを解明できれば今よりも低コストでさまざまなものが作れるというアイデアにつながるだろう．例えば深海性のガラス海綿は，その骨片がガラス素材の二酸化ケイ素（SiO_2）でできている．工業的にガラスを作る場合は高温を保つため高炉が必要になるが，カイロウドウケツカイメンはそれを深海の低温環境でおこなっている．そのガラス繊維は工業用の光ファイバーと同等の光伝送性能があり，強度や柔軟性にも優れていると考えられている（Sunder et al., 2003；図5）．

種の多様性と分類学・形態学

現在地球上にいる生物の種数には諸説があり明確ではない．真核生物に限れば870万種程度（Mora et al., 2011）という推定値もある．

分類学者に託されている重要な仕事のひとつは地球上の生物に早く学名をつける（＝新種として記載する）ことである．しかし既知種（既に知られている種）と新種の違いを見つけることは簡単なことではない．なぜなら，すでに知られている種の全てと比較して，違っていることを示さねばならないからだ．では，どのように新種を発表するのだろうか？

　まず，分類学者は生物の形質（特徴）によって系統進化学的に近縁な既知種を絞り込む．形質は体の色や模様だったり，体長に対する頭の相対的な大きさだったり多岐にわたる．形質は個体に特有の場合もあれば，種に特有，さらにそれらを包含する高位分類群（例えば属，科，目）に特有のものだったりする．例えば，ある正体不明の生物がいたとしよう．その生物に脊椎骨が確認できれば，脊椎動物ということになり無脊椎動物と比較する必要がなくなる．比較しなければならない対象を5万種（それでもまだかなり多い）にまで絞りこめる．形質を拠り所にして比較すべき対象をどんどん狭めていくことができる．そうした一連の絞り込む作業を正確に早くおこなえることは分類学者の能力なのである．

　近代の生物分類はカール・フォン・リンネ（Carl von Linné: 1707-1778）に遡る．リンネは植物の分類学者で，生物の学名の様式を創った人物である．リンネ以前はやたらに長い名前が生物に付けられていた．また使用する言語がいろいろだったので，国が違えば，比較できないという問題があった．リンネはラテン語で書くこと，原則2語で種の名前を書くこと，最初の単語を属名，後の単語を種小名とすることを開発した．これを二名法と呼ぶ．260年後の現在もリンネの二名法が生物の学名に用いられている．

　生物の類縁関係に基づく自然分類が定着するのはチャールズ・ダーウィン（Charles Darwin: 1809-1882）の進化論以降である．リンネの時代から1世紀後のことである．そのような自然分類を実践する際に必要になるのが，系統樹である．系統樹とは生物間の進化的なつながりを示す家系図のようなものである．

　さてバイオミメティクスの研究を進めるにも系統分類学の知識が役に立つ．ある生物の間に共通して見られる形質は，系統樹に照らし合わせることで，相同（共通祖先がもっていたものを子孫として引き継いでいる）なのか非相同（他人の空似）なのかが分かる．異なった進化の道筋を辿ってきたにもかかわらずよく似ている形は機能が同じ可能性が高いということを私たちは経験的に知っている．例えば，サメの胸鰭は板状で先端が尖るという点でイルカの胸ビレやペンギンの翼に類似する．この形は系統的に異なる生物が高速遊泳という共通の能力を獲得するために収斂進化を起こしたと理解できる．

　このように，よく似た生活をする遠縁の生物がよく似た特徴をもつことがある．このようなことが生じる根本的な原因は，自然選択にある．生物は多くの個体からなり，それらが変異に富むことは上で見てきた通りである．もし，これらの変異が遺伝するものであるなら，その種の生活環境の中でより多くの子孫が残せるような優れた変異の方が，そうでない変異に比べ，世代を経るごとに頻度を増していくと考えられる．生物が環境に適応しているのはこの原理によるものである．そして類似した生活環境は，類似した選択圧を与える確率が高いため，そこに棲む遠縁の生物にしばしば類似した特徴が進化してくるのである．

生態系の多様性と生態系サービス

　生態学を意味するエコロジーは初期の進化論者のエルンスト・ヘッケル（Ernst Haeckel: 1834-1919）の造語である．この言葉はエコノミー（経済）と同様に，ギリシア語で家庭を意味するオイコスから派生したものである（日本生態学会, 2012）．つまり種や個体が相互に関わりあい，まるでひとつの家の中に一緒に棲んでいる状態，すなわち「家庭（オイコス）」からの発想である．また，環境と生物をセットにして生態系（エコシステム）と呼ぶ．地球そのものをひとつの生態系と呼ぶこともできる．生態系には海洋生態系，陸上生態系，地下生態系など大きなものがあるが，足下にある水たまりやある動物の腸内などもひとつの生態系である．

　ハゼとテッポウエビ，アリとアリ植物のような「生き物同士の関係」，ヤドカリと巻貝の殻やコケギンポとオオヘビガイの殻のような「生物と遺骸

図6　共生する生物たち．左，ネジリンボウ（ハゼ科）とテッポウエビ（撮影者：内野啓道，KPM-NR0098057，伊豆半島）；右，アリ植物のアリノスダマ（撮影者：野村周平，サラワク）

の関係」，さらにフナクイムシと岩などの「生物と無機物の関係」なども生態系の一部である（図6）．これらの関係は特定の生物が特定の生態系にいるということをより明瞭に気づかせてくれる．

また，生物はさまざまな建築物を作り上げる．バイオミメティクスは鳥や昆虫が作る構造物から学ぶことも多いに違いない（図7）．構造物は巣とは限らない．例えば，アズマヤドリのオスはメスを惹きつけ交尾するための場所を小枝で作り，さらに装飾まで施す．

生態系の多様性はバイオミメティクスのヒントを与えてくれる意味で重要である．生態系を研究することによって，生物が環境にどのように適応しているかを知ることができる．例えば，流れのある場所に生息するものは，流体抵抗の少ない体形であったり，体勢をとったりする．また温度や光は生物の生息場所を決める要因になる．北極や南極にいる生物には寒冷地仕様の仕組みが必要であることは，いずれも生態系の知識や情報があってはじめて理解できるものだ．

人間も生態系を支える一員である．そして前述したように生物多様性から各種の恩恵をうけている．生態系から受けている恩恵を「生態系サービス」と呼ぶ．一般に「供給サービス」，「調整サービス」，「文化的サービス」および「基盤サービス」の4つに区別される（細谷・神保, 2010）．「供給サービス」は水や食料，木材，繊維，エネルギー資源などの供給が含まれる．次の「調整サービス」は気候調整，土地の保全，天災の緩和，廃棄物の分解・無毒化などの人間社会に影響力のあることを，さらに「文化的サービス」はレクリエーションや科学的発見など，精神的・知的に刺激を与えることを指す．「基盤サービス」は水や栄養分の循環，土壌の形成・保持など，全て生物が生存するための環境の形成・維持をする作用となる．これらのサービスが未来にも受け継がれるためには，生態系への配慮が必要なのは明らかである．

生物多様性条約の内容

生物多様性条約は1992年にブラジルで開催された国連環境開発会議（地球サミット）で，「気候変動に関する国際連合枠組条約」とセットで採択された国際条約である．正式には「生物の多様性に関する条約」といい，1993年12月に発効し，日本は同年すぐに締結した．熱帯雨林の急速な減少，種の絶滅の進行への危機感，人類の存続に不可欠な生物資源が消えていくことへの危機感があり，生物の生息地や生態系そのものを保護する枠組みが必要とされていた．1975年に発効した「ワシントン条約（絶滅のおそれのある野生動植物の種の国際取引に関する条約）」と「ラムサール条約（特に水鳥の生息地として国際的に重要な湿地に関する条約）」では保護する生物や地域が限定的で不十分であったことも生物多様性条約の誕生

図7 動物が作る構造物．A，オオヨシキリ（ヨシキリ科）の巣（撮影者：笠原里恵，千曲川）；B，コヨシキリ（ヨシキリ科）の巣と卵（撮影者：笠原里恵，千曲川）；C，アズマヤドリ（ニワシドリ科）の「あずまや」（撮影者：西海 功，オーストラリア）；D，シロアリのアリ塚（撮影者：西海 功，オーストラリア）．写真Cのアズマヤドリが作った構造物の奥と手前の白いものは貝殻

第1章 バイオミメティクスとは何か？ —— 21

に関係している．

　その名称からは生物そのものや生態系を守ることに重点が置かれているように思われがちな生物多様性条約には，少々異質に感じられる内容が含まれる．ひとつは「生物の持続可能な利用」，もうひとつは「遺伝資源から得られる利益の公正かつ衡平な配分」だ．特に後者は発展途上国の強い要望によって設けられた．「生物の持続可能な利用」は人類のための生物多様性の保護であることを明言したものであり，「…公正かつ衡平な配分」は国際社会における国家間の不公平をなくす目的で付け加えられた．その背景には新薬の開発に必要な植物が生物多様性の豊かな熱帯地域の発展途上国に自生している場合が多く，先進国が発展途上国から多くの生物を持ち出して大きな利益を得ていたことがある．

　「持続可能な利用」という文言に違和感をもつ人がいるかもしれない．なぜなら人間に利用できる価値が明示され，一見すると利用できる生物しか保護対象としていないようにも見えるからだ．しかし，その価値を最大限に高めるためには，遺伝的多様性，種の多様性ならびに生態系の多様性の維持のいずれもが重要になってくる．この言葉は究極的には地球全体の生物や生態系の保全につながるものと解釈できる．

　一方「遺伝資源から得られる利益の公正かつ衡平な配分」は研究者にも直接関わる問題を含んでいる．生物多様性条約では「遺伝資源」はその資源国に属するものであるということが明記されている．「遺伝資源」という言葉は生物そのものを指し，ホルマリン漬けの生物標本，骨，皮などありとあらゆるものが該当する．そのため生物から得られる利益（金銭に限らず研究成果そのものも含む）を配分する具体的な方法や手続きが問題になっている．

　生物多様性条約を批准した国の研究者が生物を取り扱う際には，資源提供国の国内法令に従って進めなければならない．より正確には「遺伝資源（生物）を利用する際には当該国の事前同意を得ること，研究者や研究機関同士が相互に合意する条件に基づいた契約を締結した上で，遺伝資源の利用から生じる利益を公正かつ衡平（つりあいがとれる）に配分する」ということになる．この結果として，生物（遺伝資源）を用いた研究活動に支障をきたすのではないかという懸念がある（中江ほか，2014）．外国の生物を研究する場合だけではなく，日本から海外への研究用の生物試料の提供（またはその逆）にも注意を払わなければならない．知らないうちに法を犯してしまわないようにバイオミメティクスに関わる研究者も生物学者や工学者の区別に関係なく，生物多様性条約，特に締結国に法的拘束力のある名古屋議定書（＝生物の多様性に関する利益の公正かつ衡平な配分に関する名古屋議定書）について勉強しておく必要がある．

生物学者や自然史系博物館の役割

　地球上の生物の多様性を明らかにすることは生物多様性に関わる研究者の使命のひとつである．生物の研究をおこなうためには，その生物の分類学的情報（学名など）が必要になる．生物の体内物質の化学的解析やDNA解析などの実験的研究においても実験対象となる生物の学名が分からなければ論文を発表することはできない．学名によって当該生物が生物界の中に占める位置が分かり，学名をキーとして生態や生理などその生物の属性情報を把握することができるのである．分類学者が新種発表をスピードアップしなければ，地球上の生物の全容を知ることはできない．つまり，分類学者の研究は他の全ての生物学者の研究の屋台骨となっているのである．バイオミメティクスにとっては生物から得られる情報は決定的に重要である．言い換えるならバイオミメティクスは生物がいなければ成り立たない学問であり，生物から得られる情報を基盤にしているからである．それゆえ地球上にどのような生物が生息しているかを明らかにするための研究はバイオミメティクスの研究基盤をも構成しているのである．

　生物の中で特に種の多様性が高いのは昆虫である．友人の昆虫研究者によれば，一人の分類学者が一生のうちに論文で発表できる新種は500種位が上限のようだ．魚類では100種を超えることは稀で，一人が発表できる新種の数は二桁に止まると思われる．新種の発表だけでも国境を越えて多くの研究者が協力しないと，さらに世代を超えて継続していかないと種の多様性の全容解明には手

図8　国立科学博物館の自然史資料．A, 哺乳類剥製標本；B, 昆虫乾燥標本；C, 動物液浸標本室の電動移動棚（高さ約3m）；D, 魚類液浸標本（Cの矢印から見たところ）

が届かないのである．

　人体が小さな宇宙に例えられるのと同じように，生物多様性も宇宙のような存在に感じられるかもしれない．しかしこのことは人間の生活に役立つ素材のヒントは生物多様性の中に無尽蔵にあることも意味している．ただし生物の存在が知られない限り，そのヒントも得られない．顕微鏡や分析機器の進歩によって，肉眼では見ることができない微細構造，さらに皮膚や筋肉に隠れている骨の構造などを解剖しないで観察することが可能になっている．現代の最新機器で生物の体を詳しく調べることは新たな生物多様性研究の道を切り開き，生物をもっとよく知ることにつながるのだ．

　そこで注目されるのが自然史系博物館に保管されている研究資料である（図8）．多くの自然史系博物館では標本の情報をインターネットで公開している．また生物学者から情報を得たいのなら，サイエンスミュージアムネット（http://science-net.kahaku.go.jp/）を利用する方法があり，国内のバイオミメティクスに関わる研究者や産業を助ける基盤のひとつになると思われる．

引用文献

赤池　学（監修）. 2011. かたち・しくみ・動き―自然に学ぶものづくり図鑑―繊維から家電・乗り物まで. PHP研究所, 東京.

堂本暁子. 2010. 生物多様性―リオからなごや「COP10」, そして…　ゆいぽおと, 東京.

細谷忠嗣・神保宇嗣. 2010. 分類学者は生物多様性条約にどうかかわっていくべきか？　昆蟲（ニューシリーズ）, 13(2): 48-57.

香坂　玲. 2011. 生物多様性と私たちCOP10から未来へ. 岩波書店, 東京.

Mora, C., D. P. Tittensor, S. Adl, A. G. Simpson and B. Worm. 2011. How many species are there on Earth and the Ocean. PLoS Biology, 9(8): E1001127.

中江雅典・千葉　悟・大橋慎平. 2015. 生物多様性条約および名古屋議定書の魚類学分野への影響―知らなかったでは済まされないABS問題―. 魚類学雑誌, 62(1): 84-90.

日本生態学会（編）. 2012. 生態学入門第2版. 東京化

学同人,東京.

Rocha, L. A., A. Aleixo, G. Allen, F. Almeda, C. C. Baldwin, M. V. L. Barclay, J. M. Bates, A. M. Bauer, F. Benzoni, C. M. Berns, M. L. Berumen, D. C. Blackburn, S. Blum, F. Bolaños, R. C. K. Bowie, R. Britz, R. M. Brown, C. D. Cadena, K. Carpenter, L. M.Ceríaco, P. Chakrabarty, G. Chaves, J. H. Choat, K. D. Clements, B. B. Collette, A. Collins, J. Coyne, J. Cracraft, T. Daniel, M. R. de Carvalho, K. de Queiroz, F. Di Dario, R. Drewes, J. P. Dumbacher, A. Engilis Jr., M. V. Erdmann, W. Eschmeyer, C. R. Feldman, B. L. Fisher, J. Fjeldså, P. W. Fritsch, J. Fuchs, A. Getahun, A. Gill, M. Gomon, T. Gosliner, G. R. Graves, C. E. Griswold, R. Guralnick, K. Hartel, K. M. Helgen, H. Ho, D. T. Iskandar, T. Iwamoto, Z. Jaafar, H. F. James, D. Johnson, D. Kavanaugh, N. Knowlton, E. Lacey, H. K. Larson, P. Last, J. M. Leis, H. Lessios, J. Liebherr, M. Lowman, D. L. Mahler, V. Mamonekene, K. Matsuura, G. C. Mayer, H. Mays Jr., J. McCosker, R. W. McDiarmid, J. McGuire, M. J. Miller, R. Mooi, R. D. Mooi, C. Moritz, P. Myers, M. W. Nachman, R. A. Nussbaum, D. Ó. Foighil, L. R. Parenti, J. F. Parham, E. Paul, G. Paulay, J. Pérez-Emán, A. Pérez-Matus, S. Poe, J. Pogonoski, D. L. Rabosky, J. E. Randall, J. D. Reimer, D. R. Robertson, M.-O. Rödel, M. T. Rodrigues, P. Roopnarine, L. Rüber, M. J. Ryan, F. Sheldon, G. Shinohara, A. Short, W. B. Simison, W. F. Smith-Vaniz, V. G. Springer, M. Stiassny, J. G. Tello, C. W. Thompson, T. Trnski, P. Tucker, T. Valqui, M. Vecchione, E. Verheyen, P. C. Wainwright, T. A. Wheeler, W. T. White, K. Will, J. T. Williams, G. Williams, E. O. Wilson, K. Winker, R. Winterbottom and C. C. Witt. 2014. Specimen collection: An essential tool. Science, 344(6186): 814-815.

Sunder, V. C., A. W. Yablon, J. L. Grazul, M. Ilan and J. Aizenberg. 2003. Fibre-optical features of a glass sponge. Nature, 424: 899-900.

竹花佑介・北川忠生. 2010. メダカ：人為的な放流による遺伝的攪乱. 魚類学雑誌, 57(1): 76-79.

第2章
歩行する生物に学ぶ

昆虫の生息場所の多様性 ― 野村周平

昆虫の生息場所と適応

　昆虫は節足動物の一群であり，きわめて多くの種を擁する陸上の覇者である．昆虫の歴史は，化石によって裏付けられるだけでも，約3億5千万年とされている．その長い歴史の中で昆虫は，地球環境の大きな変化の中であっても，形態や生態の変化，すなわち進化を繰り返し，現在も地球上に繁栄している．

　昆虫の生息場所は，陸上のさまざまな環境に及んでいる．零下何十度にもなる極寒の寒冷地や極地，極めて高温になり水分にも乏しい熱帯の砂漠にも昆虫は進出し，生命を維持しているだけでなく，その場で生活を営んでいる．昆虫が進出していけなかったのは，海中，海底と，標高5,000 m以上の高山のみであると言っても過言ではない．

　昆虫の生息場所は種ごとに厳密に決まっていて，たとえ状況が急に悪くなったとしても，すぐに変更することはできない．決まった種類の植物の葉を食べる昆虫は，その植物上で生活するのに都合の良いように，形態や生態が変化しており，別の種類の植物，別の環境の下では生活してゆくことができない．このように，昆虫の生存繁栄が，特定の環境要因に決定づけられることを「適応」と呼ぶ．

　昆虫の形態はしばしば，その種が棲む環境への適応の結果として語られることが多い．しかし，全てを適応の結果として説明しようとすることは危険である．昆虫の形態は全てが環境への適応の結果，決定されたものではない．適応として説明できる場合もあれば，そうでない場合もある．そのことを念頭に入れておかないと我々は，「適応万能論」の罠にはまってしまう．ある昆虫のもつ構造が適応で説明できたとしても，そのことは同時に，同じ環境に棲む他の種がなぜその構造をもたなくても生存できているのか，という謎を突き付けられることになる．両方の謎に的確に答えることは非常に難しい．

昆虫の起源と進化，特に歩行器官について

　そもそも昆虫は，頭の先端から腹端へ至る，多くの環節からなる生き物で，その原初においては，それらの環節は一様の形態，一様の機能をもつものとして考えられている．注意しておかなければならないのは，そのような生物はもしかしたら実際に存在したのではなく，空想上のみに成立する姿形であったかもしれない，ということである．当然のことながらそれはまだ昆虫と呼べる代物ではなかった．このような，想像上の起源の形をグランドプラン（ground plan）と呼ぶ．

　そのような一様の環節構造から出発した昆虫はやがて，各環節に付属肢を生じ，陸上を容易に歩き回れる形になった．そしてそれまで一様だった各環節は互いにくっつきあって3群を形成することになる．前方の6環節＋先節が頭部を形成し，中ほどの3環節が胸部を形成し，後方の12環節が腹部を形成することになった．ここに至ってその生物は，前方から，頭部，胸部，腹部の3部分に分かれる昆虫の特徴を共有し，昆虫として出発することになるのである．そしてこの3部分はそれぞれ異なった機能をもつようになる．すなわち頭部は主に感覚，胸部は運動，腹部は繁殖である．

　この一連の変化は昆虫を昆虫たらしめた，進化上の大きなイベントであり，偉大なイノベーション（技術革新）であったと考えられる．この進化によって昆虫が獲得した体制を，少々難しい言葉ではあるが，「異規的体節性」と呼ぶ（図1）．

　さらに昆虫は，分かれた3つの部分のうちの中ほど，胸部を形成する3環節の後ろ2節（中胸，後胸）のそれぞれに翅を生じ，空中に飛び出すことができるようになった．昆虫の歴史としては，「有翅昆虫」というグループが発生したことになる．ここに至って昆虫は，地球の生命の歴史上はじめての空中飛行生物として登場した（図2）．

　一方で，グランドプランの段階では，頭から腹端までの各環節に生じていた付属肢は，頭部では大あご，小あごなどの口器に姿を変えた．また腹

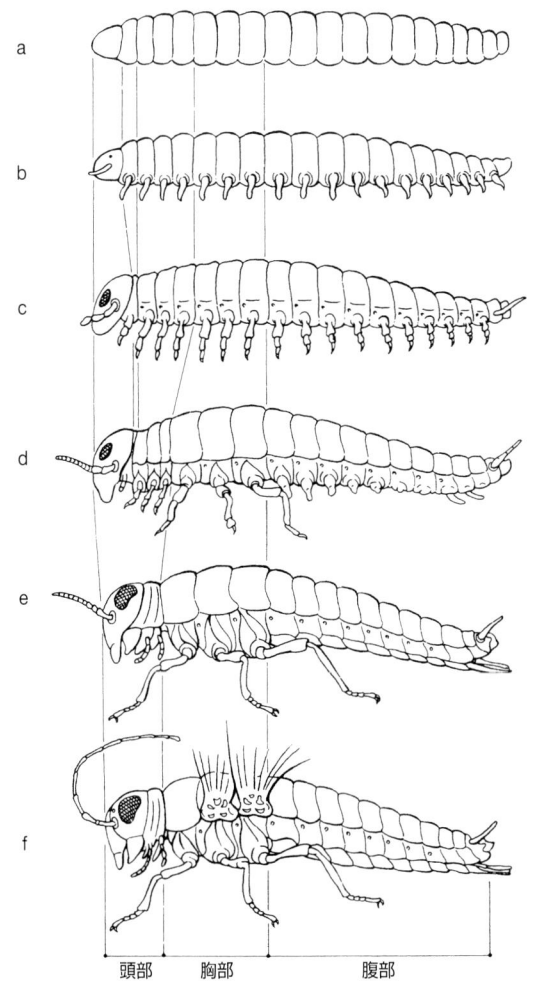

図1 昆虫の体制の進化過程（石川，1997）

図2 有翅昆虫の仮想的祖先のA. G. Ponomarenkoによる復元図．Rasnitsyn and Quick（2002）より

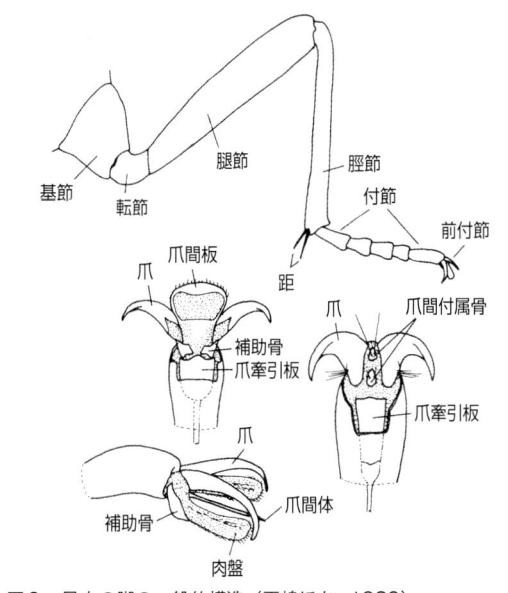

図3 昆虫の脚の一般的構造（平嶋ほか，1989）

部では，一部の昆虫に痕跡的に残っているものの，ほぼ全ての群で退化消失している．しかし胸部では3つの環節全ての腹面に生じた付属肢は，歩行器官として大きく発達した．

昆虫の脚の一般的構造と環境への適応

昆虫の胸部腹面に生じ，主に歩行器官として機能している脚は，昆虫の全ての群を通じて，ほぼ同じ構造をもっている．昆虫の脚は，基部から，基節（coxa），転節（trochanter），腿節（femur），脛節（tibia），付節（tarsus）の5部分からなる（図3，表1）．ただし幼虫では胸部の脚はしばしば消失しており，必ずしもこれら5部分を明確に観察できない．以下は全て，成虫についての解説となる．脚のそれぞれの部分の特徴について説明すると表1のようになる．

昆虫の生息環境や食性，行動習性などの違いによって，脚の形態は大きく変化する．脚全体が変化する場合もあれば，脚の一部が変化している場合もある．例えば，水生甲虫の一群であるミズスマシ類（図4A, B）の中脚と後脚は，近縁のゲンゴロウなどに比べても大きく変化している．どちらも非常に短くなって，寸詰まりになり，強く扁平になる．ゲンゴロウの後脚に見られるような長

第2章 歩行する生物に学ぶ——27

表1　昆虫の脚の各節

基節	幅広い節片で，通常胸部に埋没しているが，若干の回転運動が可能である場合が多い
転節	基節の突出した部分と腿節の基部端を接続する小さな器官として存在するが，腿節以降の複雑な運動を可能にしている重要な部分である
腿節	一般に細長く，脚の基半部の多くを占める
脛節	腿節と単純に関節し，非常に細長い場合が多い
付節	多くの昆虫で，脚の中では唯一の接地部分となる．他の部分と異なり，単一の環節ではなく，短い節が最大5個連なり，その先に爪などを含む前付節（pretarsus）がつく．前付節は，1本または1対の爪，肉盤，爪間体（そうかんたい）などからなり，その構成はグループによって異なる

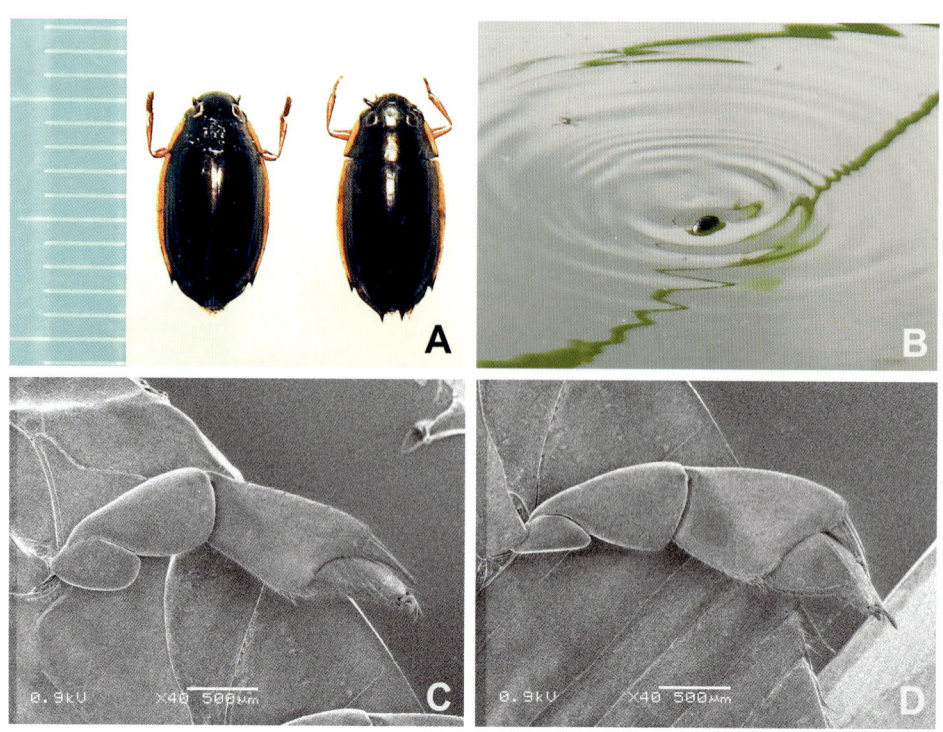

図4　A, オオミズスマシ（左♂，右♀）；B, 同左水面遊泳中；C, 同左中脚腹面SEM（走査型電子顕微鏡）画像；D, 同左後脚腹面

い遊泳毛はなく，板状の平べったい幅広い毛が一列に並んでいる（図4C, D）．

　ミツバチ（セイヨウミツバチ）は，各種の花から蜜や花粉を集めて巣に貯蔵し，幼虫の餌とする昆虫であるが，春のお花畑で一心に花から花粉を集め，団子にしてもち運んでいる様子を容易に観察することができる．このミツバチの後脚脛節の外側は板状に大きく広がって中央が浅くくぼみ，多数の長く強い剛毛がその外側を取り巻いている．この部分はミツバチ（働き蜂；図5A）が集めた花粉団子を入れるバスケット（花粉籠）になっている（図5B）．

　昆虫には同じ種の中に，オス個体とメス個体がいるので，オスとメスとが異なる形態の脚をもつ場合がある．そのような場合，雌雄間で異なっているその構造は，配偶行動または性的行動と大きな関係があると考えるべきだろう．たとえば国の天然記念物に指定されているヤンバルテナガコガネでは，オスの前脚は前方に長く伸び，大きく内側に湾曲している（図6A）．それに対してメスでは，例えば近縁のカブトムシなどと同様の形態を備えており，中脚，後脚と比べても特段に変わった形にはなっていない（図6B）．これはメスをめぐってオス同士が闘争する習性に関連している．

図5　A, セイヨウミツバチ訪花中；B, 同左後脚外面花粉籠 SEM 画像

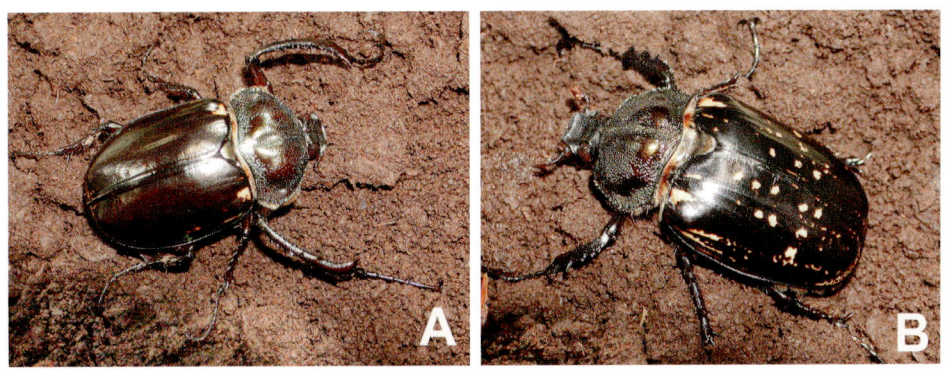

図6　ヤンバルテナガコガネ♂；B, 同左♀

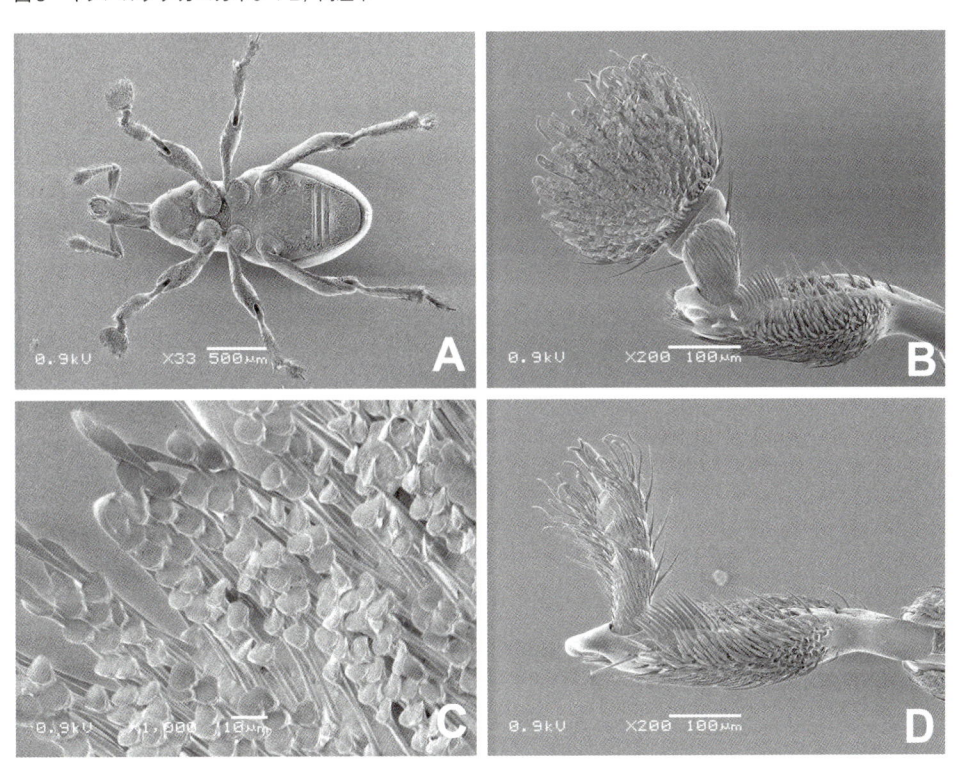

図7　A, ナガサキオチバゾウムシ（佐賀県武雄市）♂全形腹面 SEM 画像；B, 同左左前脚腹面；C, 同左拡大；
　　 D, 同♀左前脚腹面

オサムシ，ゲンゴロウ，ハネカクシ，ガムシなど多くの甲虫で，オスの前脚付節が大きく広がり，下側に吸盤や吸着毛が密生している構造がしばしば見られる．これはオスがメスの背中にしがみつき，交尾姿勢をとる行動と強く関連している．メスの背中は通常きわめてなめらかなので，前脚で強く接着しないと振り落されてしまう．ゾウムシ類ではこのような器官が発達する例は珍しいが，微小な土壌甲虫であるナガサキオチバゾウムシでは例外的に，オスの付節第3節が円盤状に大きく広がり，接地面には多数の吸着毛を備えている（図7）．

森や林に棲む昆虫

本章と次章では，昆虫のさまざまな生息域（ハビタット）を示し，そこに生息する昆虫がどのような機能をもち，その構造にどのような違いがあるのかを具体的に示していきたい．ここでは歩行や運動に関わる脚部の特に接地面に注目して解説する．

陸上に棲む昆虫の多くは森や林，または草原のように，植物が盛んに茂っている部分に生息している．昆虫の多くの種が植物の葉や木部を食物とする食植性昆虫である．食植性昆虫はそのほとんどの場合，食べ物とする植物の種類や部位が非常に厳密に決まっている．食植性昆虫を除いた他の昆虫は肉食性か雑食性であるが，ほとんどの場合，昆虫や類似の小動物を食物としている．あるいは動植物の遺体のように，ある程度分解された有機物を栄養源としている．これらの食物はあまり厳しく限定されたものでない場合が多い．

例えばテントウムシ科の甲虫（図8A, B）は，食植性の種，食菌性の種，肉食性の種を全て含んでいる．しかしそれらの脚構造には大きな違いはない．いずれの食性の種も，主に背の低い植物の茎や葉の上で活動する点では共通している．テントウムシの各脚の接地部分となる付節は4節で，第2，第3節が大きく広がっている（図8C）．それらの接地面には吸着毛がびっしり生えており（図8D），それらの面から粘液のような接着物質が分泌されていることも知られている．少なくとも陸生の甲虫類では基本的に，吸着毛と粘着物質の共同作用によって基質となる地面（植物の場合もある）への接着がおこなわれることが基本である．テントウムシの接着構造はこの点では非常に一般的，典型的である．ちなみにこの構造は雌雄でほとんど差がないし，前脚，中脚，後脚の各脚でも差がない．

しかし同様な生態，行動パターンをもつものでも，非常に違った構造をもっている場合がある．カミキリムシの仲間（カミキリムシ科）は，非常に種類数が多く，テントウムシよりも細長い体型をもっているが，テントウムシと同様，背の低い植物体上で活動することが多い．このようなカミキリムシの各脚の接地面にはやはり，吸着毛がびっしり生えているが，その形状はきわめて特徴的である．吸着毛の一本一本を観察すると，毛の先端は水平に広がり扁平になっており，接地面の方は平坦であるが，接地しない側には，数本の短く鋭いトゲが生えている．このトゲの機能については厳密には分かっていないが，ヨツスジトラカミキリ（図9A, B），エグリトラカミキリ，ラミーカミキリなど，さまざまなカミキリムシの種で確認されている．

カミキリムシと同じハムシ上科に属するハムシ科の中で，主にクビナガハムシ亜科とその近似の種では，同じ部分で先端が短く2股に分かれた吸着毛がしばしば観察される．この独特な形状についてもやはり，特有の行動に共通するものではなく，グループ（分類群）の特徴として現れる．例えばクビナガハムシ亜科のヤマイモハムシは，林縁のヤマノイモなどの野草の葉上によく見られる種であるが，各脚の付節接地面に同様の吸着毛を備えている（図9C, D）．このような生植物上で活動する甲虫の吸着構造の多様性は，植物側の硬く平滑な葉の表面への進化と連動したものである可能性が考えられる．

一方，肉食性，雑食性の甲虫での吸着構造は，環境との対応は明確ではないが，多様性は高い．コクシヒゲハネカクシ（ハネカクシ科）（図10A）は，本州以北の山地に多く生息する甲虫で，樹液や熟果に集まる．本種のオスの前脚付節接地面に密生する吸着毛は，先端が楕円形に広がった，奇妙な形をしている（図10B）．むしろ後に述べる水生甲虫の吸着毛に類似する．メスにおいても吸着毛の先端は同様に広がるが，広がりはやや弱い．

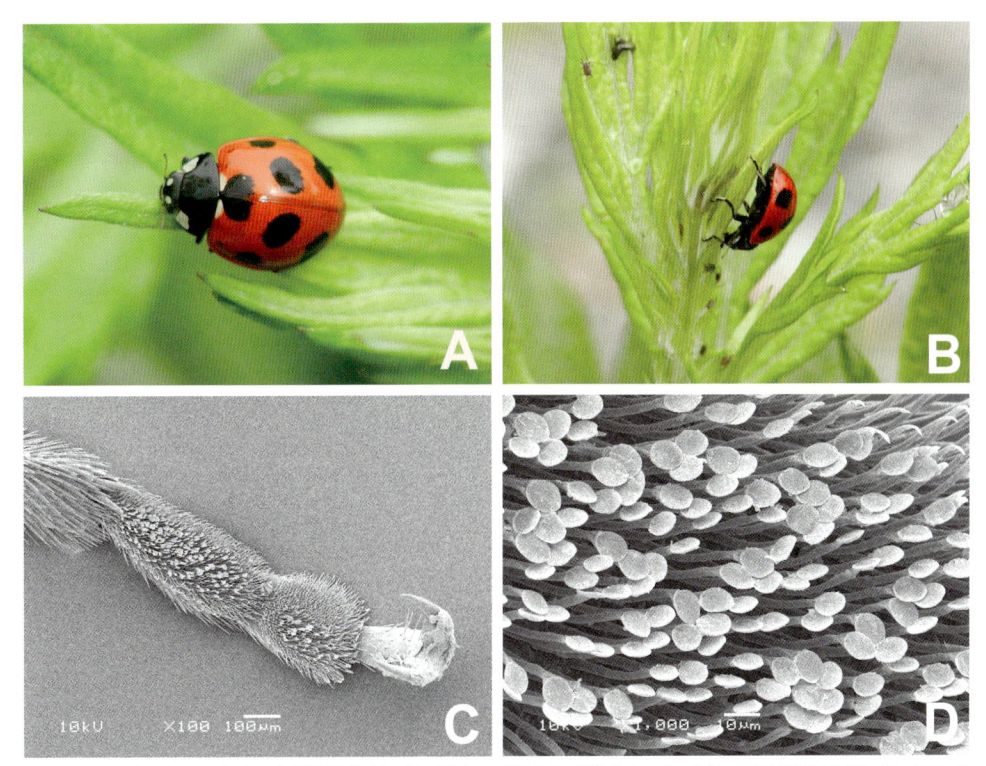

図8　A, ナナホシテントウ（山梨県甲府市）；B, 同左アブラムシを摂食中；C, 左後脚側面 SEM 画像；D, 同左接地面拡大

図9　A, ヨツスジトラカミキリ（茨城県つくば市）；B, 同左左中脚接地面 SEM 画像；C, ヤマイモハムシ（長崎県佐世保市）；D, 同左左中脚接地面を拡大した SEM 画像

図10 A, コクシヒゲハネカクシ(山梨県小菅村)♂;B, 同左左前脚接地面を拡大したSEM画像;C, オオヒラタシデムシ(東京都瑞穂町)♂;D, 同左左前脚接地面を拡大したSEM画像

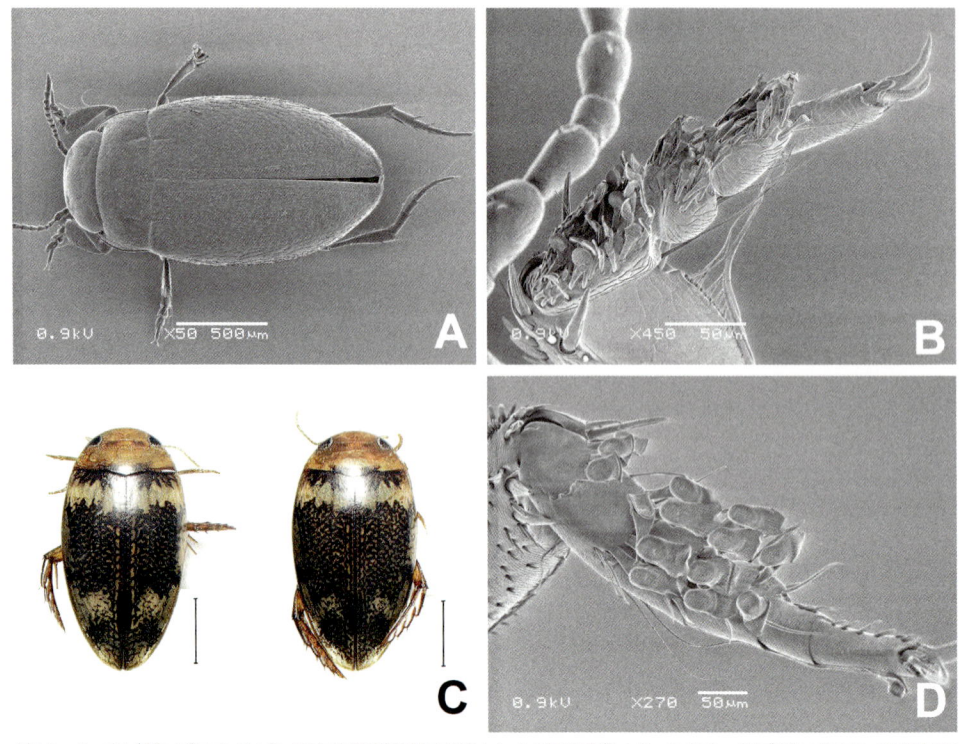

図11 A, チビゲンゴロウ♂;B, 同左左前脚接地面を拡大したSEM画像;C, ウスチャツブゲンゴロウ(沖縄県西表島, 左♂, 右♀);D, 同左♂左前脚接地面を拡大したSEM画像

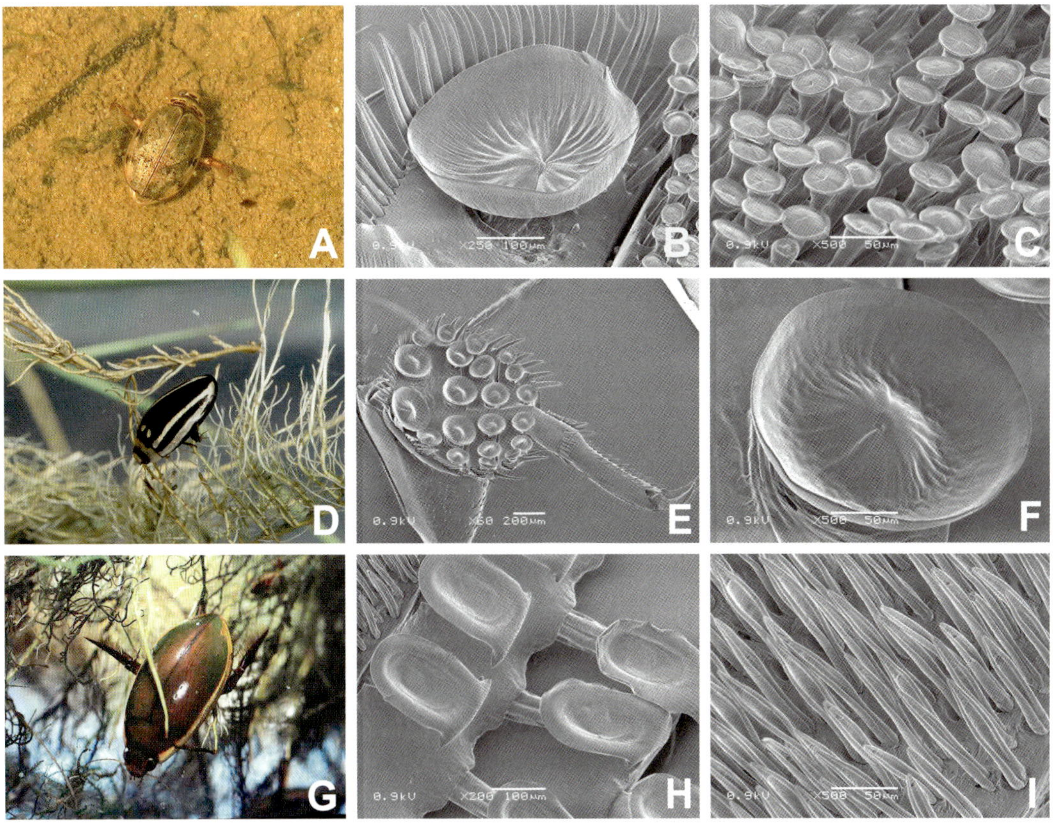

図12 ハイイロゲンゴロウ（A-C），シマゲンゴロウ（D-F）およびゲンゴロウ（G-I）．A，生態写真（福岡県福岡市）；B，♂前脚吸盤を拡大したSEM画像；C，同左吸着毛を拡大したSEM画像；D，生態写真（熊本県清和村）；E，♂前脚付節接地面のSEM画像；F，同左吸盤拡大；G，生態写真；H，♂前脚吸着毛を拡大したSEM画像；I，同左別種吸着毛拡大

オオヒラタシデムシ（シデムシ科）（図10C）はやや大型の扁平な甲虫で，森林周辺の地面を歩き回り，動物の死体に集まったり，路上で死んだミミズの死体などを食べる雑食性である．本種の前脚付節もかなり広がっていて，接地面には吸着毛が密生しているが，その先端はほとんど広がっておらず，切断状である．しかし先端部には激しいちぢれがあって，明らかに基部〜中間部とは異なる構造をもっている（図10D）．また多くの甲虫に見られることであるが，多くの吸着毛は先端で集まって，束状となっている．この機能的な意義については明確でない．

水辺や水中に棲む昆虫

陸上の甲虫とは異なり，水面や水中に生活する甲虫では，接着面に水が介在することで，非常に異なった接着装置を観察することができる．また，その構造においてもきわめて多様である．

代表的な水生甲虫であるゲンゴロウは，主に浅い水域の水中で生活している．日本産の最大の種であるゲンゴロウをはじめ，ゲンゴロウモドキ，コガタノゲンゴロウといった大型種は近年著しく減少し，身近な生き物とは呼べない状況になっている．一方でハイイロゲンゴロウ，コシマゲンゴロウのような中型種や，ツブゲンゴロウ，チビゲンゴロウのような小型種も，最近では多数の種を見ることが難しくなっている．

最も一般的な例として，小型種のチビゲンゴロウでは，オスの前脚付節の接地面に，多数の吸着毛をそなえている（図11A, B）．吸着毛の先端は円盤状に広がり，中央がくぼんでいる．これは明らかに吸盤の形であって，水中での接着に有効であると考えられる．これよりもわずかに大きいウスチャツブゲンゴロウでは，同じ部分にスキューバ

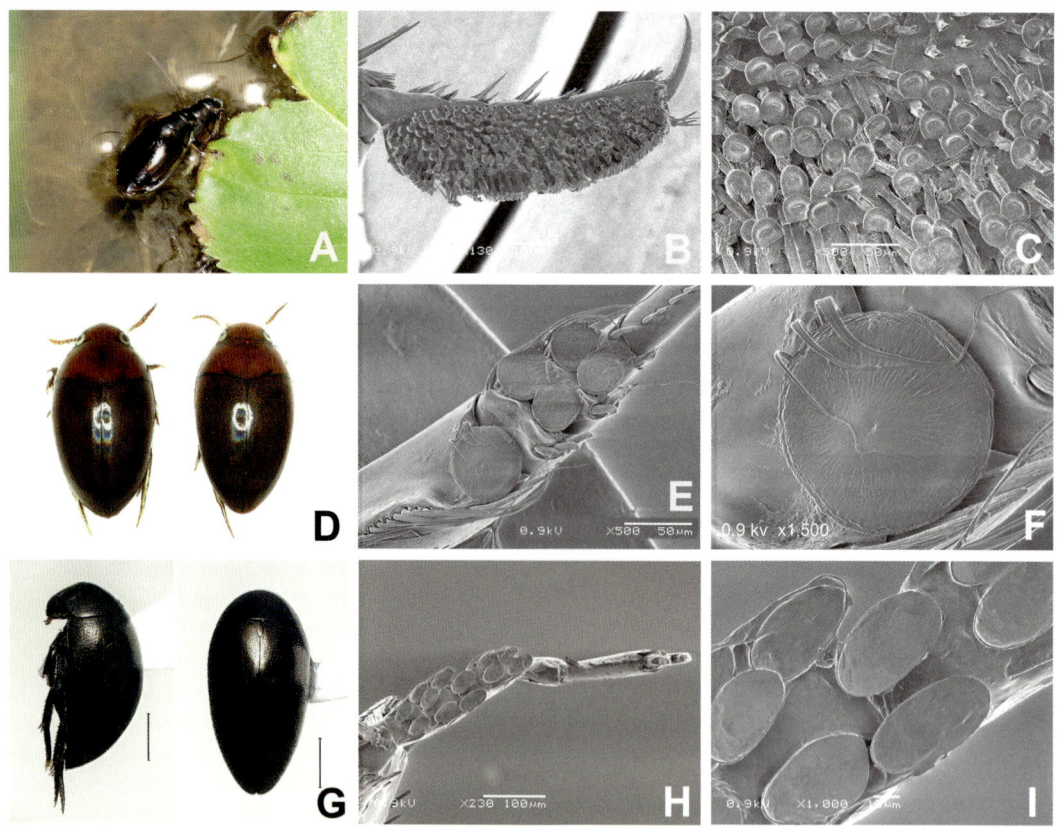

図13 オオミズスマシ（A-C），コツブゲンゴロウ（D-F）およびマメガムシ（G-I）．A, 生態写真（北海道千歳市）；B, ♂前脚付節接地面 SEM 画像；C, 同左吸着毛拡大；D, 標本写真（左♂，右♀）；E, ♂前脚付節接地面 SEM 画像；F, 同左吸着毛拡大；G, 標本写真（左，側面；右，背面）；H, ♂前脚付節接地面 SEM 画像；I, 同左吸着毛拡大

ダイビングの足ひれのような，特殊な形の吸着毛を 10 数本備えている（図 11C, D）．

同じゲンゴロウの仲間でも，中型種のハイイロゲンゴロウ（図 12A）ではきわめて異なる構造をもっている．オスの前脚付節は円盤型に大きく広がり，その接地面には，大きな吸盤と微細な吸着毛とが同居している（図 12B, C）．北海道や本州の高山に生息するメススジゲンゴロウでも同様の構造をもっている．一方同じ中型種でも，シマゲンゴロウ（図 12D-F）やコシマゲンゴロウでは，同じ場所に大きな吸盤のみをそなえており，吸着毛は全く見当たらない．一方最大クラスのゲンゴロウ（図 12G-I）や同属のトビイロゲンゴロウでは，全く異なる形の吸着毛のパッチと竹を斜めに切ったような別のタイプの吸着毛？（図 12I）のパッチが見られる．

先に例示したオオミズスマシの場合には，同じ平地の池沼という環境でありながら，水面を素早く遊泳する点で，主に水中で生活するゲンゴロウ類とは異なっている．またミズスマシやオオミズスマシは，ミズスマシ科という，ゲンゴロウとは異なるグループに分類されている．オオミズスマシのオスの前脚は，ゲンゴロウ類と同じように大きく広がっているものの，円盤状にはならず，三日月形に近い（図 13B）．接地面は細かい吸着毛が密生している（図 13C）．形もゲンゴロウ類に類似したコツブゲンゴロウ科のコツブゲンゴロウでは，オスの前脚は独特で，大きさの異なる大きな円盤が 5 個ほど混在している（図 13E, F）．

同じ水生甲虫であるが，ゲンゴロウやミズスマシとは別の大きなグループに所属するガムシ科では，オスの前脚接地面に吸着器官をもたないものが多い．しかしマメガムシ（図 13G-I）やタマガムシなどの一部の種では，オスの前脚付節に，ゲ

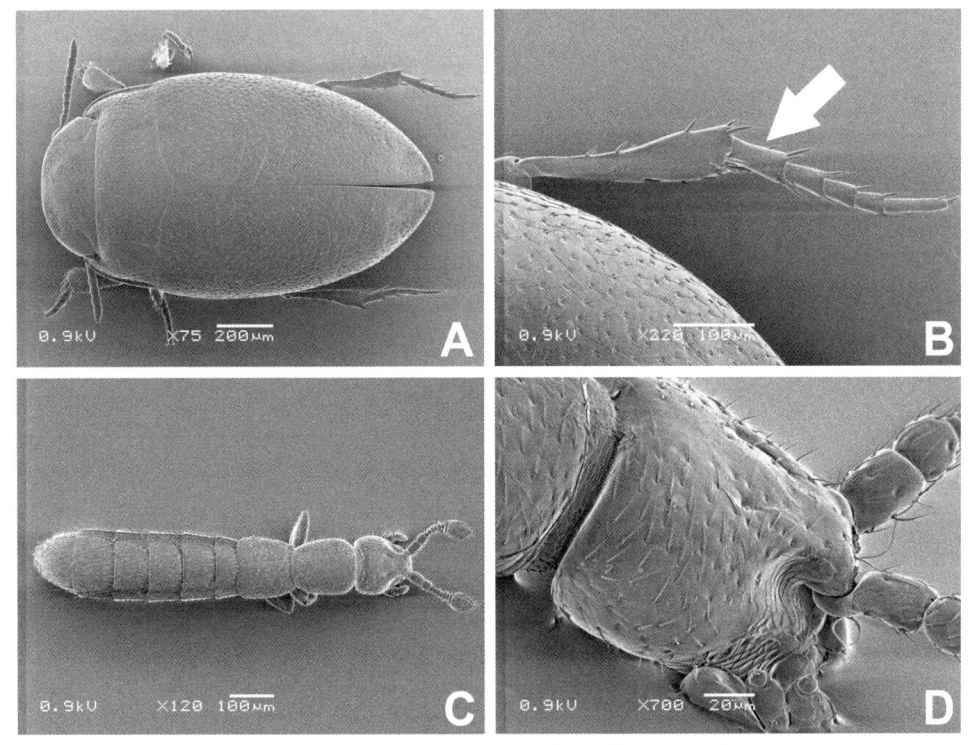

図14 A, *Geodessus besucheti* ♂全形 SEM 画像；B, 同左右後脚背面 SEM 画像；C, *Mayetia coerelensis* 全形 SEM 画像；D, 頭部側面

ンゴロウ類に似た，先端が円盤状の吸着毛をもっている．

特殊な環境に棲む昆虫から学ぶ

　以上のようにさまざまなハビタットに棲む昆虫の微細構造を互いに比較し，突き合わせてみると，近い種類の昆虫であっても，棲む環境によって形態が多様に変化しており，多くの場合，そのハビタットの特性に適合する方向に変化している．つまり適応しているように見える．場合によっては，その環境で不要な器官は退化消失していることもしばしばである．以下にいくつか例を挙げてみよう．

　先に例示したチビゲンゴロウに近縁な *Geodessus besucheti*（和名なし）という微小なゲンゴロウがいる（図14A）．本種は当初，ヒマラヤ地域から記載されたが（Brancucci, 1979），のちに中国南部やインドシナ半島北部にも分布していることが分かった．本種の特異な点は，水域からではなく，むしろかなり乾燥した土壌中から発見されている

ことである．つまり本種の生息環境においては水中を遊泳するような行動は全く必要ではない．それと連動するように，本種の後脚には，チビゲンゴロウに見られるような遊泳毛が全く見られない（図14B）．ゲンゴロウ類において遊泳毛を全く欠いていることは他に例がない．

　筆者が専門分野として研究を進めているアリヅカムシ類は，多くの場合，他の多くの昆虫と同じように一対の複眼をもっている．しかし洞窟や，地下深層部に生息するアリヅカムシでは，複眼が小さくなり，これを全く欠いてしまった種も見られる．図14A に示したスペイン産のツチアリヅカムシの一種（*Mayetia caurelensis* 和名なし）では，複眼は全く痕跡を残さずに消失している（図14D）．本種は地下1m以上の深層部に生息するアリヅカムシで，土壌洗浄法（soil washing）という特殊な方法で採集されたものである．

　南米のアマゾン河南方からブラジリア高地にかけて，ケラモドキカミキリ（図15A）というきわめて特殊なカミキリムシの仲間が生息する（阪口，

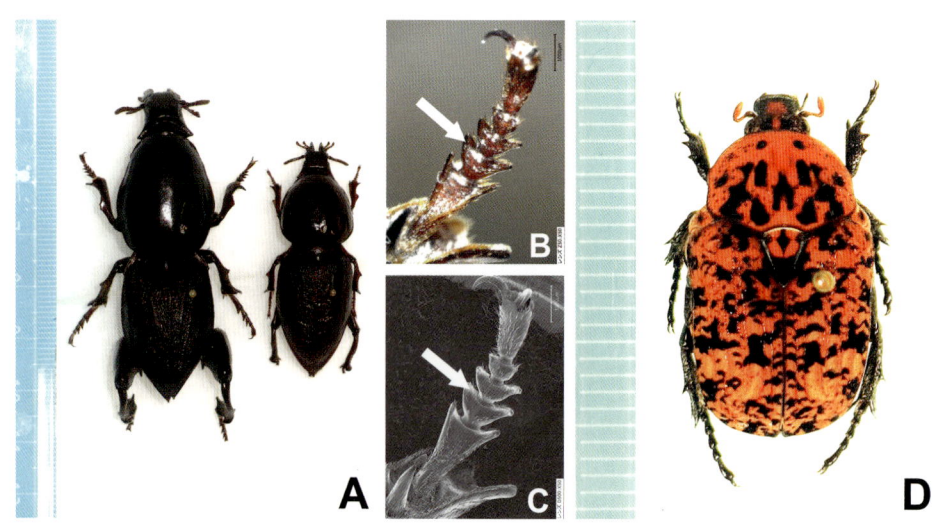

図15　A, ケラモドキカミキリ（左♂, 右♀）; B, 同左左前脚接地面拡大のデジタルマイクロスコープ画像; C, 同SEM画像; D, アカマダラハナムグリ

1980).　本種は従来，カミキリムシ科に分類されていたが，あまりにも形態および生態が特殊なため，近年では独立の科ケラモドキカミキリ科として扱われている．通常カミキリムシの仲間は，食物である樹木や草の周辺に生息して活動するが，本種は地中にトンネルを掘って，モグラのように地下で活動する．そのためか本種の前脚接地面には，雌雄ともに吸着毛は全く見られず，平滑である（図15B, C）.

以上見てきたように，昆虫では生息域の多様性に適応した形態，生態をもつ多数の種が知られている．特殊な生息域には特殊な形態をもった種が存在しているケースは少なくない．上には地中の生息域を挙げたが，他にも洞窟やアリやシロアリの巣の中，スズメバチや鳥の巣の中に発生したり，寄宿したりする甲虫も知られている．そのような特殊な環境に生育するものの中には，系統関係の枠を超えて，共通の環境または生態に由来する形質を共有するものも知られている．このような形質は「収斂形質」または「適応形質」などと呼ばれている．

特殊な環境に生育する昆虫は枚挙にいとまがないが，そのような昆虫の全てが特殊な適応を果たしているわけではない．例えば高い樹上の猛禽類のの巣に発生するアカマダラハナムグリ（コガネムシ科）（図15D）という甲虫は，多少体表の紋様が変わっているものの，その変わった生態に由来するような特殊な形態形質をもっているわけではない．「適応万能論」は成功している場合もあれば，逆に裏をかかれている場合もある．

昆虫は3億年に及ぶ歴史の中で進化を繰り返し，地球上に繁栄してきた生物である．その膨大な多様性の中から，バイオミメティクスに役立ちそうな形態や構造を探索することは，将来の技術革新にとって大きな可能性を秘めている．しかし求めるような構造を探し当てるためには，その構造の生態的，機能的な側面と十分に突き合せて吟味する必要がある．

引用文献

Brancucci, M. 1979. *Geodessus besucheti* n. gen., n. sp. Le premier dytiscide terrestre (Col., Dytiscidae, Bidessini). Entomologica Basiliensia, 4: 213-218.
平嶋義宏・森本　桂・多田内修．1989．昆虫分類学．川島書店，東京．
石川良輔．1997．昆虫の誕生．中央公論社，東京．
Rasnitsyn, A. P. and D. L. J. Quicke (eds). 2002. History of insects. Kluwer Academic Publishers, Dordrecht.
阪口浩平．1980．奇虫ケラモドキカミキリの生態．図説世界の昆虫3 南北アメリカ編1, pp. 150-153. 保育社，大阪．

歩くために必要な摩擦や接着 ────────── 細田奈麻絵

歩行における摩擦と接着

　ヒトも歩く動物である．ヒトは歩行する際，靴（足裏）と地面の間の「摩擦」による反発力で前進する．この時，摩擦力は表面に対して平行に作用する．一方，昆虫が葉の「裏側」を落ちずに歩く時は摩擦だけでなく「接着」が必要になる．その接着力は表面に垂直に作用する．歩行の際の接着は次の一歩を踏み出すために剥がせること（剥離）が特徴となる．このような生物の歩行は接着と剥離を繰り返す機能を開発するためのモデルとなる．

　あらためて接着技術の歴史を振り返ってみると，従来はしっかり接着して剥がれない「半永久的な接着」が求められていたことが分かる．しかし持続可能社会の実現のためにリサイクルが重視されると，使用後に分解して分別回収できる剥離機能が必要とされるようになった．この理由により生物の歩行における接着は必要な時に接着と非着ができる「一時的な接着」機能の点から注目されている．

接着機能のある脚・肢・腕

　「脚」や「足」に相当する部分の名称は生物により違っている．例えば昆虫では「脚」をヤモリ，カエル，コウモリなどの脊椎動物には「肢」を使う．昆虫の脚は胴体側から基節，転節，腿節，脛節，付節に分かれる（第2章「昆虫の生息場所の多様性」も参照）．昆虫の付節には通常は接着性の毛状構造や爪などがある．本節では昆虫のいわゆる「足裏」を「付節の裏」と呼ぶことにする．

　代表的な生物とともに接着機能のある脚を分けると図1のようになる．さらにこれらは次の3つのタイプに分類できる．

(1) ドライ系：被着表面のエネルギーや表面の吸着水を利用して，液体を分泌せずに接着する．
(2) ウェット系：被着表面との間に表面張力や毛管力，粘性抵抗などを発生させ，歩脚の付節の裏や肢の裏に液体を分泌して接着する．
(3) 吸盤系：圧力差を利用して接着する．

　本節では，これら3タイプの接着機能とともに，植物と昆虫の攻防から学ぶ非着の例，人工的な可逆接着の開発（ヤモリタイプ）および新しい水中接着機構の発見について紹介する．

ドライ系の接着―ヤモリの場合―

　近年特に注目を集めているのはヤモリの肢の接着・剥離性の素晴らしさである．ヤモリは接着剤に相当する分泌物質を必要とせず，表面にぴたりと隙間なくくっつくことができる．窓ガラスのように平らで爪が機能しないような表面であっても，移動することができる．これはヤモリの肢の裏が迅速に接着と剥離を繰り返すことができることに関係している．

　ヤモリが移動する時，接着力はその肢と被着表面の間に生じるファンデルワールス力（分子間力）により支配されている（Autumn et al., 2002）．接触した2つの平らな表面の間にファンデルワールス力が働く場合，その付着エネルギーは距離の2乗に反比例するので，如何に表面に接近させるかが重要となる．

　ヤモリの中で最も吸着力の研究がおこなわれている種はトッケイヤモリである．毛の材質はベータケラチンで出来ている（Maderson, 1964）．剛毛のサイズは長さ110 μm×幅4.2 μmで，へら状構

表1　生物接着の分類

	一時的接着	（半）永久的接着
水中の接着	タコ，棘皮動物（ヒトデ），腹足綱（巻貝），昆虫（ゲンゴロウ，ハムシ）	イガイ，フジツボ
陸上の接着	昆虫（ハムシ，アリ，ナナフシ），両生類（カエル），クモ，爬虫類（ヤモリ）	地衣類，蔦

	くっつく機能のある足（脚，肢および触腕）		
	ウェット系	ドライ系	吸盤
接着機構	表面張力，毛管力，粘性抵抗など	摩擦，分子間力など	圧力差

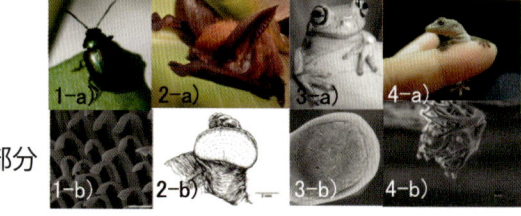

図1 接着機構をもつ動物と接着部分．1-b：付節裏の剛毛（Hosoda and Gorb, 2006より）；2-a：手首と足首に接着機構をもつサラモチ・コウモリ；2-b：円板状構造（Schlieman and Goodman, 2011より）；3-a：アマガエル（Federle et al., 2006より）；3-b：足指（Federle et al., 2006より）；4-a：ニホンヤモリ；4-b：肢裏のヘラ状毛（細田，2007より）；5-a：マミジロハエトリグモ；5-b：足裏のヘラ状毛（Hosoda and Miyajima, 2008より）；6-b：吸盤（Kierand Smith, 2002より）；8-b：♂の付節裏の吸盤

造（スパチュラ）の先端部分は200 nmである．さらに湿度のある環境では表面上に水の吸着層が存在するためその影響が考えられいたが，近年，水の薄い付着層がヤモリの毛の付着力を増大させることも証明された（Huber et al., 2005）．接着力はスパチュラ1本で10 nNあり（Huber and Gorb, 2005），剛毛一本あたりでは200 μN（水平方向）となる（Autumn et al., 2000）．

剥がれやすさ（剥離性）について比較してみると，材料工学的に接合したものは剥がすのが困難で時間もかかるのに対し，ヤモリの接着・剥離は迅速に起こり，高速度カメラによる観察から接着には0.04秒，剥離には0.066秒しかかからないことが分かった（Gao and Wang, 2005）．剛毛を引っ張る方向と引き剥がされる時の力の関係の理論解析の結果によれば，接着力（引き剥がしに必要な力）は引っ張る角度に依存し，剛毛が接着面と30度までは滑り摩擦が起こり，30度で力が最大になり，30度以上では力が減少し，90度ではわずかな力で剥離できる（Gao and Wang, 2005）．これはヤモリの剛毛を用いた接着強度の実験結果とも一致している（Autumn et al., 2000）．このような接着力の角度依存性は毛が非対称の薄く平たい形をしているために生じる（図1）．ヤモリは接着面に対する力の向きを変えることで，接着と剥離を低いエネルギー投入により制御しているのである．テープの剥離に関する研究では，引き剥がす力（引張応力）が力の方向により変化することが示されている（Kendall, 1971）．引き剥がす力の方向は，表面に対して垂直なほど小さく，水平に近づくほど大きくなる．つまりヤモリはこのような接着力の方向性を利用して接着と剥離をおこなっている．

ヤモリの微細な毛は肢の裏の接着面をきれいに保つこと（セルフクリーニング）にも役立っている（Hansen and Autumn, 2005）．アルミナーシリカ微粒子を用いた付着物による剛毛の接着力については，剛毛に微小な物質（微粒子）が付着した場合，ヤモリの接着力が著しく低下し，その後ガラス上を歩かせると歩数の増加とともに接着力が回復することが観察されている．

元来，接着能力の高い剛毛だが，なぜ微粒子が剛毛上に留まらず，ガラス上に接着するのか疑問であった．微粒子が剛毛から剥がれガラス上に残るには，微粒子とガラスの間に働く接着力が剛毛と微粒子の間に働く接着力よりも強い必要がある．この仮説は隣り合う微粒子の境目（界面）すなわちガラス/微粒子，微粒子/剛毛の界面に生じる相互作用をファンデルワールス力として計算により検討され，粒子の両サイドに接する界面のエネルギー不均衡からセルフクリーニングを生じるこ

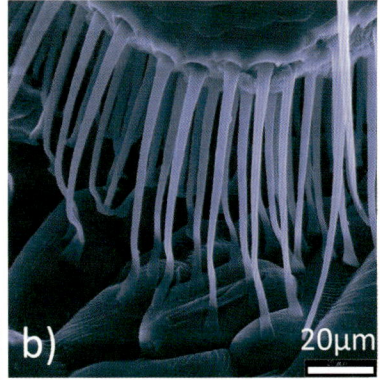

図2 エゾノギシギシ（タデ科）の葉上にいるハムシ（a）とレプリカの葉の表面上に接触するハムシの脚先端の剛毛（b）

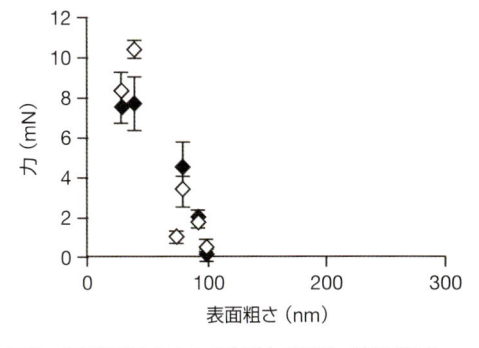

図3 表面粗さとハムシの牽引力の関係．粒径が0.9 μmのさまざまな表面粗さの表面を歩くハムシの牽引力の関係．黒♀，白♂

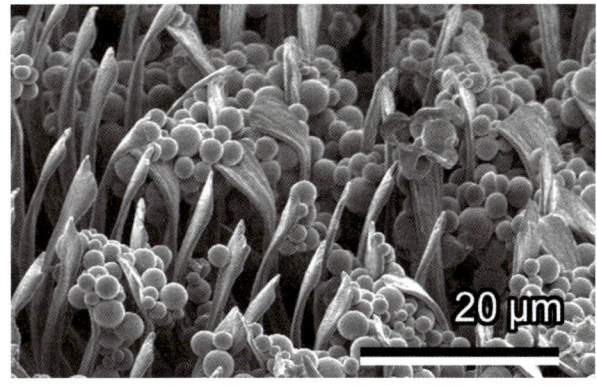

図4 ハムシの接着性剛毛にくっついているガラスビーズ（直径2 μm）

とが示された．また，剛毛が水を弾く性質（疎水性）をもつことから，水の接触によって剛毛上の微粒子が取り除かれる可能性があると指摘している．

ウェット系—ハムシ・テントウムシなどの昆虫の場合—

歩脚の付節にある接着性の毛状構造，爪などを利用することで昆虫はさまざまな形の表面上を滑らずに歩ける．茎のような細長い棒の表面を歩く場合，棒の直径によって足の使い方が異なる（Gladun and Gorb, 2007）．付節より棒の直径が大きい場合は付節を曲げて茎に剛毛を密着させ，直径が小さい場合は対側性の付節の間で挟む．平たい葉の表面では接着性の剛毛と爪を使い，非常に平らな表面の場合は付節の剛毛を使って接着する．

この接着性剛毛により，ハムシ，テントウムシなどの昆虫はガラスのような硬くて平滑な表面を，壁などで体が垂直になっても，天井などで逆さまになったとしても歩けるのである．このような接着性剛毛も新しい接着技術開発のヒントとしてエンジニアの興味を惹きつけている．

ハムシがタデ科植物のエゾノギシギシの上にいる状態とハムシの足裏の接着性剛毛と葉の表面（レプリカ）の接触状態を観察した電子顕微鏡像を図2に示す．剛毛の先端は，長さ約10 μm，幅約5 μmで，葉の表面の凹凸より小さいので，葉の表面によく密着している（細田・Gorb, 2006）．

優れた接着機能を有する付節でも，接触部の密着性，被着表面の汚れなどの表面の状態によってその接着力は影響を受ける．ナノスケールの微細な凹凸構造（表面粗さ）に対する昆虫の歩行能力の調査では，昆虫の剛毛先端の接着性は歩く表面（被着表面）の微細構造の影響を強く受けていることが明らかになっている（Gorb, 2001; Hosoda and Gorb, 2004）．

歩行能力は昆虫が力センサーを引く力（牽引力）の測定によって分かる（図3）．ハムシは表面粗さ

図5 ウツボカズラの捕虫器官．ピッチャー内側にスリップゾーンが見える

図6 ウツボカズラ属の一種のスリップゾーンにおける二重構造と昆虫の剛毛の接着イメージ（Gorb et al., 2005）．菱形はプラントワックス

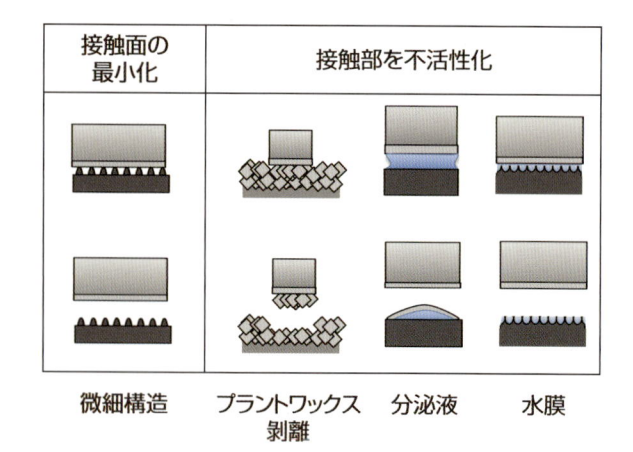

図7 生物が利用している主な非着の原理

（RMS roughness 二乗平均平方根粗さ）が 100 nm 付近で滑ってしまい，これがハムシの付節の接着の限界である（Hosoda and Gorb, 2010）．

多孔（反対側まで突き抜けている微小な孔で被われる）の表面形状も，付節の接着力を低下させることがテントウムシで研究されている．これは接触点の減少との他に剛毛表面の分泌液が多孔構造に吸収されることが原因と考えられている（Gorb et al., 2010）．

昆虫の付節の汚れによる接着力の低下は，ガラスビーズの実験でも確認されている（Hosoda and Gorb, 2010）．ガラスビーズが付着して汚れた状態になっても（図4），グルーミング（付節を擦り合わせる行為）で接着力は回復する．

植物と昆虫の攻防から学ぶ非着

昆虫は植物の表面を歩行できる接着・剥離の仕組みをもつ一方，食虫植物は歩行する昆虫を滑らせて捕食するための接着・剥離の仕組みをもつ．ここでは昆虫と食虫植物との攻防に注目し，ワックスや液層による食虫植物の機能と食虫植物から逃れるための昆虫の仕組みを紹介する．

まず最初にワックスで虫を滑らす仕組みについて説明する．植物の中には，葉の表面に結晶性のワックスをつくるものが多く存在する．ワックスの形状は糸状，小板状，微細粒状などさまざまであるが，いずれも昆虫の付節の剛毛よりも遥かに小さいので，接触面積を劇的に減少させる．ワックスはくずれやすい性質（脆性）をもち，昆虫が脚を引き剥がす時に，ワックスが付節の裏に残ることで接着力の低下を導く．さらにワックスの化学的成分そのものが昆虫の接着力低下に影響しているという報告もある（Eigenbrode and Jetter, 2002）．

食虫植物のウツボカズラ属の一種 *Nepenthes alata* は，ぶら下がった袋（ピッチャー）状の捕虫器官をもつ（図5）．昆虫はピッチャー内側の滑り帯（スリップゾーン）を歩こうとしても歩けない．滑って袋の底に落ちてしまい，そして最後は植物に消化吸収される．この滑り落とす仕組みこそ捕虫のキーテクノロジーなのである．近年，このウツボカズラの表面構造が電子顕微鏡で観察さ

図8 蛸の腕にある吸盤．吸盤先端の円形を密着させ，腕から伸びる円筒形で圧力を調整する

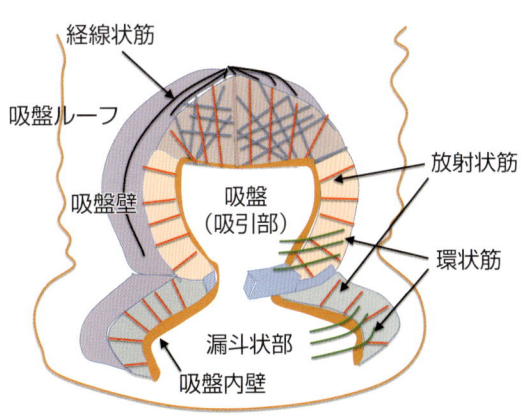

図9 タコの吸盤部分の概略図．Kiel and Smith (2002) に基づく

れ（Gorb et al., 2005），次のことが明らかになった．スリップゾーンは2層構造をとり（図6），1層目は厚いワックスで，薄い結晶板が密集した形状をなし，脆く剥がれ易い（Gorb and Gorb, 2006）．結晶板状のワックスは昆虫の付節に付着しては剥がれ，結果的に付節の接着力を減少させる．2層目は固く，さらに尖った形状の結晶で覆われることで1層目が剥がれた後に獲物が歩こうとした場合でも付節に十分な接触面を与えない．

次に溝の液層で虫を滑らす方法を紹介する．別のウツボカズラ属の一種 Nepenthes bicalcarata では，ピッチャーのスリップゾーンが完全な親水性で，上部から内部まで続く連続的な溝で覆われている．この溝は，果汁や雨水，湿った気象などの液層に覆われ，昆虫の歩脚は表面に接着できずに滑り落ちる．この仕組みはアリを使った研究で確認されている（Bohnand and Federle, 2004）．

最後に生物が利用する非着の仕組みについて説明する．非着表面は次の2つに分けられる（図7）：1) 接触部を小さく（点接触）するような尖った表面構造にする「接触面の最小化」；2) 食虫植物で説明した脆いワックスの利用，脂質による粘着性分の非着化，微細構造を水で被い水膜により非着化するなどの「接着部の不活性化」．

食虫植物として有名なロリドゥラの一種 Roridula gorgonias は表面に密生した毛から粘液を分泌し，触れた虫を捕らえる．しかし，カメムシの一種 Pameridea roridulae はこの粘液の中を移動でき，植物が捕った虫を横取りして食べる．このカメムシの粘液に捕まらない仕組みは脚の表皮からの分泌液（脂質）にあり，それが植物の粘液と直接的な接触を回避できる方法であった（Voigt and Gorb, 2008）．この分泌液は粘性が弱いので，植物の粘液から簡単に脚を離すことができる（食虫植物の粘液には虫の分泌液だけが残る）というわけである．

吸盤系—筋肉による吸盤内部の圧力調整機能—

吸盤の構造と吸着の仕組みについては，19世紀後半頃からよく研究されており，Kier and Smith (2002) がそれらをまとめている．タコの吸盤は接着面が円形で，立体的には漏斗のような形状であることから漏斗状部と呼ばれる（図8）．吸盤の内部では漏斗状部が吸引部とつながり，内壁はキチン質の角皮で被われている．吸引部は吸盤壁と吸盤ルーフで構成される（図9）．角皮は接触表面の横滑り防止の役割を担うと考えられ，機能維持のため周期的に剥がれて新しくなる．吸盤全体には，3つの異なる方向を向いた筋繊維がある．1つ目は放射状の筋繊維で，繊維は内側と外側の表面と直角をなし，吸盤壁，吸盤ルーフおよび漏斗壁の厚みを変化させる．2つ目は経線状の繊維で，放射状繊維を取り囲むようにある．3つ目は円周状の筋束（環状筋）で，漏斗の表面と平行の位置関係である．

身近な工業製品に見られる「吸盤」は薄いお椀型で，吸盤を壁に押し付けて内部の空気を追い出し，剥がそうとする力に対抗する内側の負圧と外

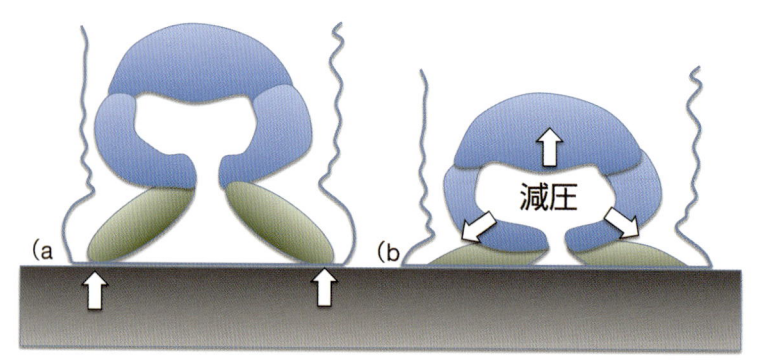

図10 タコの吸盤による吸着の仕組み．矢印はそれぞれ密閉機構（a）と圧力調整機構（b）をす

側の圧力差で接着（吸着）する．これに対し，タコの吸盤は独特な方法で負圧を創り出す．最初に漏斗状部の先端を表面に付けて密閉空間を作る（図10a）．つぎに放射状筋を収縮させて吸盤壁が薄くする．外側が固定されているため吸盤内の空間は体積を増加し，圧力が減少して吸着力が生じる（図10b）．経線状筋と環状筋が収縮させると，体積の減少により内部の圧力上昇により吸盤を剥がすことができる．漏斗状部の内側にある放射状の溝は，このときに発生した圧力差を吸着面全体に伝える役割を果たすのである．工業製品のシンプルな吸盤形状に対して，生物の創り出す吸盤は非常にきめ細やかな設計になっている．

ヤモリの毛状接着タイプの接着機構の開発

ヤモリタイプの毛の構造は次のような点に特徴がある（Gorb et al., 2007）：(1) 毛のアスペクト比；(2) 毛の密度；(3) 基板に対する毛の傾斜角；(4) 根元から先端方向へ毛の固さの傾斜を作る（階層構造，材質変化）；(5) 最先端の接触面の形状；(6) 動かす方向に対して非対称形状；(7) 相互付着防止．ヤモリタイプの毛と同じものを人工的に作ることはまだ困難である．特徴の (4) に対応する薄い層を先端に形成したマッシュルーム型の毛構造は繰り返しの接着性もあり，汚れた場合でも水洗いにより接着性が戻ること知られている（Gorb et al., 2007）．

次に接着を左右する要因について考えてみよう．人工的な接合技術の場合，一般に接着・接合強度（剥離強度）を上げるために「接触する部分の密着性を高く」し「二固体間の結合力を上げる」そし て「接合部の境目（界面）近傍に発生する応力を小さく」する必要がある．

材料工学的な常温直接接合（Suga, 1990）では，密着性を高くするため，接触させる前に両表面を厳密に平坦にする必要がある．表面研磨は一般的には機械的な研磨後に電解研磨や化学研磨などを施して，磨いた時にできる傷（研磨傷）を消す処理をおこなう．しかし接合材料によって薬品の種類や研磨の条件が異なり，細かな研磨条件の設定が必要となる．数十ナノ以上の表面粗さや研磨傷の残留は，接合の成否に関わるため，この表面研磨は常温直接接合のキーテクノロジーとも言える．これに対し，生物がとった密着性への戦略は全く異なっている．密着性を向上させるため，接触部分を分割化し，変形し易いように細長く薄い毛状の表面を創った．この細長い毛は接触面に対して傾いて生えているのも特徴である（図11）．また，ヤモリの細長く傾いた毛は変形し易く高い密着性に貢献している（Autumn et al., 2006）．

ヤモリのもつ優れた可逆的接着能力は環境調和型として工学分野おいても注目を浴び，これまでいくつかの毛状の構造が提案されている．毛の作製法は大きく分けると (1) 直接加工，(2) 表面転写，(3) 基板から成長させる方法（ボトムアップ）になる（図12）．直接加工法とボトムアップ法は柱状のシンプルな毛を作製するのに適しているが，複雑な形状は表面転写による方法で作製される．図13に開発されている毛の構造を示す．ボトムアップ法では，毛の素材はカーボンナノチューブなどが使われている．表面転写法で作製される毛は，高分子材料．接着性を高める最先端の形状に

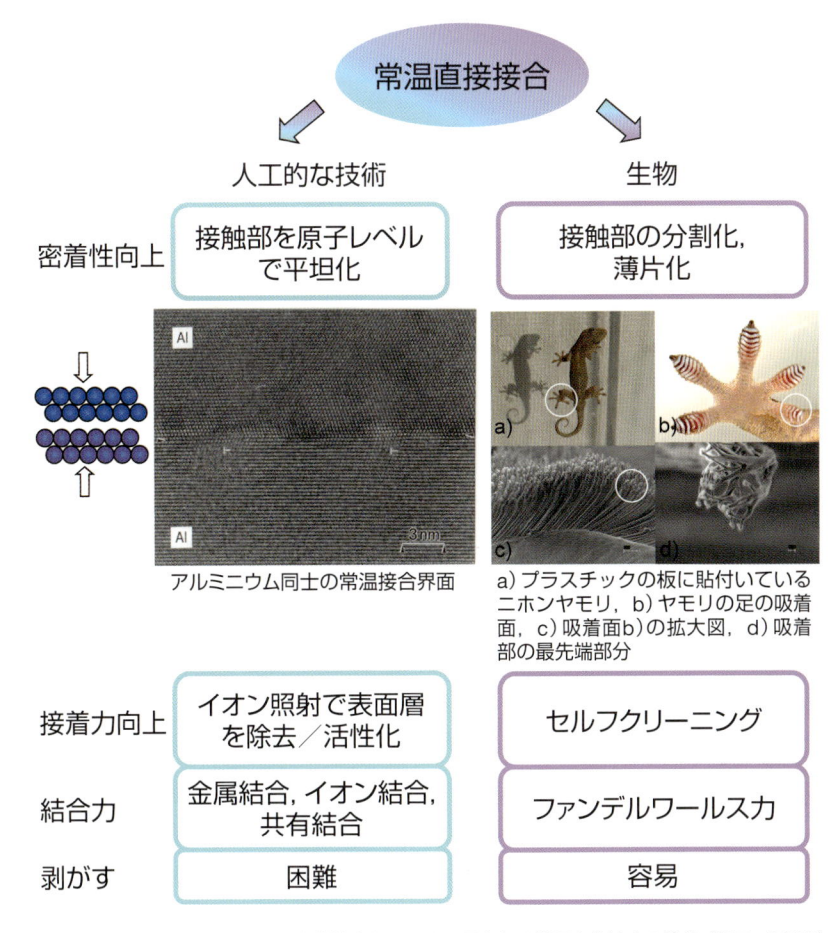

図11 人工的な技術による常温直接接合とヤモリに見られる常温直接接合の比較（細田，2009）

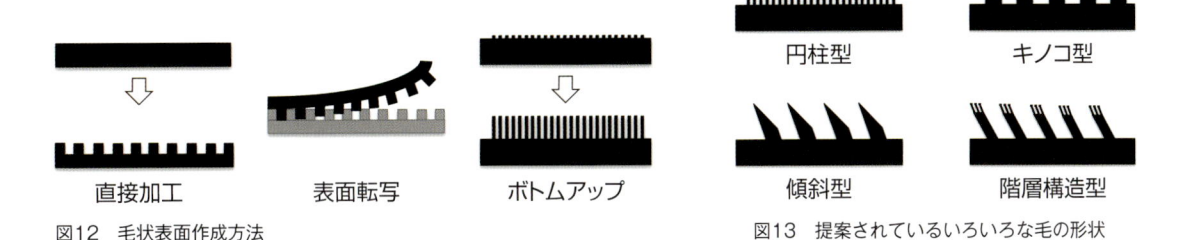

図12 毛状表面作成方法

図13 提案されているいろいろな毛の形状

ついても検討する必要がある．

　傾斜した毛の場合は，ヤモリと同様に，垂直方向には弱く，水平方向の力には強い．近年では木の枝のような階層構造のような複雑な毛状表面も開発されるようになった（図13）．

　ヤモリタイプの接着は可逆性接着に期待されているが，剥離のしにくさ（高い剥離強度）は接合のメカニズムから考えても限界がある．毛状構造にイガイの接着剤を組み合わせたものでも1本当り最高で120 nNである（Lee et al., 2007）．ヤモリタイプの接着は垂直な表面を移動する歩行ロボットや医療用の接着などで実用化が進められている．

図14 水中を歩行するハムシ（a）とテントウムシ（b）および気泡を利用した水中接着機構の設計図（右上）とオモチャのブルドーザーの水中接着（c）

新しい接着機構の発見

昆虫の研究は長い歴史をもつが，新しい生態もまだ発見され続けている．ハムシの水中歩行もそのひとつである．ハムシの歩脚の付節の裏は毛状構造をとり，分泌液で被われている．分泌液の接着力が発揮できなくなる水中では，昆虫は歩行ができないと考えられていた．しかし，著者を含む研究グループは昆虫の歩行能力の研究中に，ハムシが水中を自由に歩けることを発見し（図14a, b），その仕組みを2012年に発表した．水中では浮力が働くため，昆虫のように軽い体では水面に浮かんでしまう．水底を歩くには，浮力で体が浮き上がらないように歩脚の裏に接着力が必要である．ハムシは接着に「泡」を利用して水中歩行していることが分かった（Hosoda and Gorb, 2012）．気泡は水中の歩く表面への接着に助けるとともに，水をはじき，毛状構造を歩く表面と直接接触させる役割も果たしていた．雨天時に濡れた葉の上でも，この機構が役立っていると考えられる．

この発見をもとに気泡を接着剤とした新しい水中接着技術の開発に成功した（Hosoda and Gorb, 2012）．有害な接着剤を使用しない，水質を悪化させないクリーンな新しい接着技術となる．例えば，壁に沿って移動する水中ロボットなどへの応用が考えられる．気泡を接着剤として利用するために考案した水中接着構造とそれによっておもちゃのブルドーザーを水槽の壁に接着させた例を図14cに示す．

おわりに

本稿では生物のくっつく仕組みとそれをモデルに開発が進められている新しい接着技術の例を紹介した．いずれも環境にやさしい接着技術に繋がる可能性があり，今後の展開が期待される．生物から得られた知識は環境にやさしいモノづくりを発展させ，その技術は生物の環境保全に寄与する．そうした双方向の良い関係を生み出すモノづくりが今後の循環型持続可能社会を支えるキーテクノロジーになるのではないだろうか．

引用文献

Autumn, K., Y. A. Liang, S. T. Hsieh, W. Zesch, W. P. Chan, T. W. Kenny, R. Fearing and R. J. Full. 2000. Adhesive force of a single gecko foot-hair. Nature, 405: 681–685.

Autumn, K., C. Majidi, R., E. Groff, A. Dittmore and R. Fearing. 2006. Effective elastic modulus of isolated gecko setal arrays. Journal of Experimental Biology,

209: 3558-3568

Gorb, S. N., M. Sinha, A. Peressadko, K. A. Daltorio and R. D. Quinn. 2007. Insects did it first: a micro-patterned adhesive tape for robotic applications. Bioinspiration & Biomimetics, 2: S117-125.

Autumn, K., M. Sitti, Y. A. Liang, A. M. Peattie, W. R. Hansen, S. Sponberg, T. W. Kenny, R. Fearing, J. N. Israelachvili and R. J. Full. 2002. Evidence for van der Waals adhesion in gecko setae. Proceedings of the National Academy of Sciences of the United States of America, 99: 12252.

Bohn, F.H. and W. Federle. 2004. Insect aquaplaning: Nepenthes pitcher plants capture prey with the peristome, a fully wettable water-lubricated anisotropic surface. Proceedings of the National Academy of Sciences of the United States of America, 101(39): 14138-14143.

Eigenbrode, D.S. and R.Jetter. 2002. Attachment to plant surface waxes by an insect predator. Integrative and Comparative Biology, 42: 1091-1099.

Federle, W., W. J. P. Barnes, W. Baumgartner, P. Drechsler and J. M Smith. 2006. Wet but not slippery: boundary friction in tree frog adhesive toe pads. Journal of the Royal Society Interface, 3: 689-697.

Gao, H., X. Wang, H. Yao, S. Gorb and E. Arzt. 2005. Mechanics of hierarchical adhesion structures of geckos. Mechanics of Materials, 37: 275-285.

Gladun, D. and N. S. Gorb. 2007. Insect walking techniques on thin stems. Arthropod-Plant Interactions, 1: 77-91.

Gorb, S. 2001. Attachment devices of insect cuticle. Kluwer Academic Publishers, Dordrecht.

Gorb, E., K. Haas, A. Henrich, S. Enders, N. Barbakadze and S. Gorb. 2005. Composite structure of the crystalline epicuticular wax layer of the slippery zone in the pitchers of the carnivorous plant *Nepenthes alata* and its effect on insect attachment. Journal of Experimental Biology, 208: 4651-4662.

Gorb, E. V., N. Hosoda, C. Miksch and S. N. Gorb. 2010. Slippery pores: anti-adhesive effect of nanoporous substrates on the beetle attachment system. Journal of the Royal Society Interface, 7: 1571-1579.

Gorb, E. V. and S. N.Gorb. 2006. Physicochemical properties of functional surfaces in pitchers of the carnivorous plant *Nepenthes alata* Blanco (Nepenthaceae). Plant Biology, 8: 841-848.

Gorb, S., M. Varenberg, A. Peressadko and J. Tuma. 2007. Biomimetic mushroom-shaped fibrillar adhesive microstructure. Journal of royal scoiety Interface, 4: 271-275.

Hansen, W. R. and K. Autumn. 2005. Evidence for self-cleaning in gecko setae. Proceedings of the National Academy of Sciences of the United States of America, 102: 385.

細田奈麻絵．2009．ネイチャーテック：自然に学ぶ超低環境負荷型ものづくり技術．バイオミメティック接合技術，まてりあ，48(4) :165-169.

Hosoda, N. and S. N, Gorb. 2004. Critical roughness for insect attachment: experimental evidences for the beetle *Gastrophysa viridula*. Bionik: Innovationsimpulse aus der Natur, Bremen.

細田奈麻絵・Gorb, S. 2006. ハムシの吸着力に及ぼす表面粗さの影響について．第18回バイオエンジニアリング講演会講演論文集，566: 389-390.

Hosoda, N. and N. S. Gorb. 2010. Friction force reduction triggers feet grooming behaviour in beetles. Proceedings of the Royal Society B, 278: 1748-1752.

Hosoda, N. and S. N. Gorb. 2012. Underwater locomotion in a terrestrial beetle:combination of surface de-wetting and capillary forces, Proceedings of the Royal Society B, 279: 4236-4242.

Huber, G., S. N. Gorb, R. Spolenak and E. Arzt. 2005. Resolving the nanoscale adhesion of individual gecko spatulae by atomic force microscopy. Biology Letters, 1: 2-4.

Huber, G., H. Mantz, R. Spolenak, K. Mecke, K. Jacobs, S.N. Gorb and E. Arzt. 2005. Evidence for capillarity contributions to gecko adhesion from single spatula nanomechanical measurements. Proceedings of the National Academy of Sciences of the United States of America, 102(45): 16293-16296.

Kendall, K. 1971. The adhesion and surface energy of elastic solids. Journal of Physics D: Applied Physics, 4: 1186-1195.

Kier, W. M. and A. M. Smith. 2002. The structure and adhesive mechanism of octopus suckers. Integrative and Comparative Biology, 42(6): 1146-1153.

Lee, H., B. P. Lee and P. B. Messersmith. 2007. A reversible wet/dry adhesive inspired by mussels and geckos, Nature, 448: 338-341.

Maderson, P. F. A. 1964. The skin of lizards and snakes. British Journal of Herpetology, 3: 151-154.

Schliemann, H. and S. M. Goodman. 2011. A new study on the structure and function of the adhesive organs of the Old World sucker-footed bat (Myzopoda: Myzopodidae) of Madagascar, Verhandlungen des Naturwissenschaftlichen Vereins Hamburg, 46: 313-330.

Suga, T. 1990. Room temperature bonding. Bulletin of the Japan Institute of Metals, 29(11): 944-947.

Voigt, D. and S. Gorb. 2008. An insect trap as habitat: cohesion-failure mechanism prevents adhesion of *Pameridea roridulae* bugs to the sticky surface of the plant *Roridula gorgonias*, The Journal of Experimental Biology, 211: 2647-2657.

コラム2

振動を用いた害虫防除

高梨琢磨

　木や枝を揺すって，落ちてくる昆虫を採集する方法がある．これは，昆虫が振動に敏感である習性を利用している．多くの昆虫は固体を伝わる振動に敏感であり，さまざまな場面でこの習性を利用している．振動を利用する種は，不完全変態から完全変態の昆虫を含む，19万5千種にも上ると推定されている（表1）（Cocroft and Rodríguez, 2005）．振動を利用する昆虫の例として，カブトムシでは，近づいてきた幼虫の振動を検知した蛹が，土中の部屋に背面を打ちつけて低周波の振動を発する（Kojima et al., 2012）．幼虫はこの振動によって動きを止める（フリーズ反応）ので，蛹の振動には幼虫によって蛹室が壊されることを防ぐ役割がある．また，トビイロウンカの雌雄は相互に振動を発して，寄生植物であるイネの茎上で定位，交尾にいたる．他に，葉の内部にいるホソガの幼虫は，ヒメコバチ科の寄生バチが産卵時に発する振動を検知して，寄生を回避できる．このように振動は，昆虫においてさまざまな役割をもつが，害虫に関する研究は多くはない．

　マツノマダラカミキリは，マツ材線虫病（いわゆるマツ枯れ）を媒介し，我が国のマツ類（クロマツ，アカマツなど）に壊滅的な被害を与えている重要な森林害虫である（図1，2）．マツ材線虫病は北海道を除く全国に蔓延しており，その被害量は年間で木造家屋2万戸分に相当する．マツノマダラカミキリの防除は，これまで殺虫剤等の薬剤に頼っておこなわれてきたが，マツ材線虫病の拡大を防ぐには至っていない．さらにマツノマダラカミキリの防除に用いる殺虫剤が，生態系や人体の健康へ悪影響を与える可能性が懸念されている昨今，安全性の高い害虫防除が必要とされてきている．そこで，著者を含む研究グループは昆虫の振動に対する習性を応用し，振動を用いて食害や産卵を防いだり，忌避させたりする害虫防除法の開発をすすめており，以下に紹介する．

　まず，マツノマダラカミキリの振動に対する行動反応を観察した（高梨ほか，2010a）．その結果，本種はさまざまな周波数の振動刺激に対して，瞬時に肢や触角を動かす反応（驚愕反応）を示すことが分かった（図3）．特に，1 kHz以下の低周波成分に対して，感度良く反応した．また，振動によって歩行を停止するフリーズ反応も示した．マツノマダラカミキリは，天敵に

表1　振動を利用する昆虫（目）

完全変態	不完全変態
コウチュウ*	カメムシ*
チョウ*	シロアリ*
ハエ*	ゴキブリ*
ハチ*	バッタ*
アミメカゲロウ	アザミウマ*
トビケラ	チャタテムシ*
シリアゲムシ	ジュズヒゲムシ
ヘビトンボ	カワゲラ
ラクダムシ	シロアリモドキ
	カカトアルキ

*害虫を含む

図1　クロマツ枝上のマツノマダラカミキリ

図2　マツ枯れの様相（撮影者：遠田暢男）

図3 マツノマダラカミキリにおける振動に対する行動と感覚器．脚に内在する感覚器の弦音器官（矢じり）によって振動を検知し，驚愕反応とフリーズ反応を示す

図4 振動を用いた行動制御による害虫防除法．振動を樹木に発生させて，産卵や摂食の阻害，忌避等をひきおこすことによって害虫の被害を防ぐ

由来する振動情報によって，驚愕反応やフリーズ反応等の行動を示すと考えられる．振動に対する驚愕反応やフリーズ反応は，カラムシ等草本を寄主植物とするラミーカミキリにおいても報告されている（Tsubaki et al., 2014）．

次に，振動を受容する感覚器を組織学的手法により検索した．その結果，弦音器官（腿節内弦音器官）が全ての肢の腿節に内在することを特定した．この腿節内弦音器官（図3）は多数の感覚細胞が結合組織を介して堅い内突起に付着する構造をとる．その内突起の末端は脛節につながり，肢の接地面から振動を感覚細胞に伝える．なおこの弦音器官は，ほぼ全ての昆虫種が肢にもっていることが知られている．

マツノマダラカミキリの行動は，振動によって抑制できる．実験室内において，クロマツ小丸太の1本に特定周波数の振動を与え，他の1本は振動を与えない条件で，複数のメスを容器に放して産卵選択試験をおこなった．その結果，振動を与えられたマツには産卵されなかったが，振動を与えないマツには産卵が観察された．また，振動によってマツの食害も著しく減少した．

以上の結果から，微弱な振動を樹木等に発生させて害虫の行動を制御し，産卵や摂食の阻害，忌避等によって防除するための手法を考案，国際特許（高梨ほか，2010b）を出願した（図4）．振動を発生させる装置としては，高出力で周波数可変域が広い超磁歪素子（磁界によってひずみを生じる，希土類金属－鉄系の合金のこと．これにコイルを巻き，交流電流を流すことで振動を発生できる）が有用である．例えば景勝地・公園等のマツ名木に振動発生装置を取り付けてマツを守ることができ，殺虫剤の使用を控えることで生態系への影響を最小限にした被害防止が可能となる．なお超磁歪素子による防除モデル試験として，マツに振動を与えて，マツノマダラカミキリに忌避をおこすことには既に成功している．

振動を利用した防除法は，森林害虫のカミキリムシ類だけでなく，振動に感受性のある害虫種にも広く適用できると考えられる（表1）．一方，実用化に際して，振動に対する害虫の「慣れ」による効果の減少や，振動が伝わる植物体への影響など解決すべき問題があり，さらなる研究が必要となる．今後，振動に関する研究成果が蓄積して，本防除法が果樹や農作物等の被害防止などに用いられることが期待される．

引用文献

Cocroft, R. B. and R. L. Rodríguez. 2005. The behavioral ecology of insect vibrational communication. BioScience, 55(4): 323-334.

Kojima, W., T. Takanashi and Y. Ishikawa. 2012. Vibratory communication in the soil: pupal signals deter larval intrusion in a group-living beetle *Trypoxylus dichotoma*. Behavioral Ecology and Sociobiology, 66(2): 171-179.

高梨琢磨・深谷 緑・西野浩史. 2010a. カミキリムシにおける振動反応性と感覚受容器. 日本音響学会聴覚研究会資料, 40(4): 293-296.

高梨琢磨・大村和香子・大谷英児・久保島吉貴・森 輝夫・小池卓二・西野浩史. 2010b. 振動により害虫を防除する方法. PCT/JP2010/65398

Tsubaki, R., N. Hosoda, H. Kitajima and T. Takanashi. 2014. Substrate-borne vibrations induce behavioral responses of a leaf-dwelling cerambycid *Paraglenea fortune*. Zoological Science, 31(12): 789-794.

バイオミメティクスの視点から気になる昆虫の微細構造

野村周平

見落とされてきた昆虫の多様な微細構造

　バイオミメティクスの歴史の中で，数 μm〜数百 nm というレベルの大きさの構造については，しばしば見落とされてきたことを先に述べた．昆虫の形態観察においても全く同じことが言える．1940 年前後から走査型電子顕微鏡（SEM: Scanning Electron Microscope）による形態観察が実用化されてきたものの，現在に至っても，昆虫形態学の中心部分を占めるには至っていない．その理由はいくつか考えられるが，以下の 2 点が主な要因であると考えられる．すなわち 1）昆虫分類学，形態学的研究はこれまでの経緯から，もっぱら個人の研究者によって進められてきたが，SEM の購入，使用は個人レベルで簡便におこなえるほど普及していない．2）このレベルの微細構造は系統や分類とは無関係にさまざまな分類群の昆虫に見いだされる一方，種ごとに異なる，すなわち種固有性が高いことはあまりない．つまり分類形質としては実用性が低い．

　問題は上のような理由から，このレベルの微細構造に関する情報の蓄積が，現在においても不十分なことである．いくつかの限られた分類群の昆虫については，分類学上の，あるいは形態学上の必要性から，ごく狭い範囲に限って，SEM や透過型電子顕微鏡（TEM: Transmission Electron Microscope）を使った形態観察がおこなわれているが，ほとんどの場合，包括的な取り組みにはなっていない．その結果，非常に身近な昆虫であっても，重要な，特にバイオミメティクスの視点から重要な微細構造がしばしば見落とされている．

　以下の章では，主に我々の生活に身近な昆虫の，すでによく調べられ，理解されていると信じられてきた外部形態の中に，驚くような微細構造がまだ，十分に研究されないままに残されていることを示していきたい．さらに，それらをバイオミメティクスに応用していくための筋道を，我々の取り組みを例として示していきたいと考えている．

カブトムシがもつ微細構造をめぐって

　カブトムシはコウチュウ目コガネムシ科に属する大型甲虫で，日本人の生活の中では非常に一般的な，よく知られた昆虫である．夏の風物詩として，俳句や歌に登場することも少なくない．ペット昆虫として家庭で飼育されることも一般的であり，その習性についてもよく知られている．一方で，世界的な視野で見ると，本種の分布地域はアジア地域に限定されるため，北米やヨーロッパではほとんど知られていない（野村，2014b など）．

　あらゆる点で，少なくとも日本人にはよく知られているカブトムシであるが，その微細形態に至るまで，よく知られているのだろうか？ カブトムシの形態にはもはや，科学的に研究される余地は残されていないのだろうか？ 以下では，一般にはあまり知られていないかもしれない，カブトムシがもっている微細構造とその機能について示してみたい．

　カブトムシは「鳴く」昆虫としてはあまり認識されていない．しかし，一定の状況下におかれると，カブトムシの成虫はかなりはっきりと鳴く．具体的には，腹部先端付近背面と上翅先端内面の凹凸部分をこすり合わせて発音する．つまり摩擦式の発音器をもっている．成虫ばかりでなく，幼虫も，さなぎも発音する．発音の様式はそれぞれ非常に異なる（野村，2014b）．

　カブトムシのオスには立派なツノがある．頭部には非常に長く，先端が 4 つに分かれた大きなツノ，前胸背面中央には先端が 2 つに分かれた短いツノをそなえている．カブトムシのツノは，子供がさわったくらいでは容易に折れたり欠けたりすることのない，極めて丈夫なものである．一方で，カブトムシのオスは，ツノを突き合わせて戦うことがよくあるが，そのような闘争の武器として軽く，丈夫でなければならない．

　頭や胸のツノのように，カブトムシの硬い部分の外皮は 10 層以上の薄い膜が積み重なった構造を

図1 カブトムシ（左♂，右♀）

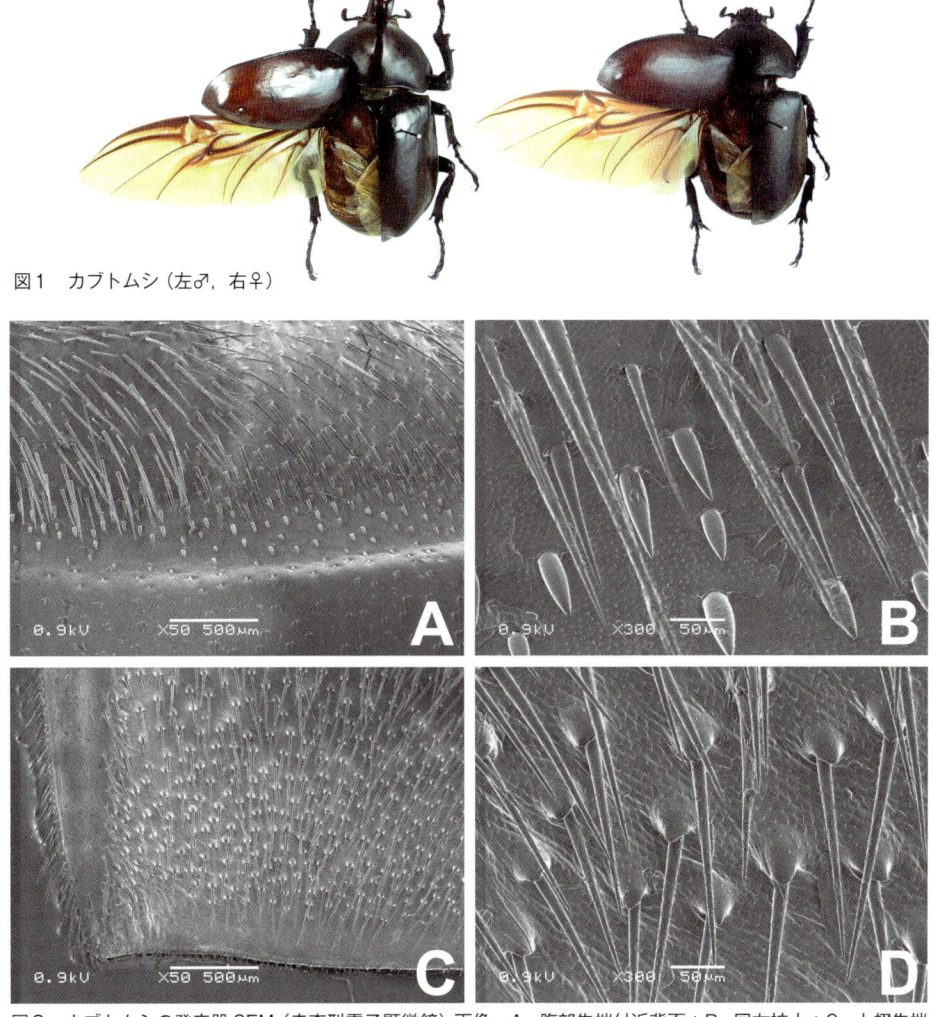

図2 カブトムシの発音器SEM（走査型電子顕微鏡）画像．A，腹部先端付近背面；B，同左拡大；C，上翅先端付近内面；D，同左拡大

もっており，それぞれの層では丈夫な繊維が一定方向に走っている．その繊維の方向が直角（90°）に近い角度で，10数枚の層は互い違いに重なっている．そのためツノの外皮は意外に薄いものであるが，極めて頑丈で壊れにくい．一方，カブトムシのツノの中心部は非常に粗いハニカム構造であり，その壁は非常に薄い膜状なので，質量の点では空洞に近い．そのような構造からカブトムシのツノは外面が非常に丈夫である一方，軽い造りになっている．

カブトムシのオスのツノは，上に記したように武器として非常に有効に使われている．しかしそれはやはり体の一部なので，身体機能を負担する一つの部分であることは言うまでもない．カブトムシのオスのツノの表面をSEM観察してみると，短い毛のような器官と大きさのそろった1個の孔がワンセットになって，ほぼ等間隔で規則的に分布している．これは明らかに感覚器官であって，このような感覚器官は昆虫の体表のいたるところ，特にツノや触角の先端，あるいは産卵管の先端のような硬い部分にも分布している（野村，2014a）．

以上に記した構造の他にも，カブトムシの前翅

第2章 歩行する生物に学ぶ——49

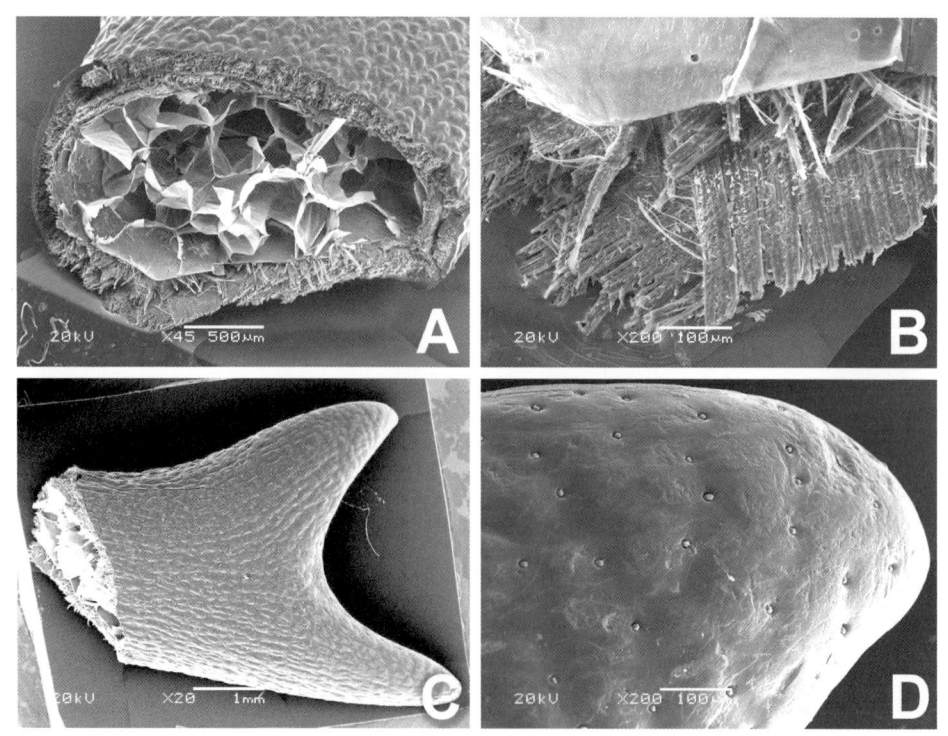

図3 カブトムシ♂頭角 SEM 画像. A, 破断面；B, 同左拡大；C, 先端部外面；D, 同左拡大

の内面や，それによって隠された後翅の表面，および胴体の背面や側面で前翅に接触する部分には特別な微細構造があることが分かってきた．カブトムシの体表にこのような微細構造があることは，これまでほとんど注目されてこなかった．しかしこの具体的な点については，カブトムシの飛翔装置として別項で記述したい．いずれにしても，カブトムシのような有名昆虫といえども，その形態にまだまだ知られていない点，調べるべき点はいくつも見つかるだろう．

モスアイ構造の多様性

「モスアイ」構造とは，もともとはその名の通り，蛾の複眼表面で発見された構造である．蛾の複眼表面は，外界の様子を見るために光をよく透過する物体であるが，その表面は微細な突起が林立し，反射光を抑える働きをもっている．またそのような構造のため，水が内部に侵入することができず，複眼表面は超撥水（水をよくはじく）という性質をもつ．微細な突起の一個一個は，直径が150〜200 nm，高さはさまざまであるが，200〜500 nmであるものが多い．典型的なモスアイ構造は，チョウ・ガ類の複眼表面に見られる．

しかし同じチョウ・ガの仲間であっても，複眼表面にモスアイ構造をもたない種も見いだされた．例えば，チョウの仲間では，複眼表面に微小突起（ナノパイル，ナノニップル）が林立するモスアイ構造をもっているのが一般的であり，アサギマダラもオオムラサキも典型的なモスアイ構造をもっている．ところが，春から秋にかけて，人里で普通に見られるナミアゲハでは全く微小突起が認められない．同じアゲハチョウ科のウスバシロチョウやアオスジアゲハでは，微小突起群は観察されるが，非常に突起が弱く，通常のモスアイ構造と同様の機能をもっているかについては非常に疑わしい．

同じチョウの仲間のシロチョウ科では，モンシロチョウでは典型的なモスアイ構造が観察できるのに対し，国内では北海道だけに産すエゾシロチョウでは，ナミアゲハと同様，微小突起群は認められない．エゾシロチョウはモンシロチョウと交じって飛んでいることも多く，生態的にも特に異

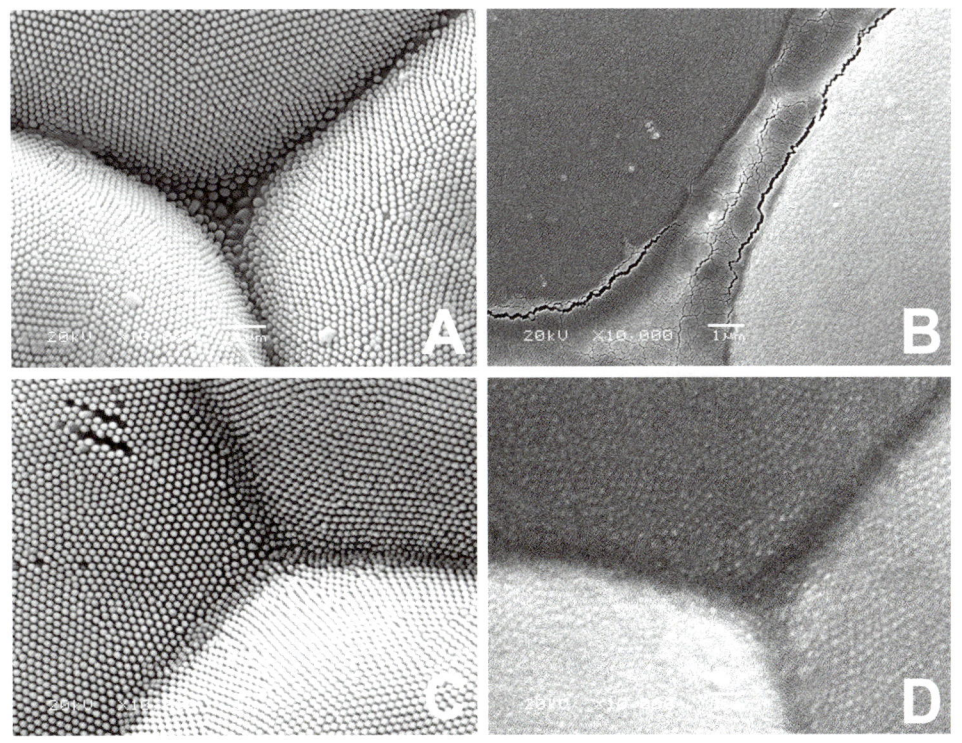

図4 チョウ各種の複眼表面SEM画像. A, アサギマダラ; B, ナミアゲハ; C, モンシロチョウ; D, エゾシロチョウ

図5 オキナワルリチラシ各型の標本写真（左上）と複眼表面SEM画像. A, 夜活動型♂（長崎県対馬）; B, 昼活動型♂（沖縄県石垣島）; C, 夜活動型♀（長崎県対馬）; B, 昼活動型♀（沖縄県石垣島）

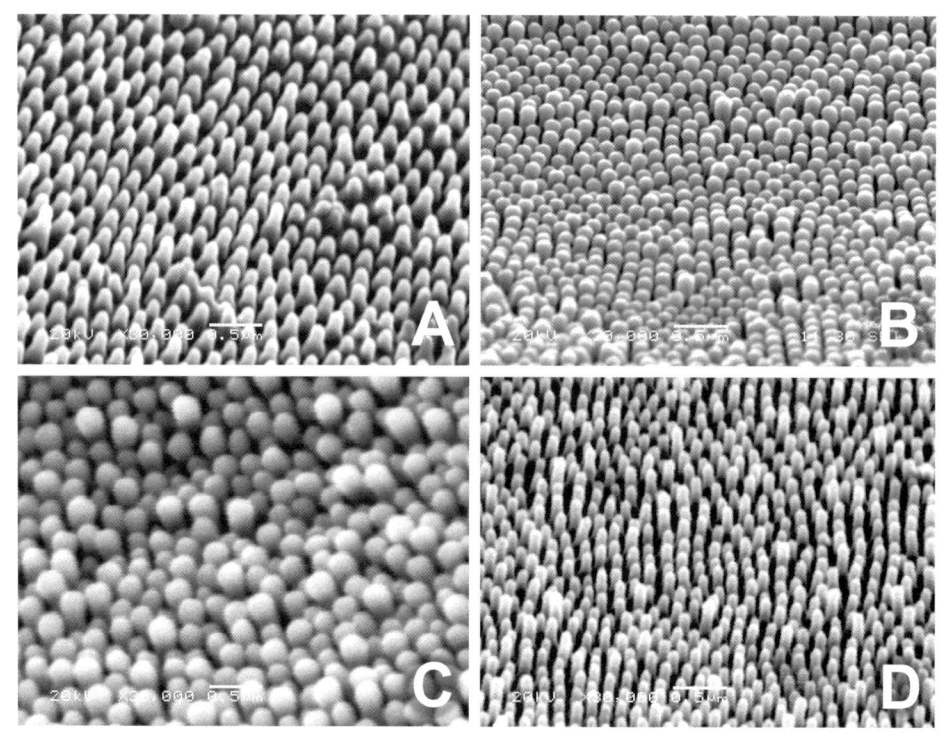

図6　セミ4種前翅透明部表面の多様性．A, コエゾゼミ♀；B, クマゼミ♂；C, ミンミンゼミ♂；D, ヒグラシ♀

なっているとは思われないので，片方にモスアイ構造があり，片方にはないという点は，大変理解しがたいことである．

チョウの仲間はほぼ全てが昼行性であり，ガの多くは夜行性であるので，この行動の違いはモスアイ構造のあるなしに関係するのだろうか？　マダラガ科の一種，オキナワルリチラシは，地域によって夜行性，昼行性が切り替わる，珍しい種である．この種でモスアイ構造の違いを調べてみた．長崎県対馬産の夜行性♂，同♀，沖縄県沖縄島産の昼行性♂，同♀を比較したところ，複眼の大きさに違いが認められるものの，表面のモスアイ構造には全く違いが認められなかった．これらのことによって，どうもチョウ，ガ類のモスアイ構造の違いは，その種の行動パターンとは直接的な関連はなさそうである．

複眼でない場所にモスアイ構造をもつ昆虫も見つかっている．セミやトンボの透明な翅をもつ種には，多くの場合その表面にモスアイ構造が認められる．透明翅をもつセミの中で，エゾハルゼミ，エゾゼミ，コエゾゼミなどは，高さの揃った，規則正しく配列された突起群を翅の表面にもつ．この突起はやや先細で先端は切断状に近い．クマゼミの透明翅も非常に規則正しい配列をもっているが，突起の先端は丸い．ミンミンゼミは突起の配列が不規則で先端は丸い．ツクツクボウシもこれに似る．ヒグラシ，オキナワヒメハルゼミなどでは，突起は非常に細く，先端は切断状に近いが，やや丸まる場合もある．この群では突起の高さがそろっておらず，他の種に比べてかなり雑然としている．

このセミのモスアイ構造で非常に気になっているのは，次のような点である．世界最大のセミと言われる熱帯アジアのテイオウゼミ（体長約72 mm）と日本最小のイワサキクサゼミ（体長約13 mm）はいずれもヒグラシ型のモスアイ構造をもつが，倍率の同じSEM画像を並べても全く区別がつかないほど，よく似通っている．テイオウゼミは体長において，イワサキクサゼミの5倍以上あるが，テイオウゼミのナノパイルはイワサキクサゼミとほぼ同サイズである．セミのモスアイ構造はこのように非常に多様性に富んでいるにもか

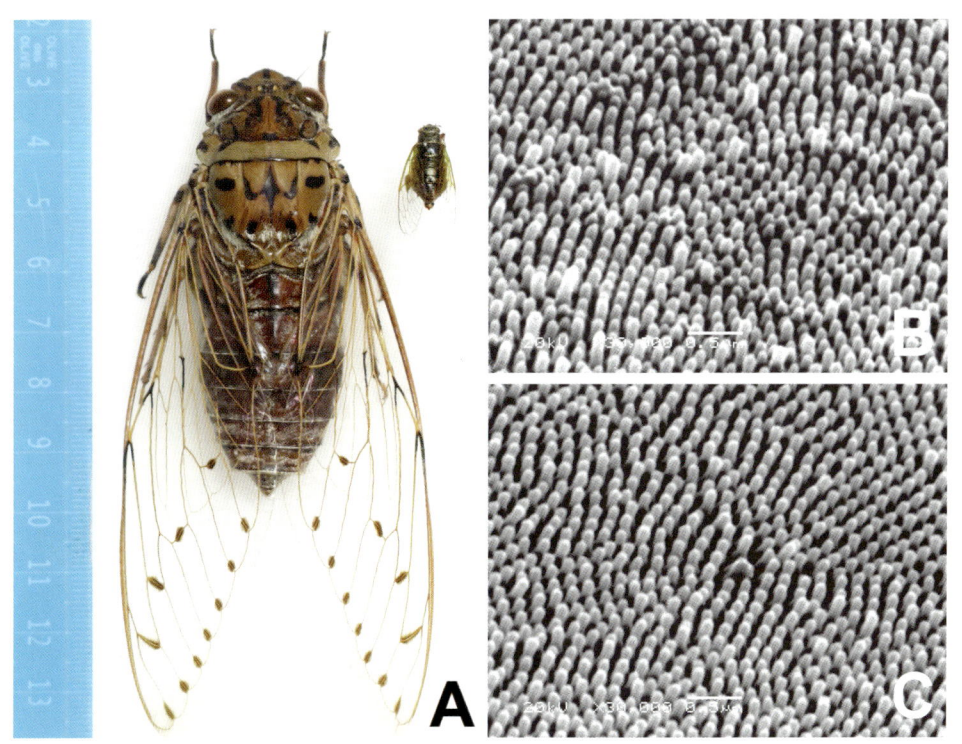

図7 大きさが極端に異なるセミ2種の標本写真および前翅透明部表面 SEM 画像（同倍率）．A, テイオウゼミ（左）およびイワサキクサゼミ（右上）；B, テイオウゼミの前翅表面 SEM 画像30,000倍；C, 同左イワサキクサゼミ

図8 グループの全く異なる2種の昆虫の微細構造が似た例．A, オオスカシバ；B, オオスカシバ前翅表面 SEM 画像（50,000倍）；C, クマゼミ；D, クマゼミ前翅表面 SEM 画像（50,000倍）

第2章 歩行する生物に学ぶ —— 53

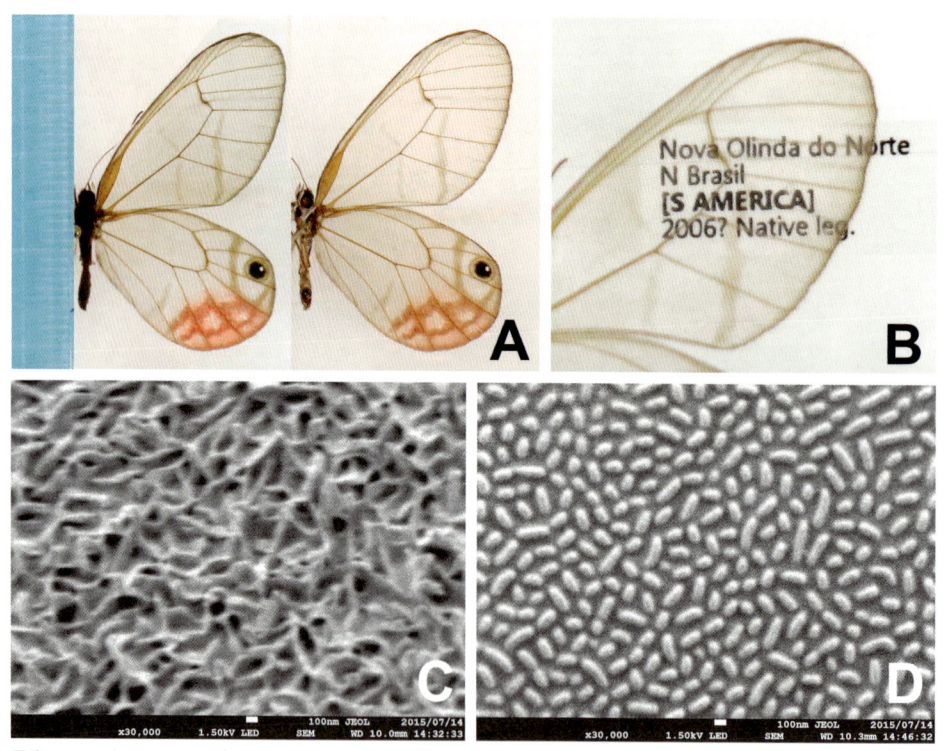

図9 メロリーナスカシジャノメの標本写真と前翅 SEM 画像．A, 標本写真背面（左），腹面（右）；B, 透明度を示す；C, 前翅表面 SEM 画像（30,000倍）；D, 同左クロロホルムで洗浄後

かわらず，その構造差は，セミ本体の大きさとはあまり関係がないようである．

トンボ類の多くは透明翅をもっているが，その翅膜面にもナノパイルによるモスアイ構造が見られる．しかしトンボの場合，この微細構造は分泌物によって形成されており，クロロホルムのような有機溶媒に浸漬すると溶けて流れ出てしまう．無処理の翅では反射光が抑えられていたものが，有機溶媒によってモスアイ構造を除去してしまうと，表面のキラキラとした反射が出てきてしまう．

つまりこれは，分泌物によるナノパイル構造が，翅膜面の「つや消し」すなわち反射光のカットに有効であることを示している．トンボの翅膜面に見られるナノパイル構造には，形や大きさの上での多様性はあまりない．そして透明部分でも不透明部分でもほとんど変化がない．しかしそれらの点で，セミなどのナノパイル構造と根本的に異なっており，昆虫に見られるモスアイ構造の多様性の一端を担っている．

先に複眼表面の微細構造について，チョウやガの仲間の例を挙げたが，チョウやガの仲間にも透明または半透明の翅をもつものが存在する．オオスカシバはスズメガの一種だが，他のスズメガとは全く異なり，前後翅ともにほとんど透明である．そしてこの翅膜表面には，セミと同様のナノパイルの密生が観察される．特にクマゼミのナノパイルと非常によく似ており，SEM 画像だけを出されると，区別がつかないほどである．アマゾンなど中南米に生息するスカシジャノメの仲間も，翅が透明なことでよく知られるが，この透明翅膜の表面は独特で，ナノパイルではなく，ちりめんじわのような，複雑な褶曲構造が見られる．この褶曲構造は翅表面の分泌物でできており，分泌物を有機溶媒で溶かしだすと，下から別の微細構造が現れる．同じチョウの仲間で，ウスバシロチョウやアオスジアゲハ，アサギマダラなど日本のチョウの中には，半透明の翅膜をもつものも知られている．アオスジアゲハ，アサギマダラの翅の半透明部では，鱗粉が縮小して翅膜が露出している部分があるが，その翅膜面には微細な凹凸が見られる

図10　チョウ2種の半透明翅膜表面構造．A，アオスジアゲハ；B，アオスジアゲハ半透明翅膜の表面構造SEM画像（10,000倍）；C，アサギマダラ；D，アサギマダラ半透明翅膜の表面構造SEM画像（10,000倍）

（野村，2014c）．これは鱗粉によって被われている翅膜面には見られない．ウスバシロチョウの半透明の翅膜面は平滑で，微細構造は見られない．

構造色に関わる昆虫の微細構造

昆虫の構造色はこれまでに比較的よく研究されている．バイオミメティクスの成功例のひとつとしてよく知られているのは，中南米に生息するモルフォチョウの構造発色メカニズムである．モルフォチョウはタテハチョウ科の一群で，南米大陸と中米地域から約30種が知られている．オスの翅の表面（背面）は全面青色に輝くか，大きな青色の紋のある種が多い．この青色が構造色として知られているが，それを形成しているのは長さ200〜300 μm，幅100〜150 μmほどの鱗粉である．そしてこれらの鱗粉は通常2層構造になっている．モルフォチョウは種によって，翅表面の青色に濃い，薄いといった変異があるが，その違いは，2層になった鱗粉の構造色と色素色の組み合わせに由来する．

モルフォチョウの2層になった鱗粉の上側の層では，鱗粉はほぼ透明であることが多い．鱗粉の基部から先端に向かって，ほぼ垂直に立った多くの隆起線がほぼ平行に走っている．この隆起線は，やや斜めの棚状の部分を7〜8層ほどもっており，全体として，商店の陳列棚のようなつくりをしている．これらの棚の各表面で反射された光が互いに干渉しあうことによって，特定の波長の光が強調され，他の波長の光は打ち消されてしまう．このような発色メカニズムは「多層膜干渉（たそうまくかんしょう）」と呼ばれる．モルフォチョウの場合，棚同士の間隔（ピッチ）が青色の波長を強めあうようになっているために，全体として翅の表面が青色に見える．このようなモルフォチョウの鱗粉構造は，タマムシ外殻の連続した多層膜構造などと区別して，「切れ切れの多層膜」と呼ばれることもある（吉岡，2008）．

一方，構造色をもつ昆虫として有名な日本のタマムシ（ヤマトタマムシ）については，浜松医科大学の針山孝彦教授らによって詳しく研究され，翅や前胸背面の外皮表面に連続した多層膜をもち，

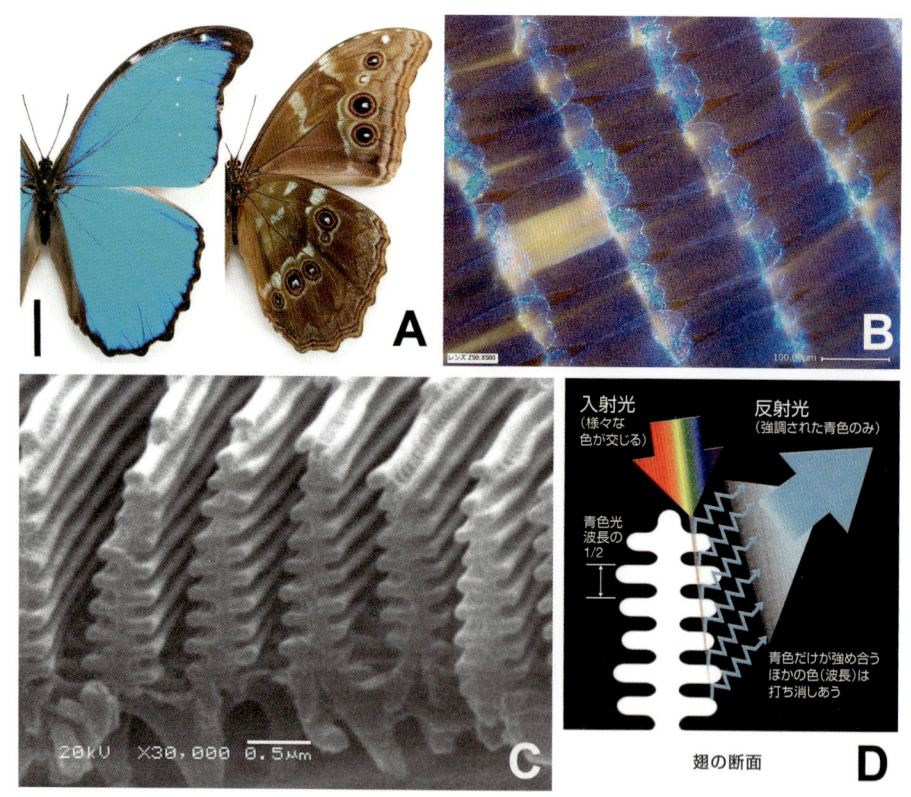

図11 モルフォチョウ（ディディウスモルフォ）の鱗粉構造と構造色発色メカニズム．A，ディディウスモルフォ背面（左）と腹面（右）；B，同種の鱗粉構造拡大写真（構造色鱗粉が上層，褐色鱗粉が下層）；C，構造色鱗粉の断面SEM画像（30,000倍）；D，構造色発色の模式図（ヒカリ展図録より）

その中に含まれるメラニン色素が関与して，青〜緑に変化する構造色が発色されることが分かっている（針山, 2009）．

また，多層膜ではない発色構造についてもいくつか分かってきている．南米アマゾンに生息する大型のゾウムシの一種 *Lamprocyphus augustus*（和名なし）は，緑色の金属光沢をもつきわめて美麗な甲虫であるが，その外皮は全くの黒色である．外皮の表面は，長さ約 100 μm，幅約 50 μm ほどの卵型の鱗片に密に被われている．この鱗片の中に直径 200〜300 nm ほどの球形の粒子が極めて規則的に配列され，「フォトニック結晶」と呼ばれる発色構造を形成している．フォトニック結晶にはその構造からいくつかの種類があるが，上記ゾウムシのフォトニック結晶は「ダイヤモンド構造」と呼ばれるものである（Jorgensen and Bartl, 2011 など）．

同じく中南米から知られるマエモンジャコウアゲハは小型のアゲハチョウで，オスの翅の表面は広く黒色で，前翅基部後方に，金緑色に輝く大きな紋がある．この金緑色紋は上下2枚の鱗粉によって構成されている．上の鱗粉が緑色の構造色を発色し，下側の鱗粉は黒色である．上側の鱗粉はやはり上下2層からなり，上の層は非常に密な隆起条であり，下の層はスポンジ状の微細構造である．このスポンジ状構造においては，直径 100〜200 nm の小孔が極めて規則的に，多数走っている．このスポンジ状構造もやはりフォトニック結晶であり，「ジャイロイド構造」と呼ばれている（Yoshioka, 2014 など）．フォトニック結晶は以上に挙げた他にも，ゾウムシやカミキリムシ，チョウのいくつかの種で発見されている．

以上がこれまでの先行研究によって明らかになっている，昆虫がもつ構造色の発色構造の大要である．すでに解明されているように思われているこれらの構造色昆虫においても，つぶさに見直し

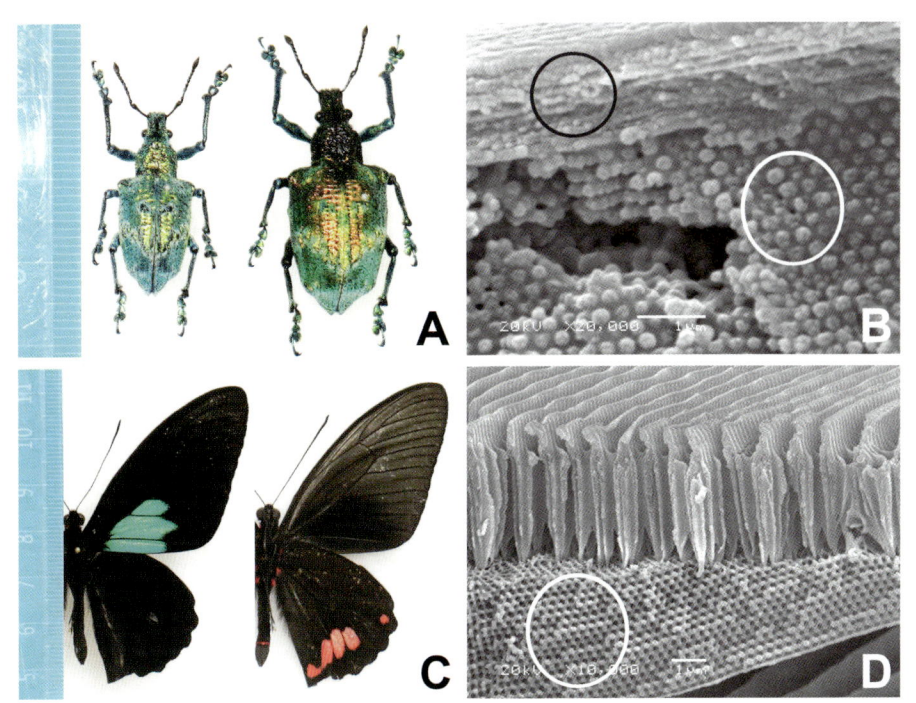

図12 昆虫2種のフォトニック結晶など発色部微細構造．A，アマゾン産ゾウムシの一種 *Lamprocyphus augustus*（左♂，右♀）；B，同左上鱗片の断面 SEM 画像（20,000倍，黒丸囲み部：多層膜部；白丸囲み部：フォトニック結晶）；C，ペルー産マエモンジャコウアゲハ♂（左：背面，右：腹面）；D，同左緑色鱗粉断面 SEM 画像（10,000倍，白丸囲み部：フォトニック結晶）

てみると，新たな発見や新たな謎が浮かび上がってくる．上に示した南米産ゾウムシのダイヤモンド構造を SEM 画像に撮ろうとして苦心していたところ，フォトニック結晶の上側の卵型の鱗片の壁が多層膜であることに気づいた．このゾウムシに見られる金緑色の構造色は，フォトニック結晶ばかりでなく，多層膜干渉も作用している可能性がある．

同様な合わせ技？の例をもうひとつ上げておこう．日本の南西諸島に分布するミツバチ科のアオスジコシブトハナバチは，腹部が黒色で，明るい青色の横帯が数本走る，大変美しいハチである．この青色の部分はゾウムシと同じく鱗片によって構成され，デジタルマイクロスコープで拡大写真を撮ると透明であることが分かる．しかし腹部の黒地の上では，太陽光をきらきらと反射して，明るい青色に見える．この鱗片を SEM 観察してみると，鱗片はやや細身の木の葉型で，表面に肋骨状の規則的な段刻がある．このような段刻は，「回折格子」と呼ばれる発色メカニズムで，構造色を発色している可能性が高い．そして断面を作って中身を見てみたところ，フォトニック結晶ではなく，多層膜がこの鱗片の中に内包されていることが分かった．つまりこのハチの構造色は，回折格子＋多層膜干渉で発色されている可能性が高い．

バイオミメティクスの宝箱

自然史系の博物館はときに，「バイオミメティクスの宝箱」と呼ばれることがある．バイオミメティクスに使われたことのある生物，その近似種，また，バイオミメティクスに応用するために有望な種，それらは非常に多岐にわたっており，分布の面ひとつをとってみても，地球上のあらゆる地域にわたっていることが多い．それらをまんべんなく収集することは，少なくとも短期的には至難の業である．しかし自然史系の博物館ではすでに，それらの種がすでに相当数集められている．バイオミメティクスの材料を探そうとする者がまだ，気づいていないものも含まれているかもしれない．そして多くの場合，それらの標本はすぐにでもバ

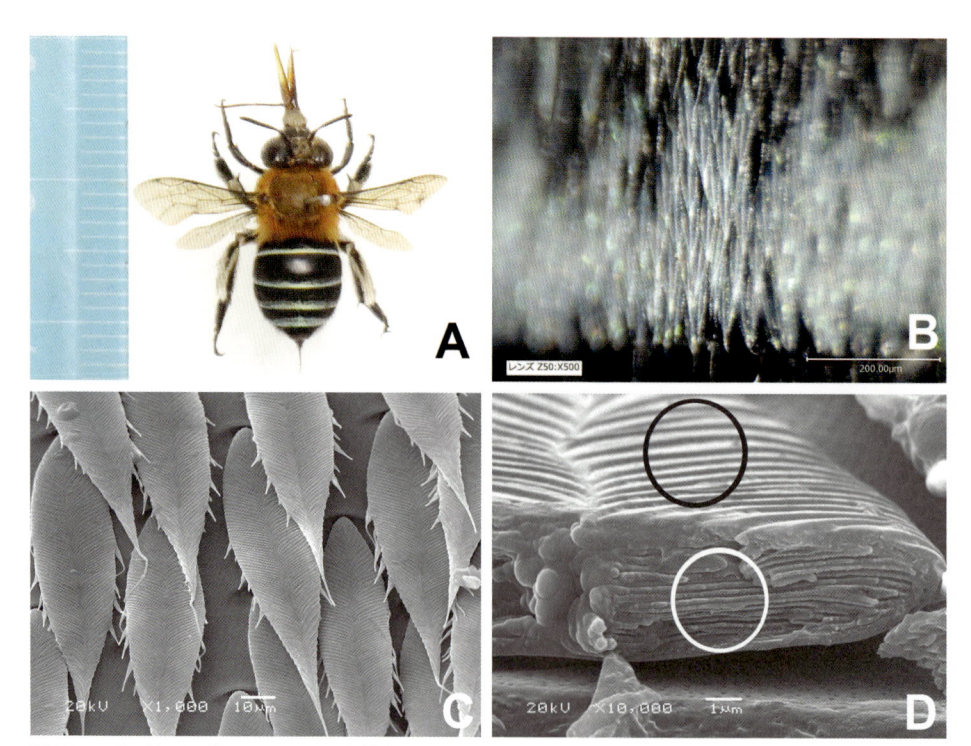

図13 アオスジコシブトハナバチの発色構造．A，アオスジコシブトハナバチ（石垣島）；B，同左青色部拡大；C，鱗片部 SEM 画像（1,000 倍）；鱗片断面 SEM 画像（10,000 倍，黒丸囲み部：回折格子部；下丸囲み部：多層膜部）

イオミメティクスの研究に転用可能である．そのような点が，自然史系の博物館が「バイオミメティクスの宝箱」と呼ばれる所以なのではないだろうか．

バイオミメティクスは地球上の生物多様性に学ぶところからはじまる．一方で自然史系の博物館のミッションは，生物多様性に関わるあらゆる資料を収集保存することである．ゆえにバイオミメティクスに有望な材料はすでに，自然史系の博物館にかなり集積されているはずである．新たなバイオミメティクスの材料を探そうと思ったら，まずは自然史系の博物館に足を運び，膨大な生物多様性に関する資料の中から，何か気になる，すなわち有望かもしれない素材を掘り起こすのが最善の早道なのではないか．

引用文献

針山孝彦．2009．タマムシ その輝く色と行動の秘密．Milsil, 2(4): 10-12.

Jorgensen, M. R. and M. H. Bartl. 2011. Biotemplating routes to three-dimensional photonic crystals. Journal of Materials Chemistry, 21: 10583-10591. DOI: 10.1039/C1JM11037C.

野村周平．2014a．カブトムシに宿る「匠」．PEN: Public Engagement with Nano-based Emerging Technologies Newsletter, 4(10): 12-18.

野村周平．2014b．カブトムシを極めよう．PEN: Public Engagement with Nano-based Emerging Technologies Newsletter, 5(1): 7-15.

野村周平．2014e．あなたの知らないアオスジアゲハ．月刊むし，(519): 46-54.

野村周平・北川一敬・斉藤一哉．2015．甲虫の後翅前縁にみられる微細構造の多様性と機能．日本甲虫学会第 6 回大会（2015 年 11 月 21〜22 日），北九州市立いのちのたび博物館，福岡県北九州市．

吉岡伸也．2008．蝶の翅の構造色：鱗粉の微細構造，湾曲，重なりの光学効果．比較生理生化学，25: 86-95.

Yoshioka, S. 2014. Structural color of a butterfly–How does multidomain photonic crystal structure produce an uniform color? Joint international symposium on "Nature-Inspired Technology (ISNIT) 2014" and "Engineering Neo-Biomimetics V" (2014. 2. 12-15, Hokkaido Univ.) P-36, p.130.

第3章
遊泳生物にみられる工夫

魚類のかたちと生息環境 ──────── 篠原現人・松浦啓一・河合俊郎

魚類体系学とバイオミメティクス

　魚類は世界に約3万種生息し，日本には4千種以上が分布する．これだけ多くの種に分かれているため，魚類の形態や生態は種やグループによって大いに異なる．長い進化の道のりを経て多様化した魚類の種数は脊椎動物の全種数の半数を占める．魚類は他の脊椎動物とは異なり水中に棲んでいる．水中生活に適応するために形態や生態，そして機能が多様化した魚類を研究すれば，バイオミメティクスにとって役立つ情報やアイデアを得られるかもしれない．そのため著者らの魚類研究チームは魚類の体表構造に重点を置いて研究を進めている．本節では我々の研究を紹介するとともに魚類の形態的多様性についても述べることにする．

　魚類の進化を体系的に理解しようとする学問を魚類体系学という．この学問は生物多様性，機能形態学，分類学，系統学，生物地理学などを包含する．

　魚類体系学の中でも分類学は歴史も古く，また現在においても年間300種以上の新種が発見され，さらに種よりも高位の分類単位である属や科も新設されるなど，活発な分野のひとつである．魚類の系統類縁関係の推定については分子系統学からのアプローチも盛んである．ただし形態学者と分子系統学者の間だけでなく，分子系統学の研究者間でも異なった意見がでており，現状では魚類の系統類縁関係は大枠しか解明されていない（図1A, C）．

　魚類の現生種を眺めて見ると，無顎類（ヌタウナギやヤツメウナギなど，合わせて約100種），軟骨魚類（サメ，エイ，ギンザメを含む約1,000種）および硬骨魚類（残りの魚類全て）に分けられる．種数から見ると魚類の種多様性を支えているのは圧倒的に硬骨魚類ということになる（図1B, C）．

　バイオミメティクス研究において，生物の形態や機能の研究は重要である．しかしながら魚類体系学において機能形態学は他の分野に比べると研究が遅れている．遅れを生み出している主な原因を挙げてみよう．魚の機能を研究するためには，体のさまざまな部位がどのように動くのかを観察しなければならない．つまり，魚の遊泳行動や餌を取る行動を自然な状態で観察し，条件を変えて魚の行動がどのように変化するかを研究しなければならない．しかし，魚を飼育したり，自然界で観察したりして，機能形態学に使えるデータを取ることは簡単ではない．ただし，生きている魚を観察しなくても，比較形態学という方法によって魚の機能を研究できる場合がある．飼育や行動観察が困難な魚（例えば深海魚）では形態を詳細に調べて機能を推定し，生態を推測するような試みもなされている．

　本節では基本的に魚類の形態や生態に関する情報を紹介していくが，これらをきっかけに魚類をバイオミメティクスの視点で見直す人が増え，さらに魚類から新素材や新発想が産まれることを期待している．

魚類は水圏の覇者

　地球の表面の75％は水で覆われ，水の体積は14億立方キロにもなる．地球上の水は海水（97.5％）と陸水（2.5％）に大別される（塚本，2010）．陸水は万年氷・氷河，地下水，土壌水，湖沼，河川に区分される．陸水は地球上にわずかしかないものの，魚類の4割以上の種が生息する（図2）．

　淡水魚の中には海水に全く入れないもの（大部分のコイ，ナマズなど）の他に，短期間なら耐性があり，短い距離なら海を通じて移動できるもの（メダカなど）がいる．前者を一次淡水魚（または純淡水魚），後者を二次淡水魚と呼ぶ．

　海洋は沿岸域，沖合および外洋域に分けられる．沿岸域には餌となる生物が豊富であり，環境も変化に富むため，多くの魚類が生息している（図2）．外洋域はさらに表層域，中層域，深海域に区分される．マグロなどの生息域である外洋表層域は海の中では最も種多様性が低い場所である．中層域と深海域は大陸棚の外にあり，200mより深く，

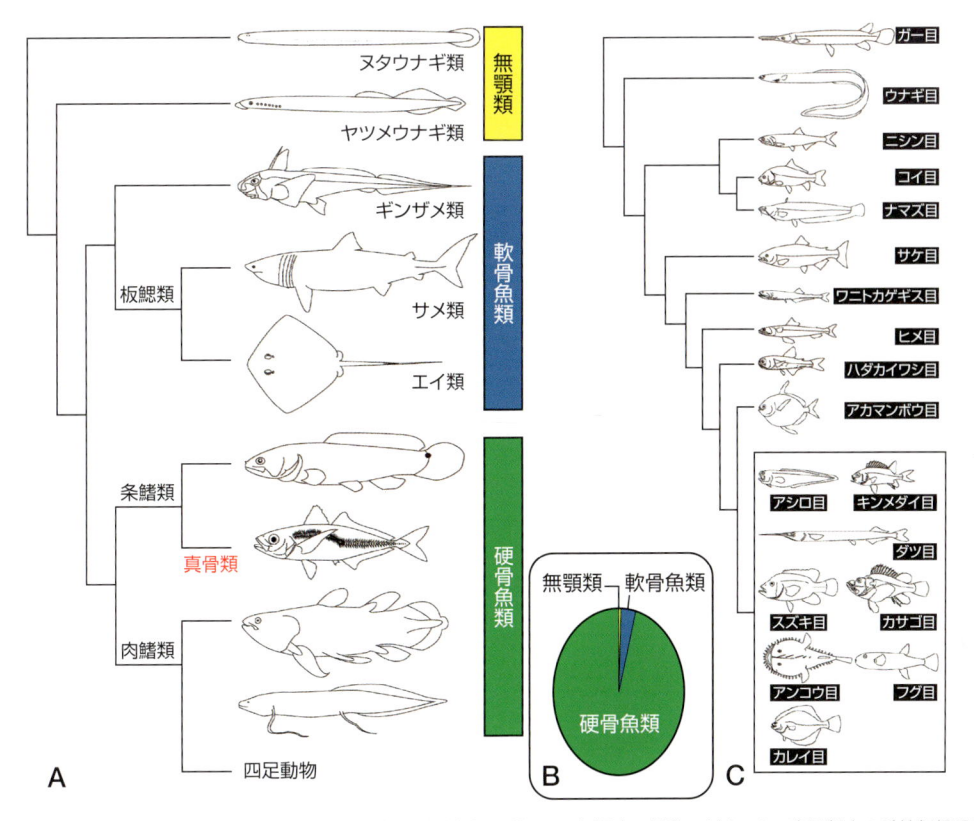

図1　魚類の系統類縁関係と種数の割合．A，魚類の系統類縁関係；B，魚類内の種数の割合；C，真骨類内の系統類縁関係

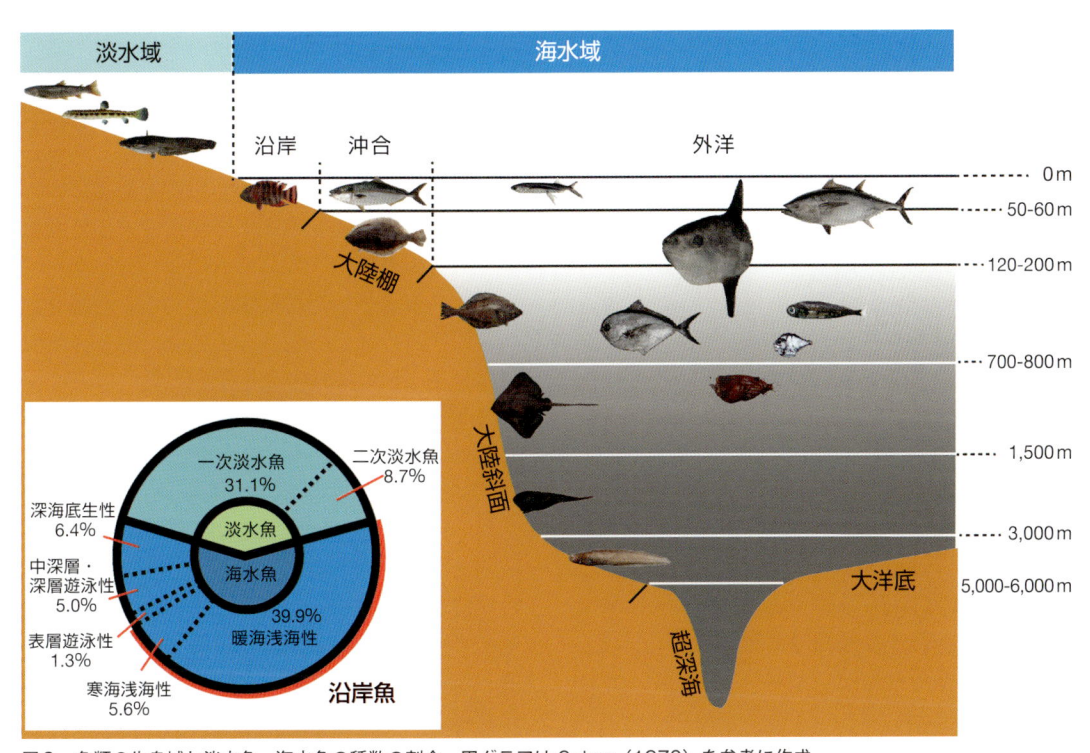

図2　魚類の生息域と淡水魚・海水魚の種数の割合．円グラフはCohen（1970）を参考に作成

第3章　遊泳生物にみられる工夫 — 61

図3 イワナとヤマメの体形．上，エゾイワナ（撮影者：瀬能 宏，神奈川県立生命の星・地球博物館魚類写真資料 KPM-NR0106845）；下，ヤマメ（撮影者：瀬能 宏，KPM-NR0049454）．右列の灰色は体中央付近の断面の形をあらわす

深海と呼ばれている．そして，深海に通常生息している魚類を深海魚と呼ぶ．

魚類の中には川と海を行き来する種がいる．彼らは河口という真水と塩水の混じる汽水域を経由する．この汽水域には大きな干潟ができる場合もあり，ムツゴロウ，ワラスボなど泥との関係が深いユニークな魚類の生息場所にもなる（日本魚類学会自然保護委員会，2009）．

さて，垂直的にはどの範囲に魚類は棲んでいるのだろうか．最高峰のエベレストの頂上から地球上で最も深いマリアナ海溝までは約 20 km しかない．最も高所にある魚類の生息地は南米のチチカカ湖で標高 3,810 m の場所にある．一方，最も深い場所で魚類が記録されたのは 8,370 m で，大西洋プエルトリコ海溝である（塚本，2010）．つまり垂直的には 12 km の間に魚類の生息域がある．魚類の生息域の最上部と最深部の環境は過酷である．水温は低く，餌も乏しい．そのため多くの魚類は淡水では河川の中流部や下流部，あるいは高度の低い山間の湖などに棲み，海では水深 200 m 以浅で，水温が 10 度から 25 度の沿岸域に棲んでいる．

このように魚類の生息環境は極めて変化に富んでいる．どのような環境にどのような魚類が生息しているのかを知ることは，魚類からバイオミメティクスのヒントを得る第一歩になるであろう．

魚類の体形や鱗

日本の渓流域にはイワナとヤマメが生息するが，イワナのほうがより上流に分布する．両種の体の断面を比べてみると，ヤマメはイワナよりも側扁の傾向が強い（図3）．イワナは体の断面が丸みを帯びた細長い体をもつことで，河川上流域で水の極端に少ない場所でも（背中を水の外に出しながらでも）移動できるようになっている．わずかな違いに見えるが，形の違いは生存や生態に大きく関わっている．実際，イワナがヤマメよりも河川上流域という餌の少ない場所にまで生息域を広げられたのはこの体形に関係しているにちがいない．大型のイワナは水生昆虫や魚に限らず小型哺乳類やヘビをも食べる．

魚類をより深く知るためには形態の基本を知る必要がある．魚類の体は，頭部，躯幹部および尾部に区分することができる．頭部は体の前部から鰓裂の後端まで，その後ろから肛門もしくは臀鰭起部までが躯幹部となる．尾部は躯幹部の後ろから尾鰭基底後端までとなる（図4）．また頭部の前端から眼の前縁までの部分を吻，鰓を保護する鰓蓋，左右の眼の間の部分を両眼間域，その後方を後頭部，左右の鰓裂が腹面で接近する部分を峡部と呼ぶ．さらに魚体の背腹方向の最大幅を体高，

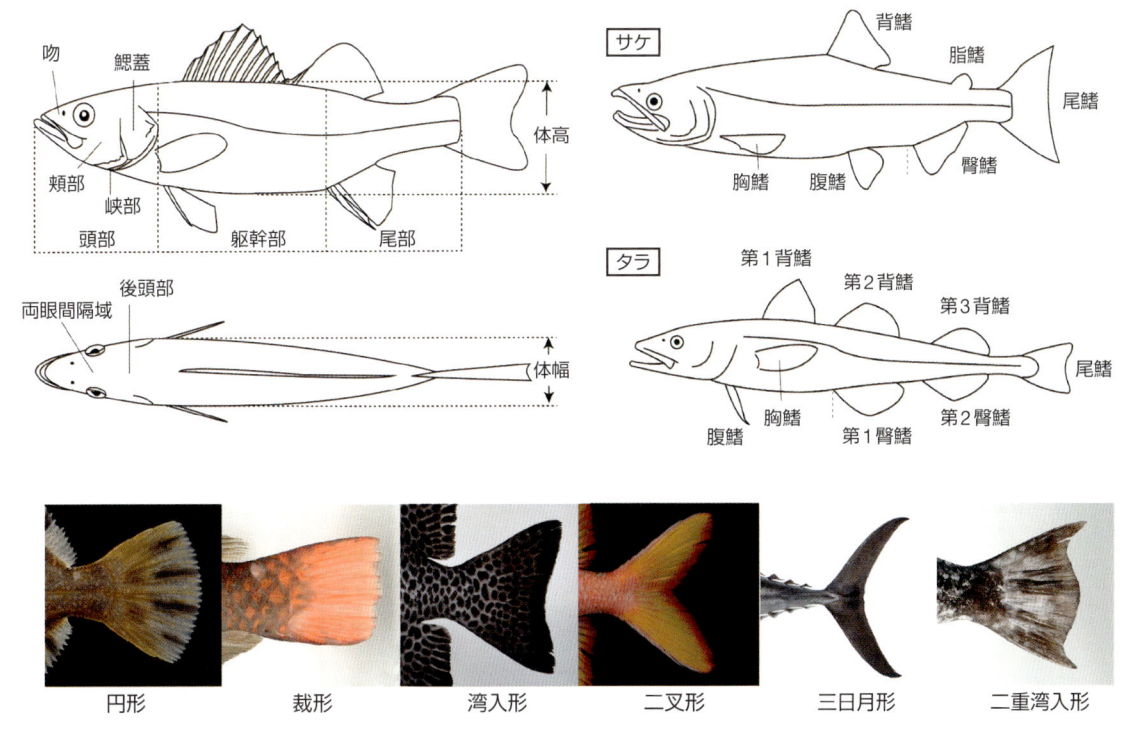

図4 体各部の名称と尾鰭の形

　左右方向の最大幅を体幅と呼んで計測する.
　魚類には通常，体の正中線上に位置する背鰭，臀鰭および尾鰭と，体の左右にある胸鰭と腹鰭がある．さらにカラシン（ピラニアなど），ナマズ，サケ，ハダカイワシなどには脂鰭という小型の鰭が背鰭の後方にあるが，この小さい鰭のもつ機能は分かっていない（図4）．鰭の形や大きさは泳ぎ方にも関係する．例えば，三日月形の尾鰭と細い尾柄をもつ魚は一般に優れた遊泳力があると考えられている.
　魚類の体形は側扁形，縦扁形，紡錘形，ウナギ形，フグ形，矢形などに分類される（図5）．側扁形は魚体を左右から圧縮した形である．側扁形の魚は浅海の岩礁域やサンゴ礁のような複雑な地形の場所でよく目にすることができる．体を方向転換する際の支点が胸鰭付近にあり，胸鰭が急な方向転換や遊泳速度の切り替えに役立っている．さらに胸鰭や腹鰭は横揺れ防止にも役立つ．また，側扁形を含む多くの種は尾部を左右に振って前進するが，ベラ，スズメダイ，チョウチョウウオ，ウミタナゴなどは胸鰭を羽ばたかせて，カワハギは背鰭と臀鰭を波打たせて遊泳する（会田，2002）．なおカレイやヒラメは海底に横たわり，両眼が上を向いているため，縦扁形の魚類のように見える．しかし，カレイやヒラメは側扁形の魚である．カレイやヒラメも仔稚魚の時には眼が左右にあり，成長すると片方の眼が体の右側か左側に移動するのである（星野，2005など）．
　縦扁形は背腹の方向に圧縮した形である．エイ，コチ，アンコウなどのような底生魚に多く見られる．縦扁形の利点は水底にいる場合に体の影ができないことや水底で体が安定することである．縦扁形は持続的な遊泳には適していないと一般には考えられている．しかし進化の過程で二次的に高い遊泳力を獲得したものもおり，例えばトビエイは胸鰭を羽ばたかせるように上下に動かし，推進力を得て遊泳することができる．
　ウナギ形は細長く，体の断面が円形かそれに近い．ウナギ形の魚類は一般に体全体の体側筋を使って体をくねらせて泳ぐ．砂や泥に潜る能力をもつ魚や岩穴に隠れて生活する魚にもこの体形が見られる．

第3章　遊泳生物にみられる工夫

図5 魚類の体形名（上）とハコフグ科の体の断面（下）．右上写真は上からヌタウナギ，エナガカエルアンコウ，ヘラヤガラ．A，ハマフグ（撮影者：大塚幸彦，KPM-NR0090845）；B，ハコフグ（撮影者：瀬能 宏，KPM-NR0016046）；C，ウミスズメ（撮影者：大塚幸彦，KPM-NR0032835）

　フグ形（フグをはじめフサアンコウなどにも見られ，水を吸い込んで体を膨らませることができる），リボン形（リュウグウノツカイ，アカタチ，タチウオなど），矢形（ヤガラ），球形（ダンゴウオ）などがあるが，上記の累計に当てはまらない体形も数多くある（岩井，1985）．また，体の断面の形も多様である．ナマズの多くは頭部が縦扁し，尾部が側扁する．ハコフグ科魚類は鱗が組み合わさった固い甲羅をもつが，その断面は三角形，四角形，五角形などを示す（図5）．

　バイオミメティクスは生物に学んで人間生活に役立てることを目標にしている．しかし，我々人間は我々のものの見方や体のつくりを基準にして，他の生物を見る癖がある．魚類の体を見る場合にもこの癖が現れる．魚の体の模様を見ると頭から尾鰭にかけて並行な縞をもつ魚と，体の背縁から腹縁に走る縞をもつ魚がいる（図6）．読者の多くは前者を横縞，後者を縦縞だと思うかもしれない．我々人間は上下方向を「縦」，水平方向を「横」と呼ぶので，魚の縞模様にもこの方法を当てはめが

図6 魚類の軸（A）と模様（B-F）．B，暗色の横縞をもつムスジコショウダイ；C，暗色の縦縞をもつテングダイ；D，ムスジコショウダイ（撮影者：小林　裕，KPM-NR0062903）；E，テングダイ（撮影者：森田康弘，KPM-NR0031159）；F，シモフリタナバタウオ（撮影者：小林洋子，KPM-NR0064947）．赤矢印，眼状斑；黄矢印，本当の眼の位置

ちである．しかし，動物の体の「縦」とは体軸に沿った方向，つまり，頭から尾部へと走る方向が「縦」である．したがって，ムスジコウショウダイ（図6B, D）の縞が縦縞であり，テングダイ（図6C, E）の縞が横縞ということになる．少し考えてみれば分かることであるが，脊椎動物の中で体軸が垂直方向に向いているのはヒトだけである．イヌ，ネコ，牛，イモリ，カメ，スズメなどヒトを除く脊椎動物の体軸は地球表面と平行である．さて，魚類に限らず，縞は体の輪郭をぼやかす機能があると考えられている（図6D-E）．敵の目をごまかす機能のひとつである．そして，この機能をさらに巧みに発達させた魚がいる．眼状斑（がんじょうはん）と呼ばれる目玉模様を体の後半や鰭にもつ魚がいる．眼状斑があれば，そこが頭のように見えるため，捕食者から逃れる確率を高めることができる．シモフリタナバタウオは体の後部に眼状斑をもち，この部分を岩穴から外へ出していることが多い．まるで，ウツボの顔のように見える．つまり，シモフリタナバタウオはサンゴ礁の強力な捕食者であるウツボに擬態して身を守っているわけである（図6F）．

　鱗の最も重要な役割は体を保護することである．古生代に繁栄した無顎類は装甲板のような鱗を備えていたと考えられており，そこから軟骨魚類に

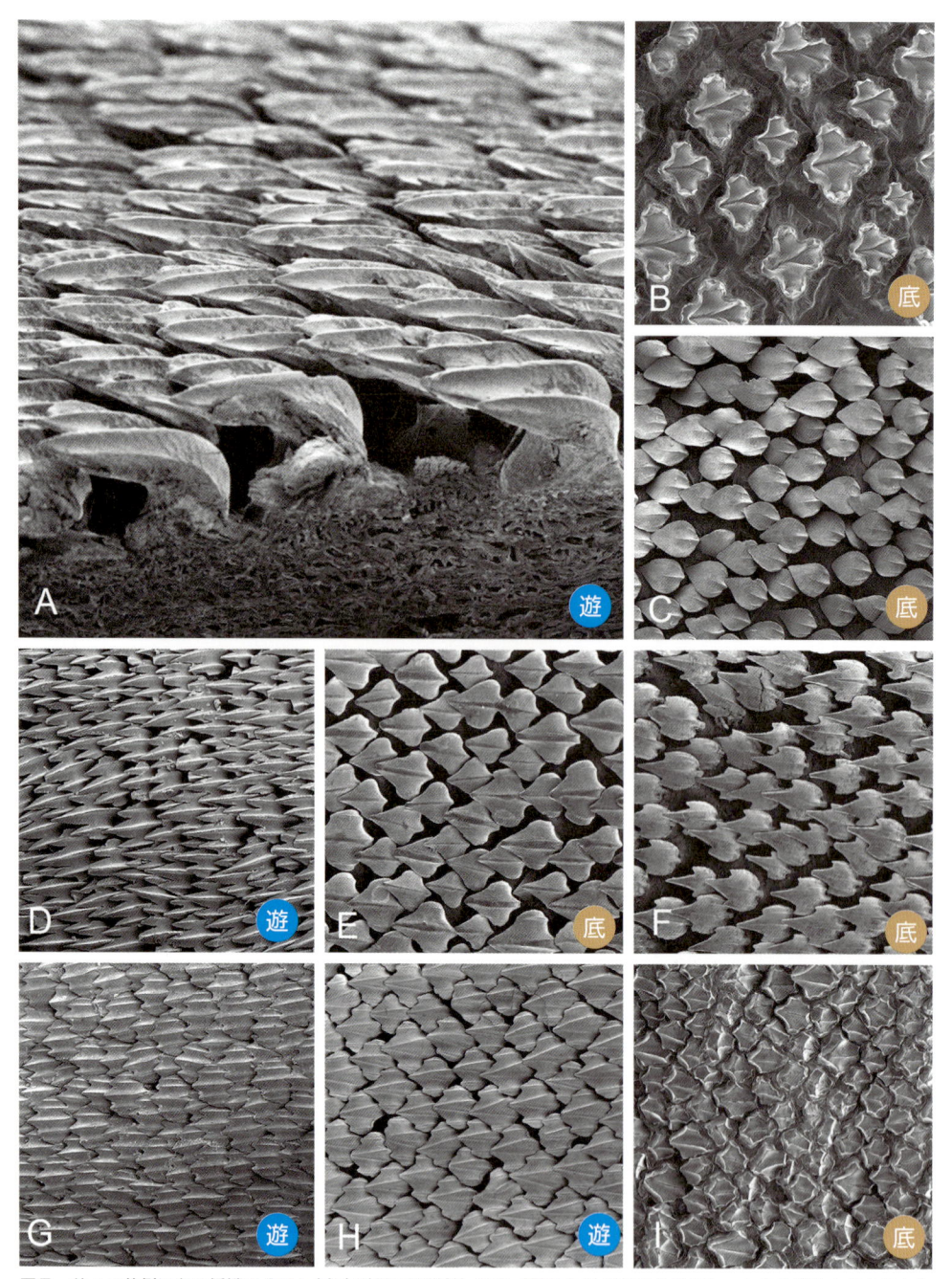

図7 サメの体側にある楯鱗のSEM（走査型電子顕微鏡）画像（写真右側が頭のある方向；Aのみ斜め上から見たところ）．A, ガラパゴスザメ；B, ネコザメ；C, オオセ；D, ジンベエザメ；E, ドチザメ；F, トラザメ；G, ネズミザメ；H, カグラザメ；I, ラブカ．底，底生性；遊，遊泳性

特有な楯鱗，硬骨魚類の真骨類に見られる円鱗と櫛鱗が出現した．楯鱗はその内部構造が歯と同じで，皮歯とも呼ばれる．バイオミメティクスでは楯鱗が「サメ肌」として比較的よく研究されている．遊泳能力の高い種の鱗表面の微細構造が注目されてきた．楯鱗の形の多様性の例を図7に示す．特に遊泳性の種の鱗にはリブレットとよばれる隆起が発達する．

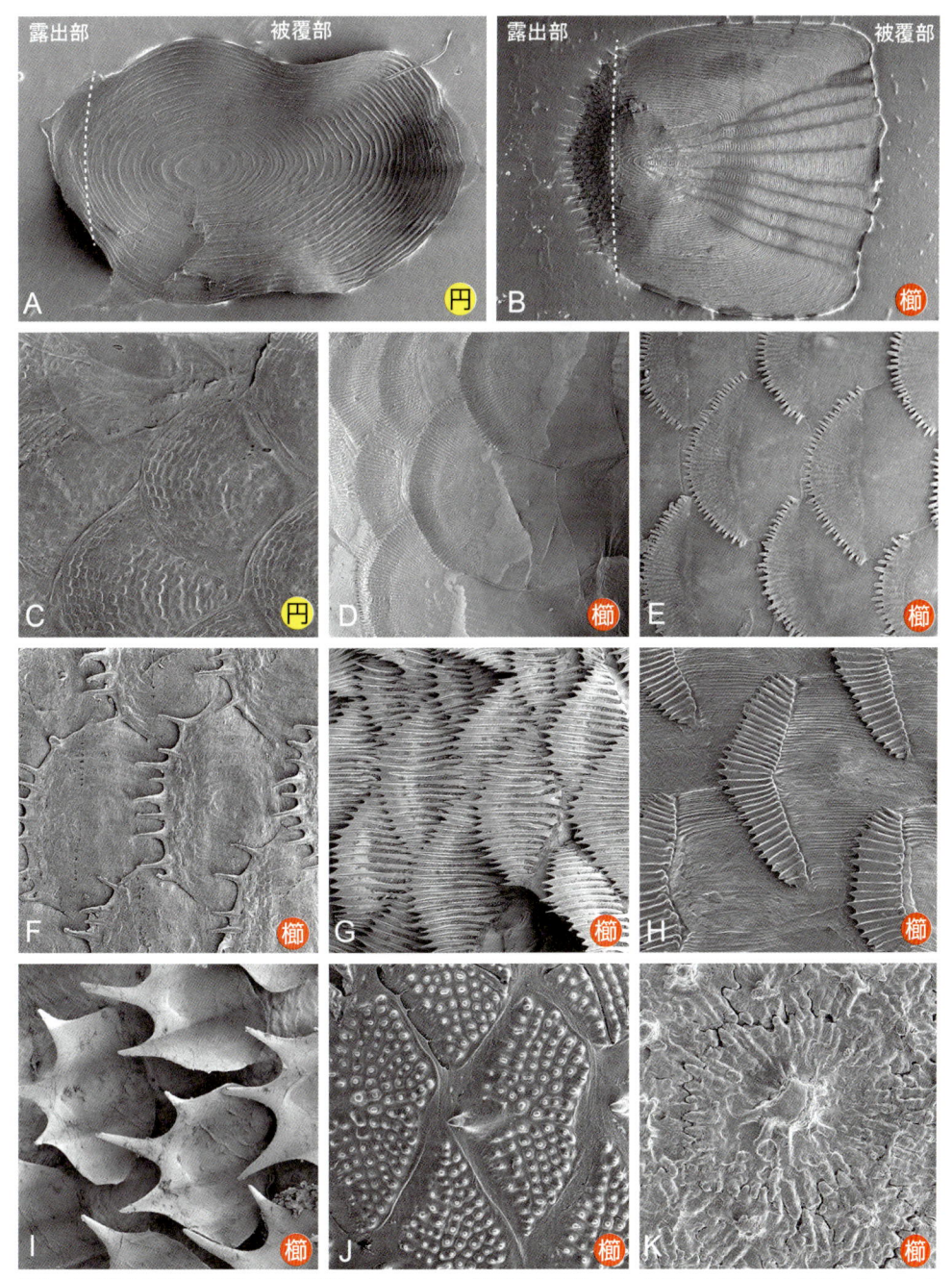

図8 真骨類の体側にある鱗のSEM画像．A，アメマス（典型的な円鱗）；B，クロソイ（典型的な櫛鱗）；C，シオイタチウオ；D，ユウゼン；E，エンマゴチ；F，イシダイ；G，ソメワケヤッコ；H，ヘラヤガラ；I，ワニギス；J，メガネハギ；K，マンボウ．円，円鱗；櫛，櫛鱗

　真骨類（図1）に見られる鱗は薄い板状構造の場合が多く，葉状鱗とも呼ぶ．これらの鱗は覆瓦状に並び，それらの前部は真皮に深くくいこみ，後部は表皮近くに伸びて表皮を持ち上げている．前列の鱗の下に隠れている部分を被覆部，体表近くにあり後列の鱗を覆っている部分を露出部と呼ぶ（図8）．円鱗は露出部に小棘がないものを，櫛鱗は露出部に小棘をもつものを指す．真骨類の中

図9 ガス（気体）を使わず浮力を得る魚類．A，スイトウハダカ；B，アオザメ（撮影者：瀬能 宏，KPM-NR0059877）；C，ジンベエザメ（提供：Dgblue Diving Club, Taiwan）

では円鱗は系統的に原始的な魚類のグループ（ニシン，コイなど）に，櫛鱗は進化したグループ（スズキなど）に見られる．しかし進化したグループの中にも円鱗をもつものがいたり（ゲンゲなど），ヒラメのように有眼側（眼がある体側）と無眼側にそれぞれ櫛鱗と円鱗を分けてもつ場合も見られる．なお櫛鱗の露出部の形態は多様であり，その一例を櫛鱗が変形したもの（変形鱗と呼ばれる）を含めて図8に示す．真骨類には鱗がないもの（ウツボ，アンコウなど）から骨板状に変化した鱗をもつもの（ヨウジウオ，ハコフグなど）までいる．

なお，楯鱗や葉状鱗の個々の形や大きさは同一個体のものであっても，体の部位によって違っている場合が多いことには注意が必要である．

浮力を得る方法

魚体の構成要素の大部分は水よりも比重が大きいため，何も工夫をしなければ沈降してしまう．そのため魚類は遊泳の際に浮力調節をする必要がある．魚体と水との比重の差が小さいほど，遊泳に際してエネルギーを節約できる．そこで魚類は鰾（うきぶくろ）や脂質によって浮力を得ている．さらに遊泳によって揚力を得たり，体を構成する骨や筋肉を軽くしたりしている．

鰾は無顎類や軟骨魚類にはない器官である．多くの硬骨魚類に見られる鰾は内部にガス（気体）を満たしている．真骨魚類の鰾は消化管の背壁や側壁が膨出して形成され，胚期には気道によって消化管と連絡している．イワシ，ウナギ，コイ，ナマズ，サケなどは成魚になってもこの連絡が残る（有気管鰾）．一方，スズキ，タラなどは成魚では消化管と連絡しない（無気管鰾）．無気管鰾は鰾壁に毛細血管が集まった奇網によってガス腺がよく発達し，血管を通じて鰾内のガスの量を調整する．魚類が深海底から急に引き上げられると，ガスの調整が間に合わず，鰾が膨張し，臓器や眼底を圧迫して胃や目玉が飛び出してしまう．

硬骨魚類の中には鰾がないものがあるが，体内に脂質を蓄積したり，硬骨や筋肉タンパクを減らしたりして浮力を調整する．例えば深海魚のハダカイワシの稚魚はガスの入った鰾を備えるが，成長にともなって鰾内のガスを油脂に置き換える．ハダカイワシの多くは摂餌のために日周鉛直回遊（垂直方向への移動）をおこなう．鰾内がガスでなく油脂で満たされるほうが，移動に際して変化する水圧の影響が少なくなるのだろう（図9A）．また脂質の中でも比重の小さいワックスエステルの占める割合が大きい．さらに深海魚は体が柔軟であることが多い．その原因は筋肉の退縮とそれに伴う水分と脂質含量の増加である．体の柔軟化は外皮と筋肉層の間に皮下腔が発達し，水分に富む層ができるからだ．体の柔軟化も体重の軽減に貢献している．

遊泳性のサメ（例えばアオザメ，ネズミザメ）には静止状態では沈むものがいるが，これらは大きな胸鰭をもち，遊泳することで動的揚力を得ている（図9B）．深海性のサメには体重の4分の1の重量の肝臓をもつものもいる．肝臓中には不飽和脂肪酸のスクアレンが大量に含まれる．外洋を遊泳するウバザメやジンベエザメも大きい肝臓をもっており，海水中での比重をほぼゼロにしている（図9C）．

多様な食性と摂食器官

食性は一般に肉食性，草食性，雑食性のように分けることもあれば，魚食，ベントス（底生生物）食，プランクトン食，デトリタス（懸濁物）食，藻類食とする場合もある．

遊泳力と捕食は無関係ではない．魚食性魚類にはマグロやシイラのように高速で泳ぐものがいる一方で，多くの沿岸性魚類のように巧みに泳いだり待ち伏せしたりするものもいる．また，アンコウのように「ルアー（疑似餌）」という特殊な器官をもつものや，ヒラメやコチのように海底に隠れる能力を発達させたものもいる（図10A）．なお，ハスはコイ科の中では珍しい魚食性である（図10B）．コイ科の両顎には歯がないが，ハスでは顎の前部が「へ」の字にまがり，とらえた獲物を逃さない装置となっている．

ベントス食性の魚類は海底や川底にいる無脊椎動物を食べるが，殻や甲羅のように固いものを噛み砕くように歯や顎が強化されたものがいる．トビエイでは敷石状の歯が発達し，イシダイでは歯と顎の骨が癒合する．オオカミウオでは閉顎筋（へいがくきん）が発達することで，噛む力が強い．また，チョウザメやヒイラギの口は下側に伸びる．

プランクトン食性には吸い込む（吸引）か濾す（ろ過），もしくはその両方の能力が必要になる．大量のプランクトンを捕食するためには遊泳力も要求され，さらにそれらを水から濾すために鰓耙（さいは）という櫛の歯状の器官が必要になる（図10C）．一方，プランクトン食性の魚類には視野に入ったプランクトンを1匹ずつ吸い取って食べる「個別摂餌」をおこなうものもいる（例えばチンアナゴ，ヘコアユ）．濾過捕食者が河川や海洋の表層付近に現れるのに対し，個別摂餌者は海底付近に生息する．

ボラは水底に積もったデトリタスや付着藻類を食べる．摂食の際には上顎の細かい歯で餌をかき集め，下顎で受けるようにする．餌は泥や砂と混じって体の中に入るが，丈夫な筋肉層をもつ胃の幽門部（「ボラのへそ」と呼ばれる）によって砂などの異物をすりつぶす．

肉食性の魚類は歯や顎にも特徴が見られる．多くの肉食魚は獲物を丸のみするが，中には切歯で噛み切るものもいる．アマゾン川流域に生息するピラニアは噛み切るタイプの魚であるが，果実食の祖先から進化したと考えられている．祖先から引き継いだ固い果実を噛み砕くための強力な顎に鋭利な三尖頭の切歯が備わり，獲物から肉を剥ぎ取ることができる（図10D）．またアマゾン川にはピラニアよりも恐れられているナマズの仲間の肉食性カンディル（ホエール・キャットフィッシュ）が生息する．カンディルは傷口などから獲物の体内に入りこみ肉を食べる．おちょぼ口であるが，吸い込みながら口の中にある切歯で獲物の体を噛み切る（図10E）．

藻類食者のニザダイは石灰藻を，ブダイはサンゴの上に生える藻や海藻を食べる．藻類食性の魚類は，陸上の草食性動物と同じように長い腸をもつ．これは植物性の餌は動物性のものに比べ消化に時間がかかることに関係する．サンゴをかじりながら藻類を食べるブダイは，栄養とならないサンゴの破片も飲み込み，最終的には肛門から排出する．沖縄などの白いビーチの砂は大部分がブダイなどによってかじられてできたもので，1mを超える大型のカンムリブダイは1個体で年間5トンものサンゴ砂を作ると言われている（桑村，2012）．

遊泳と定位

サメの鱗は体に触れる水の抵抗を少なくする機能があると言われる．近年ではカジキやマグロの皮膚は親水性が高く，水の抵抗を軽減しているということで競泳水着素材などとして注目されている．

ところで流体抵抗を軽減する装置をもっているのは高速遊泳魚だけとは限らない．例えば流れの早い河川に棲む魚にもその能力は備わっている可能性がある．カジカやツバサハゼ，タニノボリな

図10 姿を隠して獲物を待つ肉食性のヒラメ（A）（左写真は全身，右写真は頭部），魚食性のハス（B），プランクトン食性のマイワシ（C：右写真は鰓蓋を取り除く）；肉食性のピラニア頭部のX線CT画像（D）；肉食性のカンディル頭部のX線CT画像（E）；ナンヨウブダイの頭部骨格と削られたサンゴ塊（国立科学博物館展示物）．画像Dの元となった映像は島津製作所提供（撮影者：枝廣雅美）

どの魚類は上下に平たい体を備え，急流の生息環境に適応している．さらに，これらの魚類は急流によって体を流されないように，巧みな構造も発達させた．

河川に生息するカジカはふだん岩陰に隠れて，水底の石や岩の間を泳ぐ．水の流れの少ない底層を利用し，さらに大きい胸鰭を使って川底への接地面積を大きくして流されないようにしている．

一方，流れの早い場所に生息するツバサハゼは体が縦扁形で，腹面全体で川底の岩や石の表面に張り付く（図11A, B）．ツバサハゼには他のハゼのような腹鰭が変化した吸盤がない．しかし大きい胸鰭や腹鰭の腹面の外側がほぼ平坦かつ規則的な溝をもつ（図11C）．この溝は鰭条に並行で，肉眼でも確認できる．原理は不明であるが，この構造が川底への接着に関係している可能性が高い．また

図11 流れの早い場所に生息する淡水ハゼのツバサハゼ（A, 撮影者：熊澤伸宏, KPM-NR0097747；B, 撮影者：瀬能　宏, KPM-NR0045155）とルリボウズハゼ（D, 撮影者：内野啓道, KPM-NR0098349）. C, ツバサハゼの腹鰭腹面にある溝状構造のSEM画像（Bの腹鰭上の四角部分）；E, ルリボウズハゼの吸盤腹面の一角のSEM画像；F, 絨毛状構造（Eの四角部分）を拡大したもの

ルリボウズハゼも流れの早い河川に生息する（図11D）．このハゼは腹面に吸盤をもち，その吸盤の腹面には絨毛状構造が見られる場所がある（図11E, F）．この構造も機能が不明であるが，吸盤の吸着力の強化に関係しているかもしれない．

コバンザメは自分では積極的に泳がない．しかし遊泳力のある大型魚類や小型鯨類の体に吸着することが知られる．体の断面が逆三角形なのは宿主に負担をかけないように水の抵抗を抑えているのかもしれない．コバンザメの吸盤は背面から見ると小判の形をしている（図12B, C）．この吸盤は系統的には背鰭の棘が変化したものである．その棘の表面にはさらに多数の小棘が並ぶ（図12D, E）．この小棘が起立することで吸盤の内外に圧力差を

図12　コバンザメ（A-E）とスギ（F）．B, 頭部背面図；C, 吸盤；D, 吸盤の表面に並ぶ小棘の SEM 画像；E, 吸盤前部を斜めから見た SEM 画像

作り出して吸着する（Fulcher and Motta, 2006）．脱着の際は小棘を倒すことで吸盤内の圧力を下げる．なお，大きな魚の影に隠れるという習性は近縁のスギ（図12F）と共通する特徴で，祖先から受け継いだものと考えられる．スギには吸盤がないが，頭の後方から背鰭の直前まで短い背鰭棘が並ぶ．

一方，ウバウオ，ダンゴウオ，クサウオなどの腹面には腹鰭が変化した吸盤があり，海底の石や海藻の表面などに吸着することができる．特に沿岸域においては短時間に流れの方向や強さが変わる波や潮の流れがあるため，彼らの吸盤はさまざまな方向から来る水圧に耐える必要がある．

他の生物に隠れる

コバンザメも大きな魚の影に隠れることで身を守ると考えられるが，魚類の中には他の生物をもっと利用して安全を確保するものたちがいる（図13）．例えば，スズメダイの仲間のクマノミはイソギンチャクの触手の間で生活することで，他の肉食者に襲われないようにしている．

サンゴ礁は熱帯性魚類に隠れる場所や豊富な餌を提供している．このためサンゴ礁は熱帯域で魚類の種多様性が非常に高い場所となっている．スズメダイの仲間はふだんサンゴ付近にいて，危険を感じると枝の中に逃げ込む．サンゴの固い枝の間は捕食者が手出しできない場所である．そして常時サンゴの枝の間にいる魚類もいる．縦扁形の体をもつダルマハゼやダンゴオコゼである．

カクレウオはナマコの腸管や二枚貝の殻の中に隠れる．二枚貝を利用するカクレウオは，異物として真珠のようにコーティングされてしまう場合があり，それがカクレウオ科の英名のパール・フィッシュの元になった．なおカクレウオの体にはナマコの腸管内を傷つけるような突起物がほとんどない．

ウバウオの中にはウニの棘の間に隠れるものがいる．ハシナガウバウオはガンガゼの長い棘の間に隠れるが，体の縦縞が棘に紛れて隠蔽効果を生み出す．

図13 他の動物を隠れ家にする魚類．左上，クマノミ（撮影者：篠原現人）；右上，ダルマハゼ（撮影者：春日智香子，KPM-NR0093277）；左下，ナマコの内臓に隠れていたカクレウオ科の一種（撮影者：篠原現人）；右下，ハシナガウバウオ（撮影者：篠原現人）．矢印は魚のいる位置を示す

バイオミメティクスと魚類

　低抵抗素材の開発に関してサメ肌（楯鱗）や高速遊泳魚の研究は今後も進む可能性がある．しかし堅いものを粉砕する顎や歯の構造（ブダイなど），狭い場所や泥中での動きを可能とする体形や皮膚構造（ワラスボなど），水中での接着・吸着技術（ウバウオなど），傷つけることなく他の動物の体の中に潜り込む能力（カクレウオ）なども今後バイオミメティクスのヒントにつながる有用な魚類であるにちがいない．

引用文献

Cohen, D. 1970. How many recent fishes are there? Proceedings of California Academy of Sciences, 38(17): 341-346.

Fulcher, B. A. and P. J. Motta. 2006. Suction disk performance of echineid fishes. Canadian Journal of Zoology, 84(1): 42-50.

星野浩一．2005．両眼が片側にある魚たち—カレイ目魚類：その多様性と進化．pp. 115-156. 松浦啓一（編著），魚の形を考える．東海大学出版会，秦野．

岩井　保．1985．水産脊椎動物学Ⅱ魚類．恒星社厚生閣，東京．

桑村哲生．2012．サンゴ礁を彩るブダイ．恒星社厚生閣，東京．

日本魚類学会自然保護委員会（編）．2009．干潟の海に生きる魚たち　有明海の豊かさと危機．東海大学出版会，秦野．

会田勝美（編）．2002．魚類生理学の基礎．恒星社厚生閣，東京．

塚本勝巳（編）．2010．魚類生態学の基礎．恒星社厚生閣，東京．

水の抵抗はなぜ生じるのか ─────────── 田中博人

遊泳とは？

　読者の皆様は最近水族館に行かれたことはあるだろうか．水族館という場所は多種多様な魚がそれぞれの流儀で泳ぐ姿を，服を着たまま濡れずにじっくり観察することができる素晴らしい場所である．人気者のイルカのアクロバティックなジャンプを見ることもできる水族館もある．読者の中には，水族館なぞには行かずに南国の美しい海でスキューバダイビングをして，野生の魚やイルカと触れ合える方々もおられるだろう．何も生きた魚を見ずとも，博物館で標本を眺めながら自在に水中を泳ぐ在りし日の姿を頭の中で想像することだってできる．しかしながら「遊泳の力学的な仕組み」を明確に答えられる方は，そう多くはないであろう．

　水中を泳ぐとは，水中を移動するということである．物体が水中を一定の速度で加減速せずに移動している時，その物体に働く水の抵抗と推力は釣り合っており，物体に働く全ての力を合計した合力はゼロとなる．推力が水の抵抗よりも大きければ加速するし，小さければ減速する．それでは水の抵抗とは何だろうか？推力はどうやって発生するのだろうか？本節ではそうした生物の遊泳の仕組みを流体力学的に解説する．特にサメの鱗を題材として流体の摩擦抵抗の仕組みや摩擦抵抗を小さくする方法について少し踏み込んで紹介する．流体の摩擦抵抗の減少は多くの大規模産業にとって非常に重要な課題であり，例えば航空機の燃費の向上や工場のパイプラインの輸送効率の向上などに役立つ．流体力学におけるバイオミメティクスの可能性を感じていただきたい．

イルカに働く力

　水中を一定速度で移動する物体に働く力を詳しく見ていこう．説明のために遊泳生物の代表としてイルカに登場してもらう（図1）．このイルカモデルは，著者を含む研究グループが国立科学博物館でカマイルカを3次元スキャナで計測し，CADソフトウェアで整形して作成したものである（Tanaka et al., 2014）．イルカが静止した水中を移動するということと，静止したイルカに一様な水流が向かってくることは，流体力学的には同じである．このときイルカに働く力は，「重力」，「浮力」，「抗力」，「揚力」および「推力」である．イルカの運動を運動方程式で表す際には，これらの力がイルカの重心に作用するものとして考えれば良い．「重力」と「浮力」の大きさはどちらも物体の体積に比例する．ここでは重力と浮力は釣り合っているとしよう．さて「抗力」と「揚力」である．このふたつが，物体が流体中を動く時に流体から受ける力だ．流体力学では，流体から受ける力の流速方向（進行方向の逆向き）の成分を「抗力」と定義し，流速に垂直な方向の成分を「揚力」と定義する．一般に言われる「水の抵抗」とは，この「抗力」を意図していることが多い．注意すべき点は，抗力の方向は物体の向きや姿勢とは関係なく，流速（進行方向）によって決まるということだ．流体力学の理論や実験では，流体から受ける力を流速方向と流速に垂直な方向に分けて考えることで，さまざまな現象を説明できるからである．

　「揚力」は，鳥や飛行機の翼の説明で頻繁に登場する言葉だ．実はイルカのヒレにも大いに関係がある．翼（ただの平板でも良い）に斜め下から流速を与えると，抗力に比べて非常に大きな揚力が発生する（図2A）．飛行機の翼の場合，揚力の大きさは抗力の約100倍にもなる．翼の後方では流れの方向が下向きに曲げられ，流れは下向きの速度成分をもつ．これを吹き下ろしと呼ぶ．揚力とは，翼によって下向きに押し出された流体の運動量の反作用であると見なして良い．ロケットが下向きに燃焼ガスを噴射して反作用で上向きに上昇することと同じである．翼の空気力は翼の前寄りで大きく働くので，翼の前縁から4分の1の位置を揚力と抗力の作用点として考えることが多い．揚力の大きさは，流体の流れる方向と翼断面がなす角度，すなわち迎え角に比例する．迎え角が大

図1　遊泳生物に働く力の定義

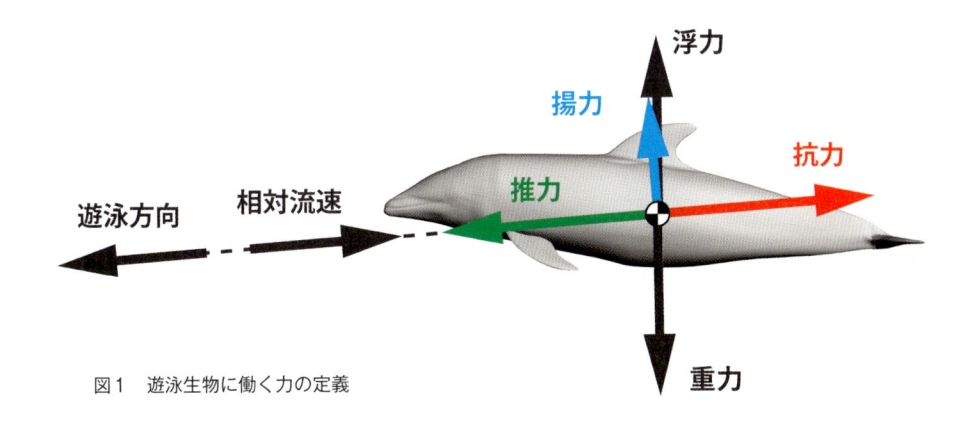

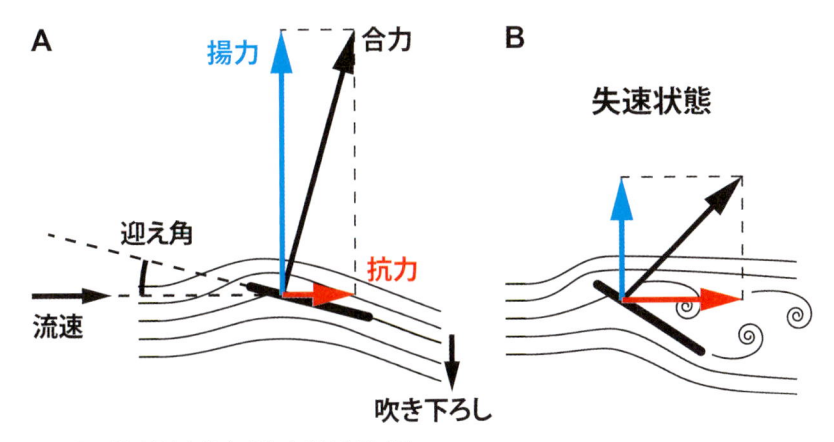

図2　翼に働く揚力と抗力（A）と翼の失速（B）

きいほど揚力は大きい．しかし迎え角が大きすぎると，流れが翼の周りから剥がれてしまい，揚力は激減し抗力は増加する（図2B）．これを「失速」と呼び，失速する迎え角の大きさを失速角と言う．失速という言葉も飛行機の話で頻出するが，このように速度を失うという意味「ではない」ことを覚えてもらいたい．翼の断面形状や流れの条件によるが，失速角は10°から20°の間であることが多い．

抗力と揚力の大きさは流速の二乗に比例し，物体の形状によっても変わる．したがって遊泳速度が増加するほど，急激に抗力と揚力は増加する．イルカの胴体のようなズングリとした形状の場合は，揚力は抗力と同程度の大きさとなる．迎え角が十分小さければ，胴体の揚力は無視できる．

推力の発生方法

物体が抗力に負けずに速度を維持するためには，抗力に釣り合うだけの進行方向の力，すなわち推力を発生しなければならない．潜水艦や航空機の場合は，スクリュープロペラやジェットエンジンといった独立した推進機構が推力を発生するので，その他の胴体などが受ける抗力と推力は明確に分離できる．しかし遊泳生物は体全体を使って泳ぐために抗力と推力を明確に分離することは本来できない．ただしイルカやマグロなどの高速で遊泳する生物の場合，顕著に発達した尾ヒレが下半身によって大きく振られて推進するため，尾ヒレを推力発生機構と見なして胴体の抗力と分けて考えても差し支えない．

さてイルカの尾ヒレを見てみると，上から見た平面形は三角形に近く，断面は航空機の翼断面の

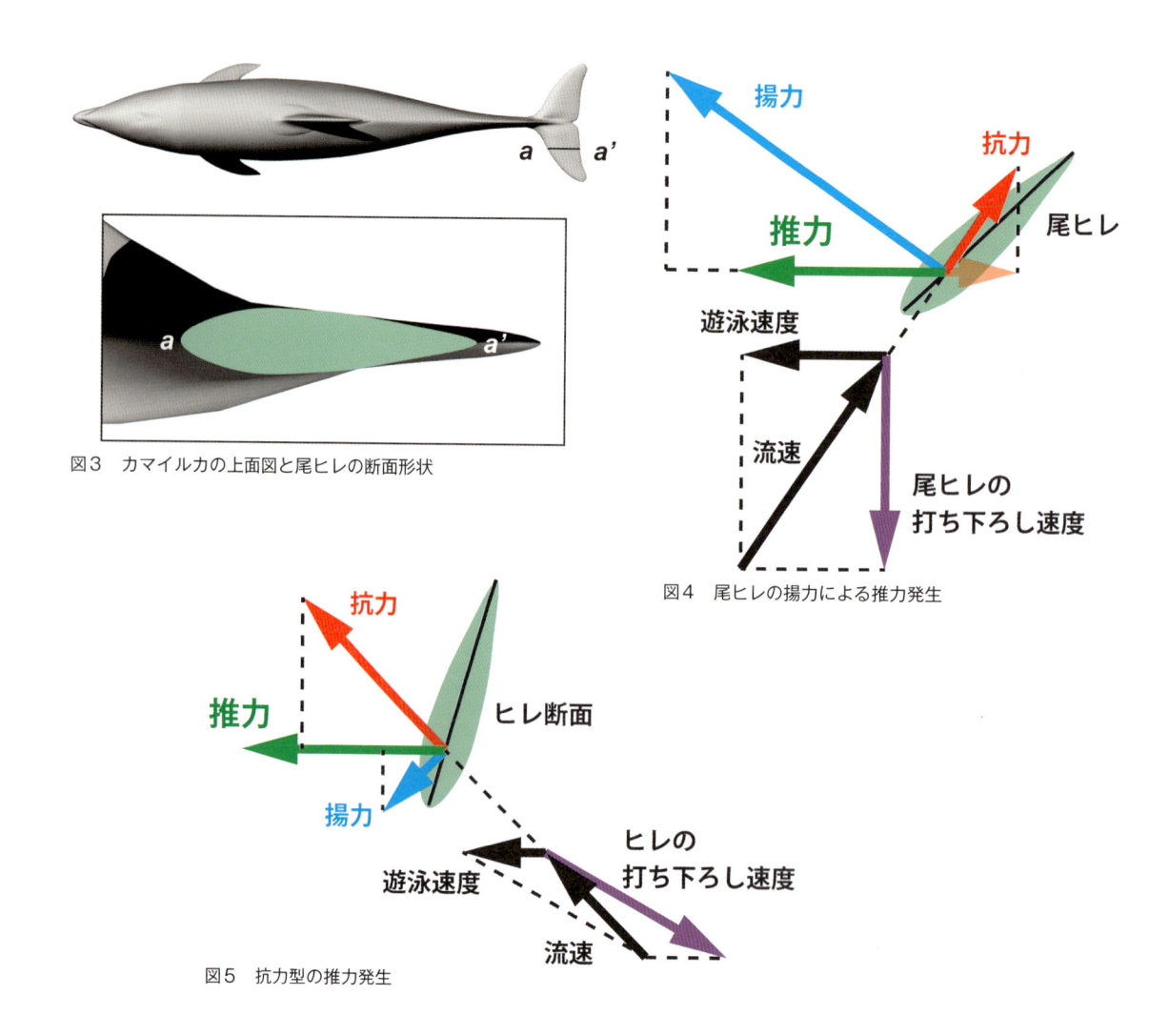

図3　カマイルカの上面図と尾ヒレの断面形状

図4　尾ヒレの揚力による推力発生

図5　抗力型の推力発生

ような流線形をしている（図3）．実は高速遊泳する生物は尾ヒレが航空機の翼と同様に大きな揚力を発生し，それを推力として利用しているのだ．イルカの場合は下半身を上下に大きく振って尾ヒレを動かす．下向きに打ち下ろすとき，尾ヒレから相対的に見ると上向きの流速が与えられる（図4）．さらに胴体の前進によって，後ろ向きの相対流速も与えられる．両者の流速を合成すると，尾ヒレには斜め上向きに流速が与えられる．ここで尾ヒレがしなって失速しないように適切な迎え角を保つと，流速に垂直な方向に大きな揚力が，流速方向に小さな抗力が発生する．揚力と抗力の進行方向成分を合わせると，揚力が十分大きければ推力が発生する．打ち上げるときは上下が反転するだけで同様に推力が発生する．マグロなどの魚類の場合，尾ヒレは上下ではなく左右に振られるが，推力の発生原理は同じである．

イルカの胸ヒレや背ヒレも断面が流線形をしているが，尾ヒレのように大きく振られることは無い．その代わり迎え角を増減させることで揚力を発生して，遊泳運動の方向や姿勢を制御する舵の役割を果たす．揚力は，空を飛ぶ鳥や飛行機だけでなく，水中の遊泳でも大いに利用されているのだ．

ちなみに低速で遊泳する小魚などは揚力ではなく抗力を用いて推力を発生することが多い（図5）．迎え角も大きく，ヒレの平面形は抗力が大きい正方形に近い形をしている．フグの胸ヒレなどが代表例だろう（エアロ・アクアバイオメカニズム研究会，2010）．手漕ぎボートの櫂も抗力によって推

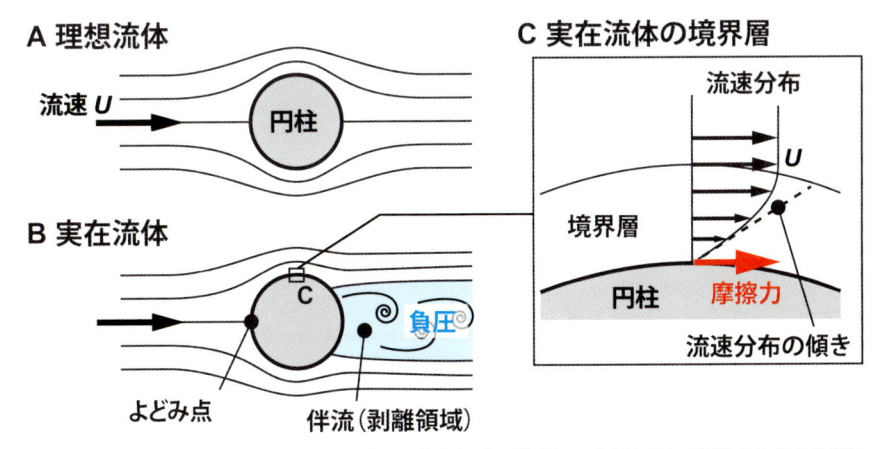

図6 理想流体（A）と実在流体（B）の中の円柱まわりの流線と，実在流体中の円柱まわりの境界層の模式図（C）．図は牧野（1989: 45, 47）に基づく

力を発生する．このような推進を「抗力型」の推進，前述のイルカのように揚力を利用した遊泳を「揚力型」の推進と呼ぶこともある．

抗力はなぜ生じるのか

ここまで「水」ではなく「流体」と呼んで説明してきた．なぜなら流体力学では，水などの液体流れも空気などの気体流れも同じように扱えられるからである．ゆえに水中をヒレで泳ぐことと空中を翼で飛ぶことは，流体の種類は違えど似通った現象なのだ．鳥類であるペンギンなどは，まさに水中を羽ばたいて飛んでいると言えよう．ただし水と空気では，流体の性質である「密度」と「粘度」が大きく異なる．水の方が空気よりも密度は833倍大きく，粘度は55倍大きい（大橋，1982）．

では，いよいよ抗力が生じる仕組みを説明しよう．抗力には「摩擦抗力」と「圧力抗力（形状抗力）」の2種類あり，どちらも流体の「粘度」が原因である．流体の「粘度」とは，流体が周囲の流体や物体表面に引きずられる性質，すなわち粘性を表す指標である．直感的に言えば，流体のネバネバ度だ．現実の全ての流体は粘性をもち，「粘性流体」や「実在流体」と呼ばれる．一方，粘度がゼロの，数学的に理想的な流体を「理想流体」や「完全流体」と呼ぶ．さて，流速が一定で一様な流体の中に円柱を固定してみよう．粘度がゼロの理想流体の場合，流れはどんな形状でも物体表面に滑らかに沿う（図6A）．ところが水などの粘度がある実在流体の場合は，物体表面では流体は物体に引きずられて速度がゼロになり，物体の後方で剥離して伴流となる（図6B）．流体が物体に引きずられるということは，物体が流体を引きずるということでもある．この引きずる力こそ，物体が粘性流体から受ける摩擦抵抗であり，この摩擦力の流速方向成分が「摩擦抗力」なのである．摩擦力は流体の粘度と，物体表面における物体垂直方向の流速分布の傾きに比例する（図6C）．

「圧力抗力」は，物体が流体から受ける圧力の前後方向の差によって生じる．流体は，流速が上がると圧力は下がり，流速が下がると圧力が上がるという性質があり，これはベルヌーイの定理としてよく知られている．実在流体中の物体前方では，流体は物体に沿って流速が非常に小さくなり（そのような場所を「よどみ点」と呼ぶ），圧力は高い．一方，後方の伴流部分では流体は渦や乱流となって流速は大きく，圧力は低い（図7B）．だから前方の正圧と後方の伴流の負圧が釣り合わず，その差が圧力抗力となるのである．たとえ摩擦抵抗がゼロでも，圧力抗力はゼロではない．

粘度がゼロの理想流体の場合はどうなるだろうか．粘性がない理想流体は物体に引きずられないので，摩擦抗力はゼロである．物体がどんな形状をしていようとも流体は物体に沿って流れ，物体前方だけでなく後方でもよどみ点がある．したがって前方だけでなく後方にも高圧領域が存在して圧力が釣り合うので，圧力抗力もゼロである（図

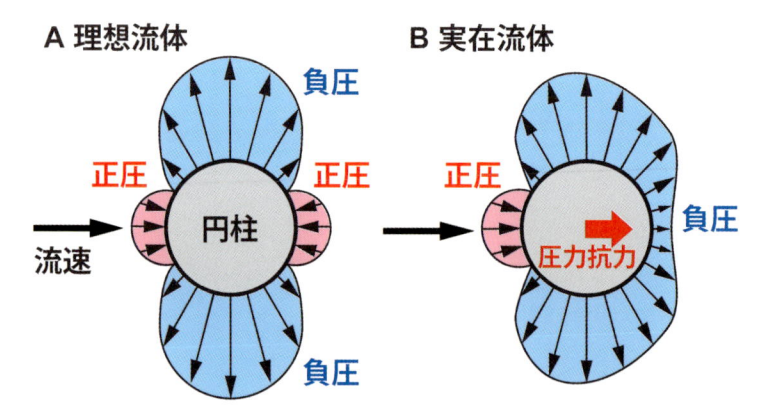

図7　理想流体（A）と実在流体（B）の中の円柱に働く圧力の分布．牧野（1989: 46）に基づく

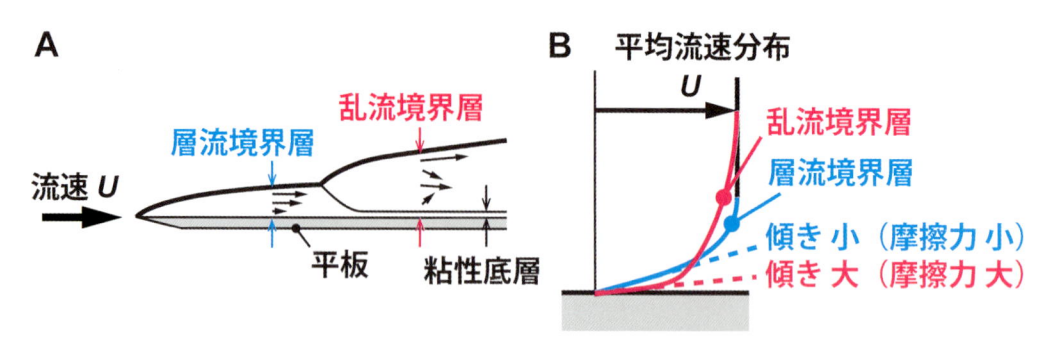

図8　実在流体中の平板表面の境界層の模式図．層流境界層から乱流境界層への遷移（A）と層流境界層と乱流境界層の平均流速分布と傾き（B）．大橋（1982: 92, 97）に基づく

7A）．つまり流体の粘度がゼロの理想流体では，摩擦抗力も圧力抗力もゼロとなるのだ．

層流境界層と乱流境界層

　流体が物体に引きずられて物体垂直方向に流速が変化する層を「境界層」と呼ぶ．流体の摩擦抵抗の大きさや境界層が物体から剥離する様子は，境界層の状態によって異なる．それでは実在流体の中に平板をおいて境界層の様子を見てみよう．境界層は，はじめは流速が物体表面に平行な「層流境界層」であり，下流にいくにしたがって境界層厚さが大きくなり，ある点から流速がランダムに物体垂直方向の速度成分をもつ「乱流境界層」になる（図8A）．乱流境界層の場合でも，物体表面のごく近傍では層流境界層のような流速が平行な層があり，これを「粘性底層」と呼ぶ．層流境界層から乱流境界層に変わる前後で物体垂直方向の流速分布を比較してみると，乱流境界層の方が境界層内部では流速分布の傾きが小さく，逆に物体表面では大きい（図8B）．したがって前に述べたように摩擦抵抗は流速分布の傾きに比例するので，乱流境界層の方が層流境界層よりも摩擦力は大きくなる．

　物体が大きくて流速が大きいほど，境界層は乱流になりやすい．また，乱流境界層は層流境界層よりも物体表面から剥離しにくい．境界層の外側は，物体が流体を引きずる効果が及ばないので，理想流体と見なして考えることができる．

抗力を小さくする方法

　イルカの胴体は滑らかな流線形の形状をしており，いかにも抵抗が小さそうに見える．実際イルカだけでなく高速で移動する物体はみな——例えば新幹線や旅客機など——たいてい先端と後端がすぼまった流線形をしている．その理由は流線形が圧力抗力を小さくする形状だからである．断面がな

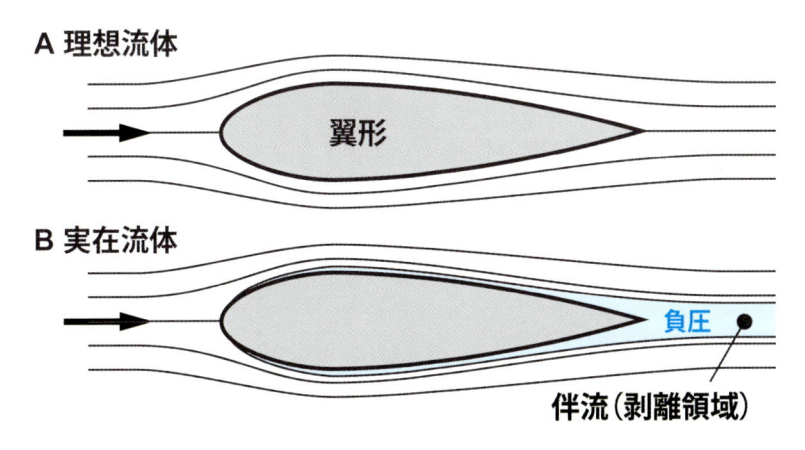

図9 断面がなめらかな翼形の柱のまわりの流線．理想流体の場合（A）と実在流体の場合（B）．図は牧野（1989: 15）に基づく

めらかな翼形をした柱を理想流体と実在流体に置いたときの流れの様子を見てみよう（図9）．円柱の場合（図6）と異なり，翼形の場合は実在流体の場合でも境界層が剥離しにくいので伴流の領域が小さく，流線の様子は理想流体の場合とほとんど変わらない．したがって圧力抗力は非常に小さくなり，全抗力の大部分を摩擦抗力が占める．例えば厚さが円柱の直径と同じNACA0012という翼形の場合，翼形の全抗力は円柱の全抗力のわずか4.4％にすぎない（牛山，2002: 53）．流線形によって圧力抗力がどれほど小さくなるかこれでお分かりだろう．

たとえ流線形であっても迎え角が大きい場合は，境界層が物体表面から剥離して伴流となり，伴流部分の負圧によって圧力抗力が増加してしまう．境界層の剥離を防ぐひとつの方法として，剥離しやすい層流境界層を剥離しにくい乱流境界層に強制的に遷移させるというやり方がある．例えば，航空機の翼の場合，乱流境界層を誘起するために翼の前縁付近にボルテックスジェネレーターと呼ばれる突起をつけ，層流境界層に乱れを与えて乱流境界層に遷移させることがある．乱流境界層は層流境界層よりも摩擦力は大きいが，境界層が剥離しなければ圧力抗力をはるかに小さくすることができ，さらに失速を防ぐこともできる．

一方，摩擦抗力を小さくするにはどうすれば良いだろうか．まずは摩擦力が生じる物体の表面積を減らすことだ．そのために物体表面はできるだけ滑らかにすることが基本である．だからイルカも航空機も表面は滑らかにできている．もうひとつの方法は，物体表面の流速分布の傾きを小さくして摩擦力そのものを小さくする方法だ．しかし形状の工夫で大幅に改善できる圧力抗力と違い，流速分布の傾きを小さくする工夫は簡単ではない．現在もさまざまな方法が研究されており，まだ教科書に載っていない研究の最前線なのである．

サメ肌の摩擦抵抗減少の仕組み

遊泳生物に摩擦抗力を減少させる方法のヒントはないだろうか．その有名な事例のひとつがサメ肌である．ガラパゴスザメの体表を走査型電子顕微鏡で撮影した写真を見てみよう（図10）．サメの体表は楯鱗と呼ばれる硬い鱗で覆われており，ひとつひとつの鱗の上面には頭から尾の方向，つまり流れの方向に突起が走り溝を成している．この突起をリブレット（riblet, 小肋骨）と呼ぶ．リブレットは，乱流境界層における摩擦抵抗を最大で約8％小さくすることができる（Dean, 2010）．その仕組みを簡単に解説しよう．

乱流境界層の内部では，らせん状の縦渦が発生しては崩壊し，物体に垂直な方向に流体を攪拌している（図11A）．そのため物体表面のごく近くを除いて，物体に垂直な方向の速度分布の傾きが層流の場合よりも緩やかになり，逆に物体表面の近くでは速度分布の傾きが層流の場合よりも急になる（図11B）．流体摩擦力は物体表面の流速分布の

図10 ガラパゴスザメの写真（A；撮影者：栗岩 薫）と表面の電子線顕微鏡写真（B；提供：国立科学博物館）．楯鱗がリブレットを形成する

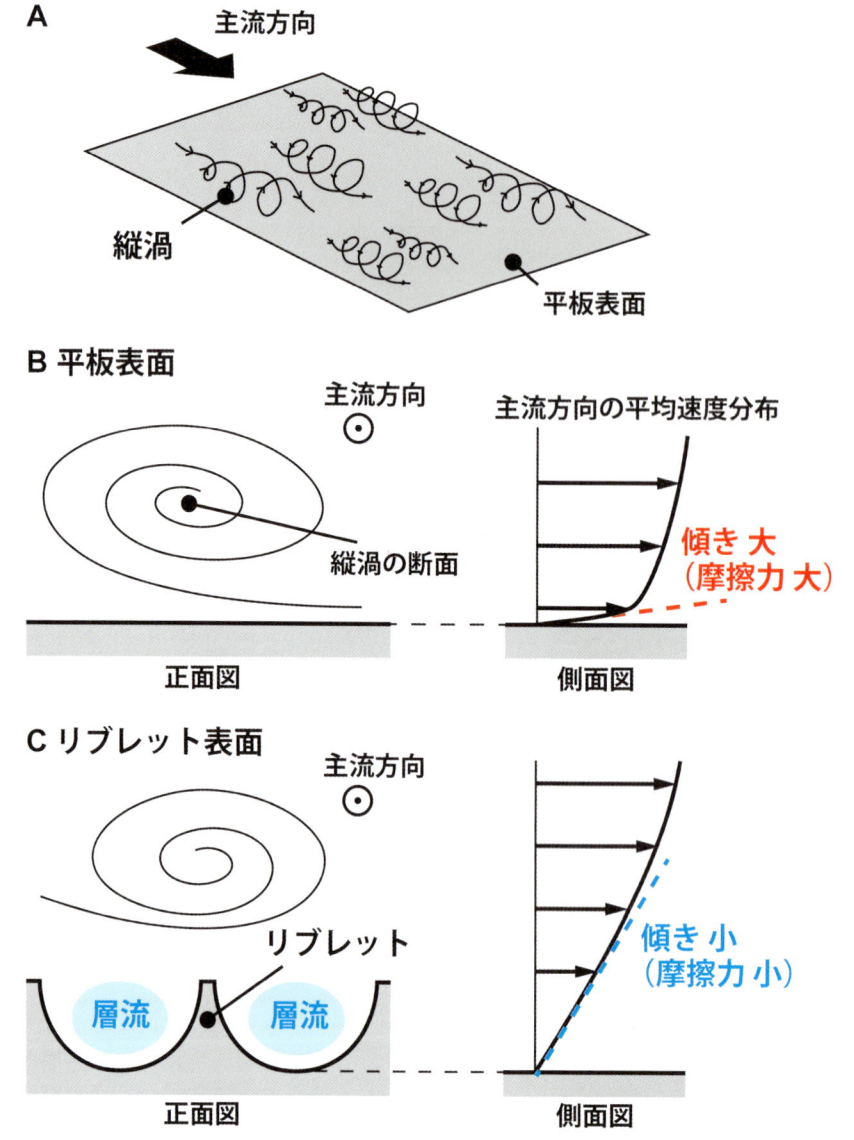

図11 平板表面の乱流境界層内の縦渦の模式図（A）；平板表面の縦渦と平均流速分布の模式図（B）；リブレット表面の縦渦と平均流速分布の模式図（C）．縦渦の正面図は Lee and Lee（2001）に基づく

傾きに比例するので，乱流の摩擦抵抗は層流の摩擦抵抗よりも大きくなるということは，すでに述べたとおりである．

　ここで乱流境界層の物体表面に適切な大きさと間隔のリブレットを配置しよう．すると縦渦がリブレットによって物体表面に近づけず，リブレット間の溝の表面近傍が層流に近い状態になり，流速分布の傾きが小さくなる（図11C）．摩擦力は流速分布の傾きに比例するので，リブレットの溝底面部分の摩擦抵抗は減少する．ただしリブレットの凹凸により表面積は増加しており，それだけ摩擦抵抗は増加する．溝部の摩擦抵抗減少の効果が，表面積増加による摩擦抵抗増加の効果よりも大きい時，全体的に摩擦抵抗は減少するのだ．これまでさまざまな形状のリブレットが研究されているが，一定で変化しない流れに対しては垂直平板のような薄いリブレットが最も効果的であることが分かっている．しかしリブレットが効果を発揮するのは，リブレットの高さと間隔が乱流境界層内の縦渦の大きさに対してちょうど良い場合のみであり，あらゆる流れの条件で効果を発揮するような万能なリブレットは存在しない．またリブレットは未だに飛行機や潜水艦などの機械に対して実用化されてはいない．その理由は，微小なリブレットを大面積に低コストで製作する方法や，対象とする機械の流体の条件に対する適切なデザインが確立されていないためである．

　また，サメが海中で生活する上で鱗のリブレットによってどのくらい「お得」をしているのかも，全く分かっていない．鱗は流体抵抗に晒されるだけでなく，身を守るための鎧としての機能や，汚れや付着物を防ぐ機能などを合わせもつことが想像できる．したがって必ずしもサメのリブレットが流体の摩擦抵抗を減少する機能をもつとは限らないのだ．むしろ生物の形態は，複数の機能を兼ね備えていたり，理想的な条件だけで無く自然界の幅広い条件に対応できるような，多機能で冗長性のあるデザインであることが多いように思われる．生物に学ぶバイオミメティクスでは，ひとつの性能を理想的な条件下で追求する従来のデザインではなく，生物的な多機能性や冗長性を実現するデザインを創造できる可能性を秘めているのだ．

引用文献

エアロ・アクアバイオメカニズム研究会．2010．エアロアクアバイオメカニクス．森北出版，東京．

Dean, B. and B. Bhushan. 2010. Shark-skin surface for fluid-drag reduction in turbulent flow: a review. Philosophical Transactions of the Royal Society A, 368(1929): 4775-4806.

大橋秀雄．1982．流体力学（2）．コロナ社，東京．

Lee, S. J. and S. H. Lee. 2001. Flow field analysis of a turbulent boundary layer over a riblet surface. Experiments in Fluids, 30(2): 153-166.

牧野光雄．1989．航空力学の基礎（第2版）．産業図書，東京．

Tanaka, H., M. Nakamura, Y. Uchida, G. Li and H. Liu. 2014. Hydrodynamics and energetics in rapid acceleration of a Pacific White-sided Dolphin, *Lagenorhynchus obliquidens*. The 6th International Symposium on Aero-aqua Bio-Mechanisms (ISABMEC2014), Hawaii.

牛山　泉．2002．風車工学入門．森北出版，東京．

コラム3

フジツボに対する抗付着ハイドロゲル

室崎喬之

　海辺に行くと岩場に藻類，ホヤ類，フジツボ類など多くの海洋付着生物を目にすることができる．これらの生き物は岩場だけではなく，船舶や漁網，発電所の取水口など海中の人工物にも容易に付着する．人類が海洋に進出した頃からこれら付着生物との戦いは続いてきた．古くはフェニキア，カルタゴ人達はピッチや銅を防汚塗料に用い，1970年以降からは有機スズ化合物が主に用いられてきた．しかし近年，有機スズ化合物には海洋生物に対する殺生作用の他に高い内分泌かく乱作用があることが認められ，使用が禁止された．その為，環境への負荷が少ない防汚物質・技術が求められている．では自然界においてフジツボなどの海洋付着生物はどこにでも付着しているのだろうか．付着している場所をよく見てみるとそれは，岩場やカメの甲羅，貝の表面など比較的硬くて水気の少ないところである．一方で魚や海藻などにはこれら付着生物はあまり見られない．前者が固体ならば，後者はハイドロゲルである．このような事実から筆者を含む研究グループはソフトかつウェットなハイドロゲル状態にある物質には海洋付着生物が付着しづらいのではないかと仮説を立てハイドロゲルのフジツボに対する抗付着効果の研究をおこなってきた．

　フジツボは世界中に広く分布している代表的な海洋付着生物である．一見すると貝のような姿をしているが，甲殻類の仲間である．成体は強力な接着物質（セメントタンパク質）を分泌し付着基質に固着し生活しているが，幼生期には遊泳生活を送っている．フジツボの生涯において特筆すべきはキプリス幼生期である．キプリス幼生は前方下部に2本の触覚をもっており，その先端は感覚器官となっている．キプリス幼生はこの2本の前脚を用いて「歩行」に似た探索行動と呼ばれる行動を取る．フジツボは一度基質表面に付着・変態（この過程を着生と呼ぶ）するとその場から動くことが出来ない．その為，この探索行動は一生を過ごすのに適した付着基質を見つける為の重要な役割を担っていると考えられている．着生後は姿が成体とほぼ同じ幼稚体となり，成長とともにセメントタンパク質を分泌して付着面を広げていく（図1）．

　ハイドロゲルとは，少量の高分子が3次元的な分子の網目構造をとっており，網目内部には多量の水が閉じ込められている物質である（スポンジのように絞っても水が流れ出ることはない）．身近な例としては寒天や豆腐などの食品，紙おむつ内部の吸収体，コンタクトレンズなどが挙げられる．前述の海藻や我々の身体（歯や骨を除く）もハイドロゲルである．大きな特徴は，「多量の水を含んでいること（体積の60～99％が水分）」，そして「非常に柔らかいこと（弾性率が固体の1/100～1/1000）」である．

図1　タテジマフジツボ（*Balanus amphitrite*）のライフサイクル

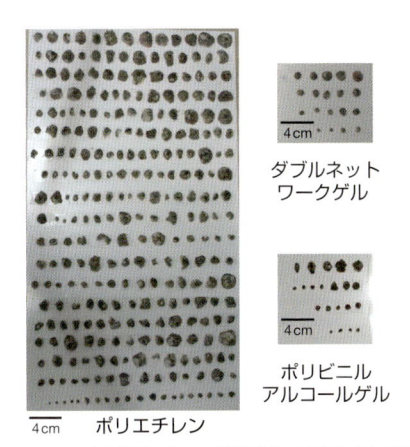

図2 フィールド試験において各基板に付着したフジツボ．引き上げ後，各基板表面から一個体ずつ剥がして並べる

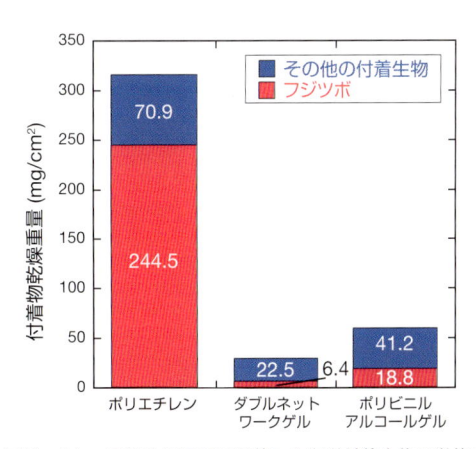

図3 11ヶ月後の各基板に付着した海洋付着生物の単位面積あたりの乾燥重量

　まずはじめにハイドロゲルの抗付着効果を調べるため，化学的性質が異なる14種類のハイドロゲル表面に対するフジツボのキプリス幼生の着生挙動について調べた．その結果，ほとんどのハイドロゲルがフジツボのキプリス幼生に対し抗付着効果を示した（固体であるポリスチレンと比べ0～20%程度の着生率）．ハイドロゲルを構成する高分子側鎖の官能基と抗付着効果の関係を調べた結果，官能基がヒドロキシル基（-OH）・スルホ基（$-SO_3^-$）の場合，特に高い抗付着効果を示すことが明らかとなった．また本実験でのキプリス幼生の死亡率は10%未満であり，ハイドロゲルはキプリス幼生に対し毒性を示さなかった．このことから既存の薬剤溶出型殺生剤とは異なり，殺生ではなく付着忌避の効果でキプリス幼生の付着を防いでいることが推測される（Murosaki et al., 2009）．

　次に我々の研究グループは海洋環境下でのハイドロゲルの抗付着効果について調べた．多くのハイドロゲルは力学的強度に乏しく，厳しい海洋環境下では破損し失われてしまう．今回野外実験で使用したダブルネットワークゲル（Gong et al., 2003）やポリビニルアルコールゲルは高い力学的強度を有する為，約一年という長期間に渡り破損することはなかった．図2に11ヶ月間海洋に浸漬した各基板上に付着していたフジツボの全個体を示す．固体のポリスチレンには多数のフジツボが付着していたのに対して，ゲル上でのフジツボの付着個体数は圧倒的に少ないものであった．また図3は各基板に付着したフジツボと，その他の海洋付着生物（海藻類，ホヤ類等）の単位面積当たりの乾燥重量を示したものである．この図からハイドロゲルはフジツボだけではなく，その他の海洋付着生物に対しても抗付着効果を示すことが分かる．フジツボの付着数に対して，その他の付着生物の付着数が増加傾向を示すことから，その他の海洋付着生物はフジツボを足がかりにして付着しているのではないかと考えられる（Murosaki et al., 2009b）．

　このように室内・海洋両環境下での実験結果から，ハイドロゲルは海洋付着生物（特にフジツボ）に対し高い抗付着効果を有することが分かった．しかし実際，船舶などに応用するには力学的強度や塗装の方法など課題も残る．今後はハイドロゲルが抗付着効果を示すメカニズム解明の他，実環境下で長期間使用することができるハイドロゲルの高機能化も必要であると考えている．

引用文献

Gong, J. P., Y. Katsuyama, T. Kurokawa and Y. Osada. 2003. Double-network hydrogels with extremely high mechanical strength. Advanced Materials, 15(14): 1155-1158.

Murosaki ,T., T. Noguchi, A. Kakugo, A. Putra, T. Kurokawa, H. Furukawa, Y. Osada, J. P. Gong, Y. Nogata, K. Matsumura, E. Yoshimura and N. Fusetani. 2009a. Antifouling activity of synthetic polymer gels against cyprids of the barnacle (Balanus amphitrite) in vitro. Biofouling, 25(4): 313-320.

Murosaki, T., T. Noguchi, K. Hashimoto, A. Kakugo, T, Kurokawa, J. Saito, Y. M. Chen, H. Furukawa and J. P. Gong. 2009b. Antifouling properties of tough gels against barnacles in a long-term marine environment experiment. Biofouling, 25(7): 657-666.

バイオミメティクスで注目される海洋生物の機能や構造

平井悠司・篠原現人・片山英里

海洋生物に学ぶ

　エネルギー問題や環境破壊など，現代社会は多くの問題を抱えている．そして現代の技術では解決困難な問題も多く存在する．一方，自然界に存在する生物は長い歴史の中で進化し，自然と共存しうる技術を培ってきた．そこには，これまで人類が開発してきた技術や視点とは違ったものが多数存在する．そして自然界の生物を観察することで，人類が直面している問題を解決しうる新たな技術が産まれるのではないかと期待されている（田崎，2014）．

　バイオミメティクスでは近年魚類の皮膚をまねた材料が注目を集めている．特に競泳水着などにおいて生物の名前（例えばサメ肌を意味するシャークスキン，マカジキの英名のマーリンなど）を付けられた製品目名や材料名を耳にすることがある．本節ではどのような海洋生物の機能や構造に注目が集まっているのかを簡単に紹介する．また，最近開発されたウェットな試料を電子顕微鏡で観察できる革新的な方法についても説明する．

海洋生物の流体抵抗

　海洋においてエネルギーに関連する問題としては，水の流体抵抗によるエネルギーロス（投入したエネルギーに対して，利用できない部分）の存在が代表的である．航空機，自動車などでも流体抵抗がよく取り上げられるが，水は空気と比べて抵抗（粘性）が大きく，そのエネルギーロスは甚大である．また，現代社会ではさまざまな物資を世界各地に大量に運ぶため，タンカーなど大型船舶が常に相当数運行しており，その燃料消費量は膨大になる．このような船舶などの流体抵抗を減らし，燃費を向上させることができれば相当な燃料を節約することにつながり，エネルギー問題のみならず，環境問題の解決などにも大きな貢献をすることになる．それでは，実際に海洋生物は水の流体抵抗に関してどのように進化し，適応してきたのであろうか．

　流体抵抗を低減させる機能をもつ生物として最も有名なのがサメである（Bhushan, 2009）．一般にサメの体表面には楯鱗という板鰓類に特有な構造の鱗がある．楯鱗は皮膚から飛び出た立体構造をしている（図1）．

　遊泳性のサメの楯鱗の表面にはリブレットと呼ばれる微細な構造が存在する場合が多い．そのリブレット構造により皮膚の上を流れる水の乱流を制御し，5〜10%の流体抵抗を低減していると言われている．通常物体が水中を動く時，物体表面の水は物体との相互作用により，周りの水よりも動きが遅くなってしまう．その結果，物体からの距離によって水流の速度に差が生まれ，その差によって乱流や渦が発生してしまう．そしてその部分でエネルギーが消費され，抵抗が発生することになる．

　リブレットの表面に水を流すと，平面上に水を流す場合よりも，水の流速が上がる．この現象は平面上と溝などの狭い空間に同じ量の水を流す様子を想像すると理解しやすい．つまり同量の水を流そうと溝などの限られた空間に水を押し込めると，結果として流速が上がる．似たような現象としてはビル風がある．開けた空間ではそれほど風は強くなくても，ビルなどで遮られると空気の流れが制限され，風速が上がる．この仕組みで楯鱗の表面に流れる水が加速し，周囲の水の流れとの速度差が小さくなり，乱流などの発生が抑制されるようになる．また，流れる水を加速させるということは，周囲の水の流れを引き寄せることにもなり，周囲の水の層の速度まで加速させることになると言われている．実際，サメ肌リブレットを模倣したフィルムが開発され，航空機やヨットなどに貼付けることで流体抵抗を低減したという研究結果も報告されている（白石，2014など）．

　体形も水の抵抗を抑える方法のヒントになる．サメが高速遊泳できる理由のひとつとして，抵抗の低い「紡錘形の体」を挙げることができる．ハ

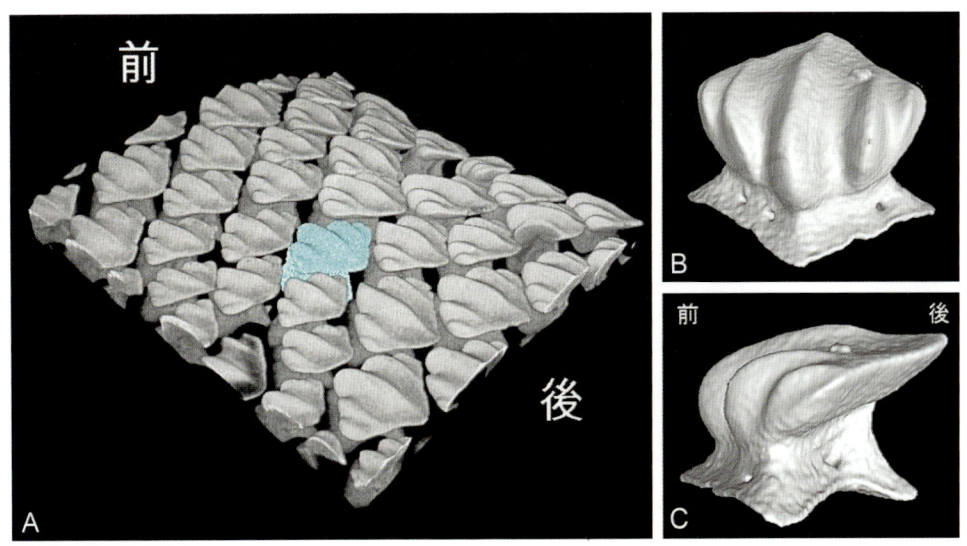

図1 オオテンジクザメ楯鱗のX線CT画像．中央水色は1枚の鱗を示す（A）；正面（B）；側面（C）．オオテンジクザメの鱗表面には基本的に5本のリブレットが発達する．画像の元となった映像は島津製作所提供（撮影者：枝廣雅美）

図2 ハコフグ（A, B）とバイオニックカー（C）．A, 正面（撮影者：瀬能　宏，神奈川県立生命の星地球博物館魚類写真資料 KPM-NR0066824）；B, 側面．バイオニックカーの画像はメルセデス・ベンツ日本（株）提供

コフグは箱のような形をしているため水の抵抗を受けるのではないかと思われる．しかし，「バイオニックカー®」（ダイムラー）の開発によって，水はハコフグの体表面をスムーズに流れることが分かった．ハコフグはマグロやサメに似ていないが，その形は一種の「流線形」であることが認識されるようになった（図2）．このコンセプトカーは空気を受け流すことによって燃料を節約できる他，ハコフグの体から頑強な構造を学び，広々とした車内空間の確保なども実現している（赤池，

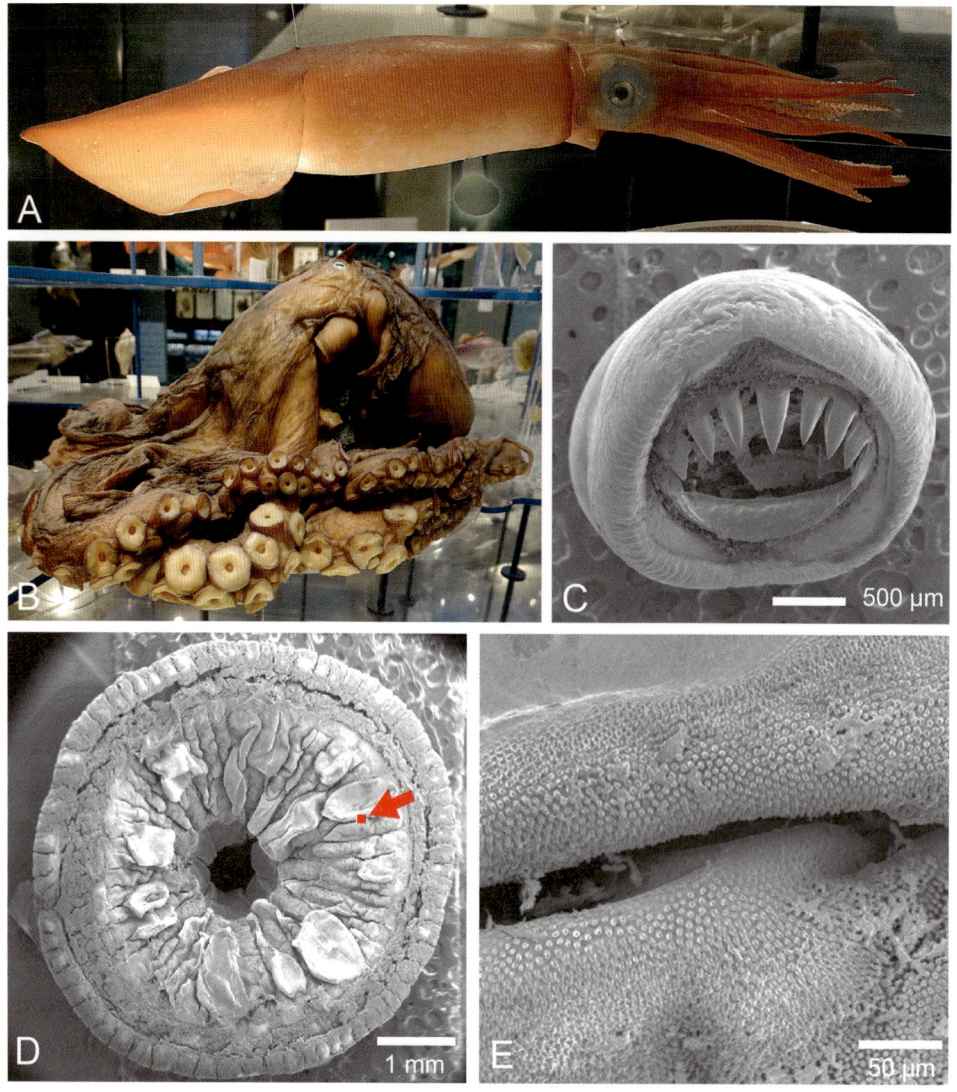

図3　イカとタコの吸盤．A，ドスイカ（国立科学博物館展示）；B，ミズダコ（国立科学博物館展示）；C，スルメイカの吸盤のSEM（走査型電子顕微鏡）画像；D，ミズダコの吸盤のSEM画像；E，ミズダコの吸盤のSEM画像（Dの矢印の先）

海洋生物の接着・吸着

　接着に関して粘着テープ，接着剤，画鋲などは非常に便利な道具であるが，いくつかの課題も存在している．粘着テープの場合，貼付けた側に粘着剤が残る，きれいに剥がすのが容易でないという問題がある．次に接着剤で貼付けた場合は剥がすのが困難となり，場合によっては貼付けた側を壊してしまうこともある．さらに画鋲などは貼付ける側を最初から破壊してしまう．手段ごとにいくつかの問題を抱えている．そしていずれの方法も水中での使用に問題がある．例えば，水中で人工接着剤を利用すると，水分子が接着を阻害してしまうことが多い．

　海の中には多種多様な表面があり，そこに接着する生物がいる．フジツボ，ムラサキイガイなどは護岸壁，船底，発電所の排水溝，漁網等にびっしりと固着し，なかなか除去できないため，環境問題や社会問題を起している（Murosaki et al., 2009）．

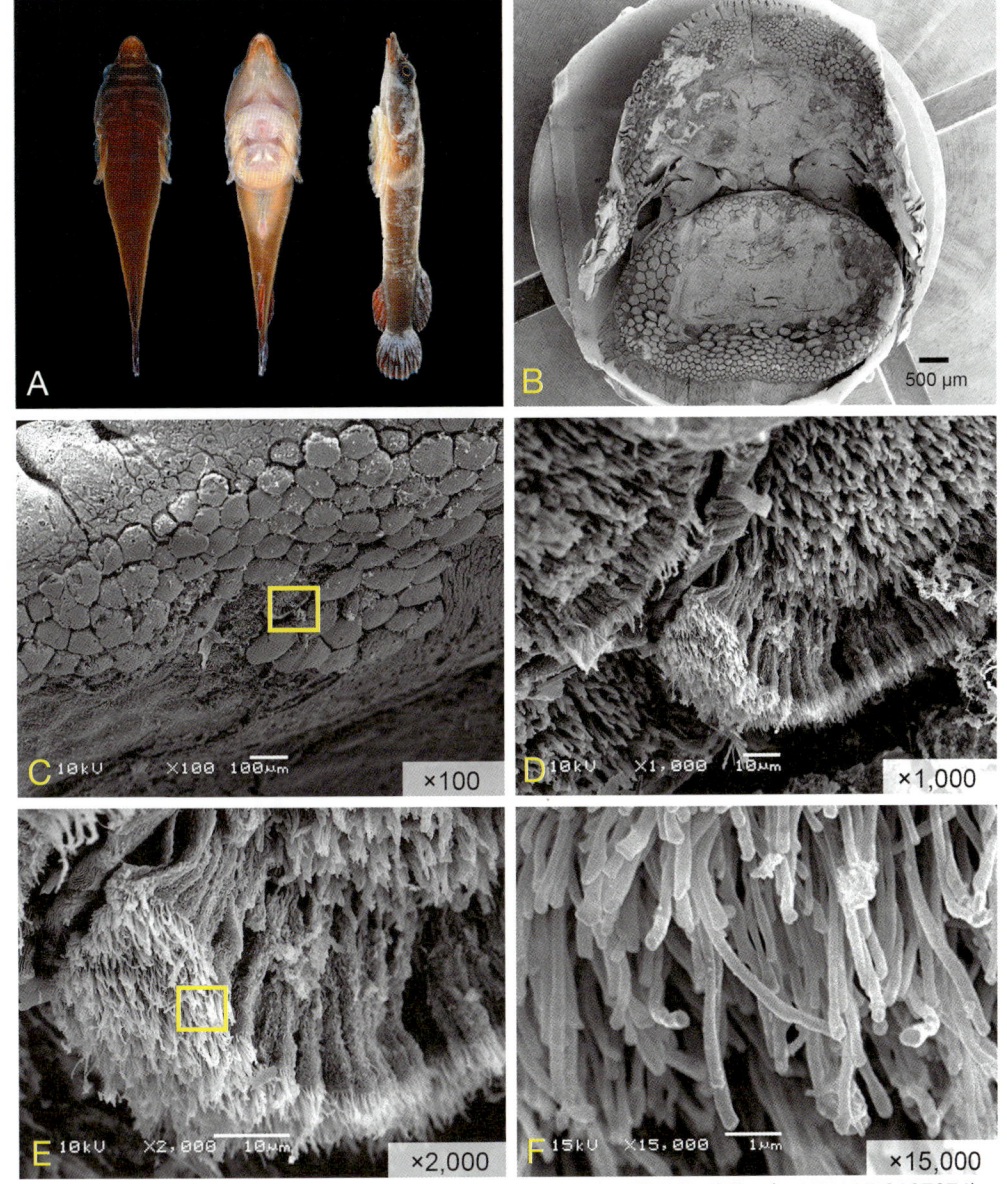

図4 ツルウバウオの吸盤と微細構造．A, 左から背面，腹面および側面（撮影者：瀬能 宏, KPM-NR0107074）; B-F, 吸盤のSEM画像（DはCの四角で囲まれた部分の拡大，FはEの四角で囲まれた部分の拡大）

例えば，船底にフジツボが付着すると，水の抵抗が増し，燃費を悪くする．発生した熱を冷却するために大量の水を必要とする発電所は海岸線沿いに建設されている．その排水溝にフェンスネット（網）を設置して異物の侵入を防ごうとしても，フジツボなどの幼生はサイズが小さいので網目をくぐり抜けて入ってしまう．さらに発電所から温排水が排出されるため，彼らに都合の良い環境が形成される．このためフジツボやムラサキイガイなどが増殖し，結果的に排水溝を詰まらせてしまうこともある．しかし，見方を変えるとやっかいものの付着生物は水中で強固かつさまざまな表面に付着することができる優れた能力の持ち主と考えられる．実際フジツボやムラサキイガイが接着に用いている分子とその機構の解明研究が進められており，近い将来，水中でも利用可能な接着剤が

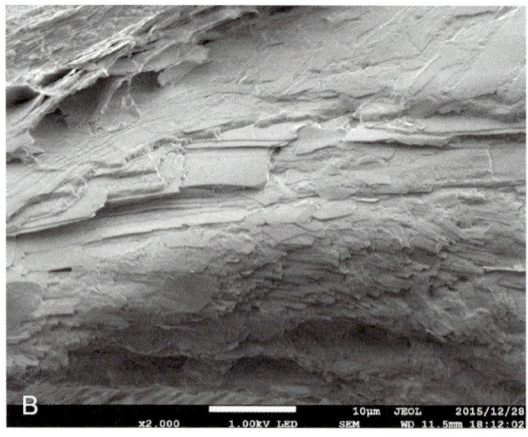

図5　構造色で青色を呈するヒョウモンダコ（撮影者：齋藤　寛）とカタクチイワシの煮干しに残っていたグアニン結晶構造（SEM画像）

できるかもしれない（Lin et al., 2007）．

次に吸着という視点で海洋生物を眺めてみよう．イカとタコは触腕に並ぶ吸盤によってさまざまな表面に吸着できる．しかし，両者の吸盤には構造上の違いがある（図3）．イカの吸盤の内側には爪があり，吸着すると同時に爪を相手に突き刺すことで吸着強度をあげている．鯨類の体にダイオウイカの吸盤の痕がよく残るのはこの爪が原因である．一方，タコは吸盤構造のみで吸着している．人工的に作った吸盤は，平面以外では吸着しにくいだけでなく，水中ではタコの吸盤のようにはうまく吸着できない．これらの違いは吸盤の柔軟性の差にあると推測されている（Kier and Smith, 2002；第2章「歩くために必要な摩擦や接着」も参照）．タコの吸盤はバスケットシューズ「オニツカタイガー®」（アシックス）のソール（足裏）のヒントになっており，バイオミメティクスに関係が深い．

吸盤は一部の魚類にも見られる．中でもウバウオは腹鰭が変化してできた大きな吸盤を腹部に備える．ウバウオは海藻，岩場などの表面に吸い付くが，人工吸盤では付着できない粗面や微生物によってつくられるバイオフィルムなどで汚れた場所でも吸着できる．その仕組みは吸盤の表面にある微細な毛状構造にある（図4）．直径サイズも含めてこの毛はヤモリやクモの足にあるものに類似するが，ファンデルワールス力（分子間力）は水や粘液が邪魔するため機能しているとは考えにくい（Wainwright et al., 2013）．むしろこれらの毛状構造は粗面や汚れた表面でも密着でき，さらに吸盤を滑りにくくすることで高い吸着力を保っているらしい（Ditche et al., 2014）．魚類のもつ吸盤の研究成果も水中での接着方法の開発に一石を投じるに違いない．

海洋生物の発色

海中でも熱帯地域を中心に色彩豊かな生物が多数存在している．これらの色彩の元の多くは色素によるものである．その中には色素を移動させることで体色を変えるものもいる．例えばイカやタコは，色素微粒子の含まれた色素細胞内で，色素を偏在させたり分散させたりすることで，体色を急激に変化させることができる（Mirow, 1972）．

猛毒で有名なヒョウモンダコは，通常の色素細胞の他に虹色素胞をもつ．この細胞は体表の青いリング状の斑紋の部分にあり，構造色を呈する（図5A）．虹色素胞の中には，グアニンを主成分とする非常に小さな結晶板が多数配列した構造があり，その結晶の配列角度を変化させることで，強く反射する色の具合を調整し，青色から橙色といった多様な呈色を可能にしている．この呈色法をまねることで，一つの組織（セル）でさまざまな構造色を自在に制御できる優れたデバイスが開発可能と考えられ，ディスプレイなどへの応用も期待される．

ところで構造色と聞くと青や赤を想像するかもしれないが，魚類に見られる銀色も実は構造色な

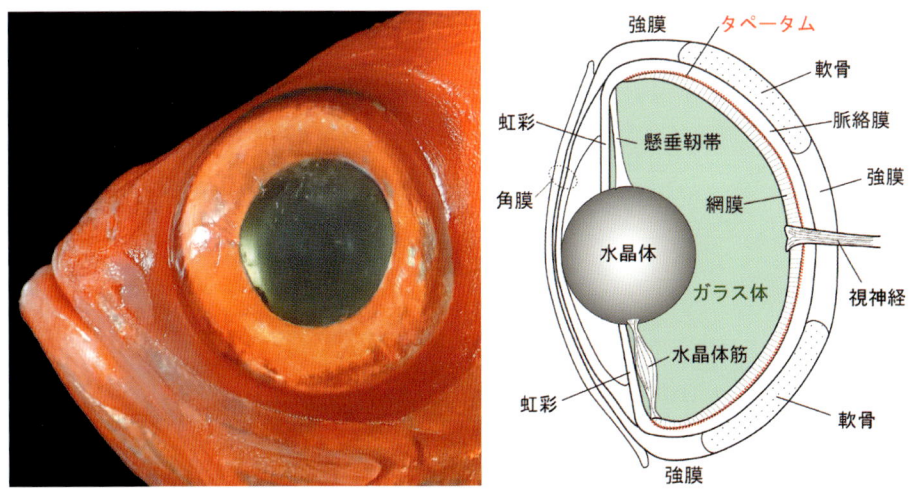

図6 キンメダイの眼と魚眼断面模式図. タペータムは網膜と脈絡膜の間にある

図7 キンメモドキの群れ（撮影者：内野美穂, KPM-NR0091233）と魚の群れをヒントにつくられたロボットカー「エポロ（EPORO）」. エポロの画像は日産自動車（株）提供

のである．魚の体表付近には何層にも板状の構造が積み重なっており，この構造による多重反射によって呈色している．また，この板状の構造の厚みや方位がバラバラなため，特定の色を強く反射せず，全ての光を反射することで銀色に見える．市販のカタクチイワシの煮干しに残っていた銀色の部分を電子顕微鏡で観察すると，板状構造を見ることができる（図5B）．一方，板状構造の厚さがある程度揃っているアワビの真珠層は見る角度によって色が変わる．実際にこの方法で金属光沢をもつフィルム「PICASUS®」（東レ）が開発されている．

魚眼，魚群およびその他の能力

魚の眼にも注目すべき構造がある．深海魚の仲間には光を非常によく反射する眼をもつものがいる．これは深海という環境で眼の中に入った光を無駄なく活用するため，網膜を一度通過してしまった（＝利用できなかった）光を再び網膜に戻してやる（＝反射させて再利用する）方法に関係している．反射層はタペータムと呼ばれ，網膜の外側にある（図6）．タペータムは魚類に限らず，夜行性の陸上動物にも見られる．昼間のように光量が大きいと，この戻ってきた光（再帰反射光）がそ

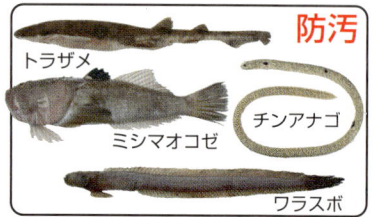

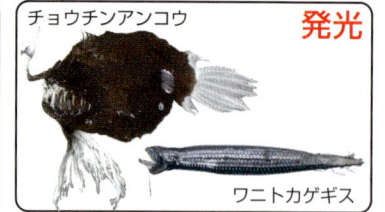

図8 海産魚を機能のキーワードで分ける．篠原（2014）に基づく（「硬化」の箇所からは淡水魚を外す）

のまま外に出るため，眼が光って見えるのだ．タペータムを研究することで太陽電池などの集光関連分野に貢献できる可能性があるものと思われる．

　魚群に関しても触れておく．魚の群れは高速で移動しているにもかかわらず，お互いに衝突せずに，障害物や捕食者を巧みに回避することができる．一般に魚類は視覚（眼）と聴覚（側線）というセンサーで周囲の状況を判断している．そして群れは実は簡単な3つのルールで維持できることが分かっている：衝突回避（仲間の魚とぶつからないように方向を変える），並走（仲間の魚と速度を合わせて距離を一定に保つように並走する）および接近（仲間の魚と遠すぎた場合は近づこうとする）．実際にこれらの行動ルールを模倣することで，日産自動車株式会社がお互いに衝突せずに集団走行をする小型のロボットカーを開発している（図7）．この技術がクルマ社会に応用できれば，交通事故や渋滞から解放される社会が実現できるかもしれない．

　魚類だけに注目してもバイオミメティクスに応用できる機能や能力が数多く存在する．機能をキーワードとして分類した一例を最後に示しておく（図8）．

ウェットな試料の電子顕微鏡観察にナノスーツ法

　現代のバイオミメティクスの研究に必要不可欠な電子顕微鏡と海洋生物を含むウェットな体表をもつ生物の関係について説明する．

　微細構造の機能の解明について，昆虫等に関しては多くの成果が報告されているが，魚類に関してはサメ肌以外あまり研究が進んでいない．電子顕微鏡は通常高真空下で観察する必要があること，水生生物等の水分を多く含むサンプルの準備には固定，乾燥等の煩雑な作業が必要であるという技術上の問題に加えて，乾燥させるので生体とは違った姿を観察しているのではないかという問題があった．ごく最近，生きた昆虫を電子顕微鏡下で直接観察できる方法が開発された．この新手法は「ナノスーツ法®」（JST：科学技術振興機構）と呼ばれ，昆虫のみならず，植物，細胞，ゲル（ジェル）等のさまざまな含水サンプルに利用されている（Takaku et al., 2013）．

　「ナノスーツ法®」は電子顕微鏡で仕事をする人

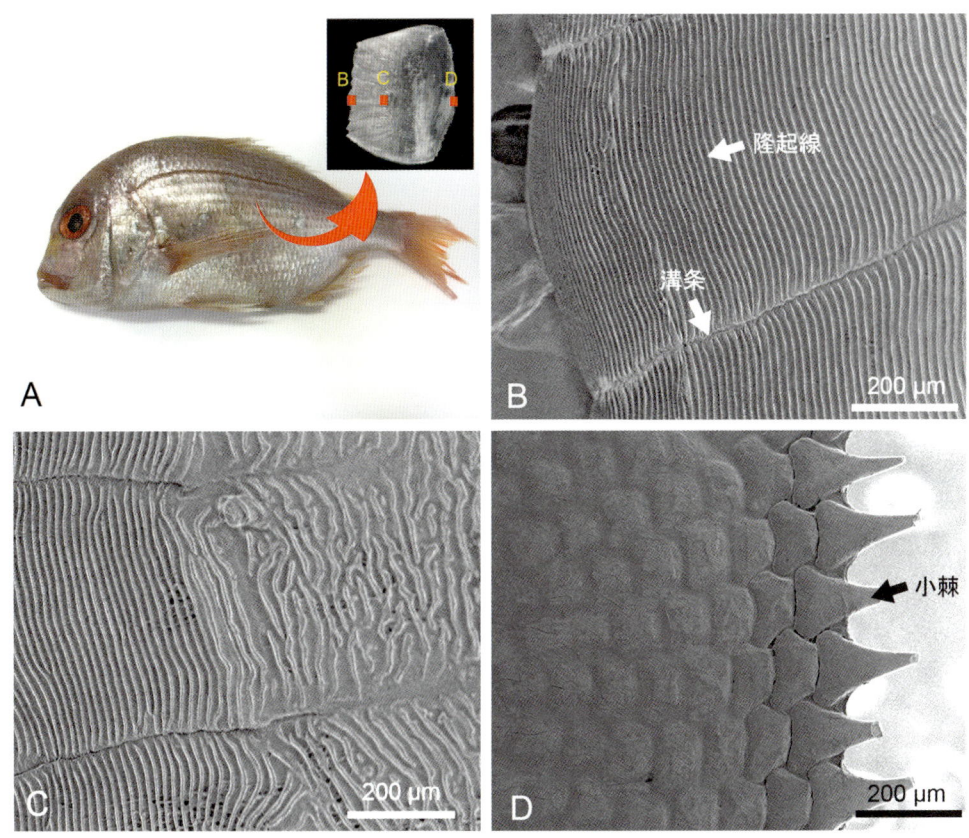

図9 キダイの櫛鱗の微細構造．A，生鮮個体から湿った状態の鱗を取り出し，ナノスーツ法でコーティングする（B-D は電子顕微鏡の撮影部位）．B，鱗の被覆部前縁付近の SEM 画像；C，鱗の被覆部で隆起線や溝条が変わる場所の SEM 画像；D，鱗の露出部後縁付近の SEM 画像

にとっては，おどろくほどシンプルで時間も節約できる革新的なものである．その試料作製の手順は 0.1 重量％程度の界面活性剤溶液をサンプルに塗布するだけだ．電子顕微鏡下では界面活性剤溶液が電子線で重合し，非常に薄い皮膜（数ナノメートル：nm）が宇宙服のように生物を包み込む．高真空下であるが，短時間なら生きたままの姿を観察できる．この方法により水生生物の微細構造の観察が進むことが大いに期待される．実際に生鮮魚から取り出した鱗と側線付近の皮膚のサンプルを「ナノスーツ法®」で撮影した電子顕微鏡画像を図9に示す．

引用文献

赤池 学（監修）．2011．かたち・しくみ・動き—自然に学ぶものづくり図鑑—繊維から家電・乗り物まで．PHP 研究所，東京．

Bhushan, B. 2009. Biomimetics: lessons from nature – an overview. Philosophical Transactions of the Royal Society A, 367(1893): 1445–1486.

Ditche, P., D. K. Wainwright and A. P. Summers. 2014. Attachment to challenging substrates – fouling, roughness and limits of adhesion in the northern clingfish (*Gobiesox maeandricus*). Journal of Experimental Biology, 217: 2548–2554.

Kier, M. M. and M. A. Smith. 2002. The structure and adhesive mechanism of octopus suckers. Integrative and Comparative Biology, 42(6): 1146–1153.

Lin, Q., D. Gourdon, C. Sun, N. H. Andersen, T. H. Anderson, J. H. Waite and J. N. Israelachvili. 2007. Adhesion mechanisms of the mussel foot proteins mfp-1 and mfp-3. Proceedings of the National Academy of Sciences of the United States of America, 104(10): 3782–3786.

Mirow, S. 1972. Skin color in the squids *Loligo pealii* and *Loligo opalescens* I. Chromatophores. Zeitschrift für Zellforschung und Mikroskopische Anatomie, 125: 143–175.

Murosaki, T., T. Noguchi, K. Hashimoto, A. Kakugo, T. Kurokawa, J. Saito, Y. M. Chen, H. Furukawa and J. P. Gong. 2007. Antifouling properties of tough gels against barnacles in a long-term marine environment experiment. Biofauling, 25(7): 657-666.

篠原現人. 2014. 工学から注目される魚類液浸標本. Milsil, 7(2): 20-21.

白石　拓. 2014. バイオミメティクスの世界. 宝島社, 東京.

Takaku, Y., H. Suzuki, I. Ohta, D. Ishii, Y. Muranaka, M. Shimomura and T. Hariyama. 2013. A thin polymer membrane, nano-suit, enhancing survival across the continuum between air and high vacuum. Proceedings of the National Academy of Sciences of the United States of America, 110(13): 7631-7635.

田崎裕人. 2014. 生物模倣技術と新材料・新製品開発への応用. 文部科学省科学研究費新学術領域「生物規範工学」. 高分子学会・バイオミメティクス研究会・エアロアクアバイオメカニズム学会（監）. 技術情報協会, 東京.

Wainwright, D. K., T. Kleinrich, A. Kleinrich, S. N. Gorb and A. P. Summers. 2013. Stick tight: suction adhesion on irregular surfaces in the northern clingfish. Biology Letters, 9: 20130234. http://dx.doi.org/10.1098/rsbl.2013.0234

第4章
飛翔からわかること

生物飛翔の原理

劉 浩

生物の飛翔能力

　地球上にはおよそ1万3千種の温血脊椎動物が生息し，約1万種（鳥類約9千種やコウモリ約1千種）が大空を舞うと言われている．昆虫は更に種の数が多く，100万種とも1,000万種を超えるとも言われる．生態学的影響や生物資源の総量を考えると，昆虫はこの地球上で最も繁栄しているグループで，支配的な地位を占めているとしても過言ではないだろう．

　飛翔生物，ことに昆虫がこれほど異例に繁栄した理由のひとつにその優れた飛翔能力が挙げられる．4億万年前のデボン紀時代の地球上に最初に出現した昆虫は，水中を泳いだり地上を走り抜けたりすることよりも，ずっと省エネの飛行行為を選択することにより，行動範囲を格段に広げることができた．昆虫の多くは，空中で静止飛行や前進飛行，急旋回や急上昇及び急降下などの曲技飛行をごく自然にこなしている．長い間の自然淘汰によって，飛翔の習性は精巧で効率的になり，飛行に使う器官は極限まで進化してきた．その結果昆虫は人工物の飛行機よりずっと優れた飛翔能力を有する．

　人間は最高速のスプリンターでもせいぜいその速さは3〜4身長/秒であるが，地上を最も速く走り抜ける動物であるチーターでもそのトップ速度は約18体長/秒となる．人工飛行体の傑作である超音速戦闘機は，最高速度がマッハ3（〜2,000 km/h），およそ32機長/秒に達する．一方普通のハトでも，通常50 m/hの速度で悠々と大空を飛び，これは秒速75体長以上になる．ジェット機は時速1,000 km/hでおよそ5機長/秒に達するが，体長1 cmぐらいのミツバチは，通常50km/hの速度で飛び，925体長/秒にも達する．

　さらに飛行体のロール運動を見てみよう．高度な曲技飛行（アクロバット aerobatics）能力を有する，例えば，旋回性能の良い飛行機のロール率は毎秒約720度と言われるが，ツバメは何と5,000度以上のロール率をこなせる．普通，航空機の最大許容の正の重力加速度は，4〜5 Gであり軍用機の場合でも8〜10 Gであるのに対して，多くの鳥は毎日100回以上の10〜14 Gの加速度を繰り返し受けていると言われる（Shyy et al., 2013）．

昆虫や鳥のさまざまな飛行

　昆虫や鳥のような生物の飛翔は，「滑空飛行（羽ばたき運動がなく固定翼によるエネルギー消費最小の受動的な飛行または無パワー飛行）」と「羽ばたき飛行（能動的な飛行またはパワー飛行で，フラッピング flapping とも呼ばれる）」とに分かれる．「羽ばたき飛行」は，飛翔生物が重力に逆らいながら空気抵抗を克服して推進する際に使われる．昆虫や鳥は，自分の体重を支えながら前進飛行や後退飛行，そして急旋回や方向転換などのための推進力を同時に発生させなければならない．それ故「羽ばたき飛行」の空気力学の基本原理は，羽ばたき翼とまわりの空気の流れとの相互作用によるものである．つまり羽ばたき翼の形状や運動がどれだけ有効に揚力と推力を同時に発生できるのかということになるのである．

パワー飛行：羽ばたき

　鳥，コウモリおよび昆虫は，静止飛行や前進飛行の際にさまざまな羽ばたき運動をおこない，揚力と推力を得る．図1に示すように，大型の鳥は，比較的に簡単な翼端の軌跡を残すが（例えば，アホウドリの羽ばたき翼は楕円のような軌跡を描く），バッタやショウジョウバエのような小さな昆虫は，相当複雑な羽ばたき様式をみせる．さらにハトやハチは8の字のパターンを，クロバエやジューン・ビートルはもっと複雑な軌跡を示す．

　静止飛行は前進しないが故に，羽ばたき飛行の中では最もエネルギーを消費する．ある飛翔生物が静止飛行できるかどうかは，その生物のサイズや翼の慣性モーメント，翼運動の自由度や翼形状などの諸要素に依存する．静止飛行には，対称ホバリングと非対称ホバリングの2種類のモードがある．

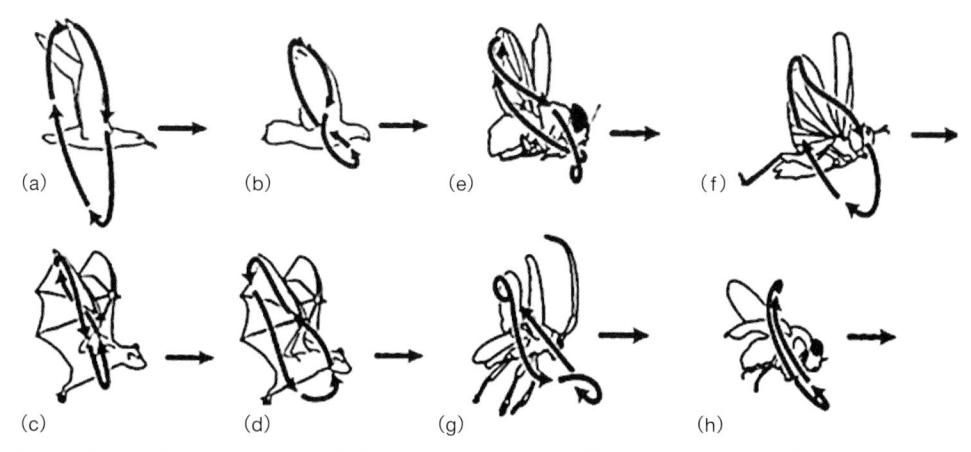

図1 昆虫や鳥の翼の動き（矢印）と翼端軌跡．(a) アホウドリの高速飛行；(b) ハトの低速飛行；(c) キクガシラコウモリの高速飛行；(d) キクガシラコウモリの低速飛行；(e) クロバエ；(f) バッタ；(g) ジューン・ビートル；(h) ショウジョウバエ．Alexander (2002) より

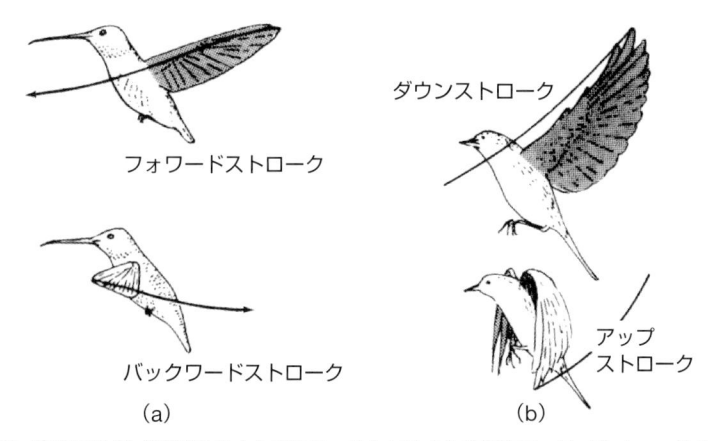

図2 ホバリング時の羽ばたき翼運動の (a) 対称モードおよび (b) 非対称モード．Norberg (1990) を一部改変

　対称ホバリングは，ハチドリや昆虫がよく利用するものである．通常胴体が直立しており，翼が水平面に対して大きな角度をとる（図2a）．この場合，羽ばたき翼が打ち下ろし（ダウンストローク）と打ち上げ（アップストローク）の時に，ほとんど対称的な運動をおこなうため，翼の反転時以外は揚力が発生する．

　一方，非対称ホバリング（図2b）は，主にコウモリや鳥で観察される．非対称ホバリングでは羽ばたき面が通常傾斜しており，低速前進飛行のような運動をおこなう．このような飛翔生物は，打ち下ろしと打ち上げの間で翼を反転させることができない．そのため主に打ち下ろしの際に揚力を発生させ，打ち上げ時に翼を後方へ曲げることで抵抗を低減させる．

　図1に示すように，昆虫と鳥は高速前進飛行をする際に，垂直面内において，大きな振幅で翼を上下に羽ばたかせる．そして前進速度を落とす時にはヘリコプターがローター角度を変えるように，その羽ばたき面をより水平に傾斜させる．

　前進飛行の流体力学性能は，羽ばたき速度と前進飛行速度の比，つまり無次元の周波数（reduced frequency）で評価できる．図3に示すように，羽ばたき翼の非定常流体力学効果が無次元周波数に依存するため，飛翔生物の揚力と推力への定性的な評価はその質量と無次元周波数の相関を調べることで可能となる．一般的に無次元周波数は生物の大きさや質量が増大するにつれ減少する傾向

第4章 飛翔からわかること —— 95

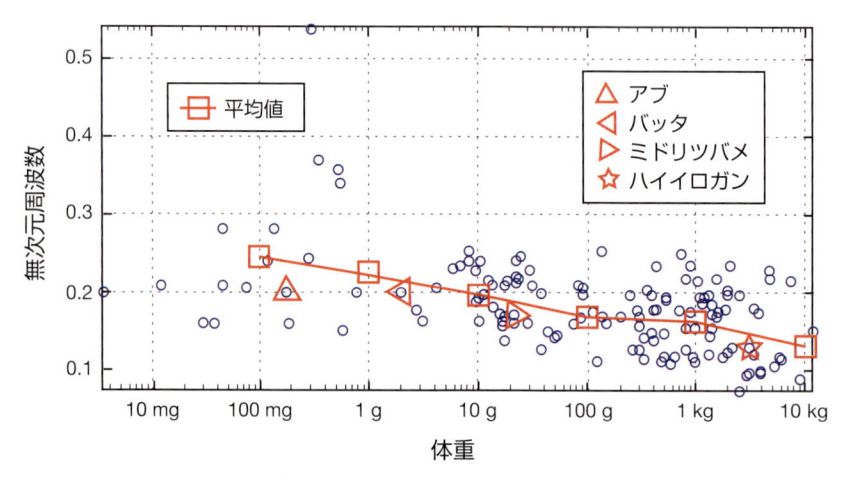

図3 昆虫や鳥の重さと無次元羽ばたき周波数の関係．Shyy et al. (2013) より

を示す．つまり小さい飛翔生物は大きな飛翔生物より非定常的な流体力学を利用すると言える．

無パワー飛行：滑空飛行

滑空の際，飛翔生物は翼を広げ，空気の流れ方向に対して（運動方向を）やや下向きにする．降下する際は重力により推力を得ると同時に揚力を発生させる．運動方向と水平方向からは滑空角度が得られる．揚抗比（揚力と抗力の比）は，生物のサイズおよび飛行速度に関係し，通常レイノルズ数（慣性力と粘性力の比）の増加とともに上がる．それ故，飛翔生物は揚抗比の値が高ければ高いほど滑空できなくなる．大型の飛翔生物は高いレイノルズ数で飛行するため，大抵大きな揚抗比をもつ．また滑空する際に多くの鳥は重力を利用して，羽ばたきなしに上昇できる（＝ソアリング soaring）．つまり，大気中の上昇気流を巧みに利用するのである．

生物の羽ばたき飛行

飛翔昆虫は主に翅の羽ばたき運動で飛ぶ．昆虫の多くはハチやハエのように1対の翅をもつが，中にはトンボやチョウのように2対の翅をもつものもいる．昆虫の羽ばたき周波数はおおよそ20 Hzから1,000 Hzの間にある．

昆虫では羽ばたきに関係する筋肉および制御系統が全て外骨格の中にある．アホウドリのような大型の鳥類は，羽の付根と中ほどにそれぞれ関節をもつ．つまり2関節型の羽ばたき機構を有し，打ち下ろしと打ち上げの際に羽の面積を変えられる．一方，昆虫やハチドリのような小型の鳥類の筋肉や骨格は，翅や羽の付け根にのみ関節を有する．つまり1関節であり，ガのような大型昆虫の直接飛翔筋駆動タイプ（翅の基部にある筋肉が直接翅を動かす）とハエのような小型昆虫の間接飛翔筋駆動タイプ（筋肉が外骨格の背板を振動させることにより間接的に翅を動かし，背板がバネのように働くことで1秒間に最大1,000回以上の羽ばたける）の2つに分けられる（図4）．生物の筋肉は機械と異なって収縮する際にのみ力を発生させる．つまり伸張する際にエネルギーを蓄えることができない．大型昆虫は羽ばたき周波数が低いため，飛翔筋の収縮が神経パルスに同期しておこなわれるが（同期筋），小型昆虫では神経パルスがなくても自動的に繰り返される（非同期筋）．両者の境界は約80 Hzと見られている．

昆虫は羽ばたきによって上向きの揚力と前向きの推進力を同時に発生させる．その翅は超軽量にもかかわらず（体重の数パーセントしかない），毎秒数百回もの往復運動をこなすことができるほど極めて高い強度をもつ．また，昆虫は上下に大きく翅を羽ばたかせながら，打ち下ろしと打ち上げに際して翅の迎角を主に変化させ，異なる空気力を発生させる．

昆虫の翅は，翅の付け根から放射線状に伸びる直径20数ミクロンの翅脈（内部が空洞）と，翅脈

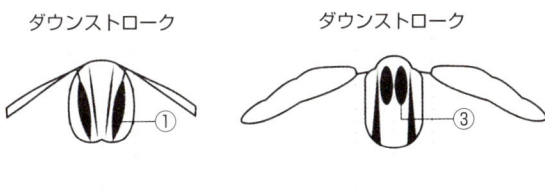

図4 昆虫の体の断面の模式図．直接飛翔筋駆動タイプ（左）：①の筋肉の収縮により翅が打ち下ろされ（ダウンストローク），②の筋肉の収縮により翅が打ち上げられる（アップストローク）．関節飛翔筋駆動タイプ（右）：③の筋肉が収縮すると背板が持ち上げられて翅が打ち下ろされる（ダウンストローク），④の筋肉が収縮すると背板が引き下ろされ翅が打ち上げられる（アップストローク）

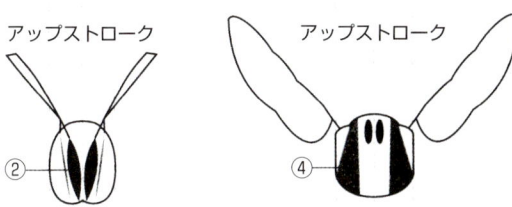

図5 スズメガの翅の構造．右上，鱗粉を取り除いた後の4枚の翅；右下，翅脈の断面図（胴体側から中空の太い翅脈を見たところ）

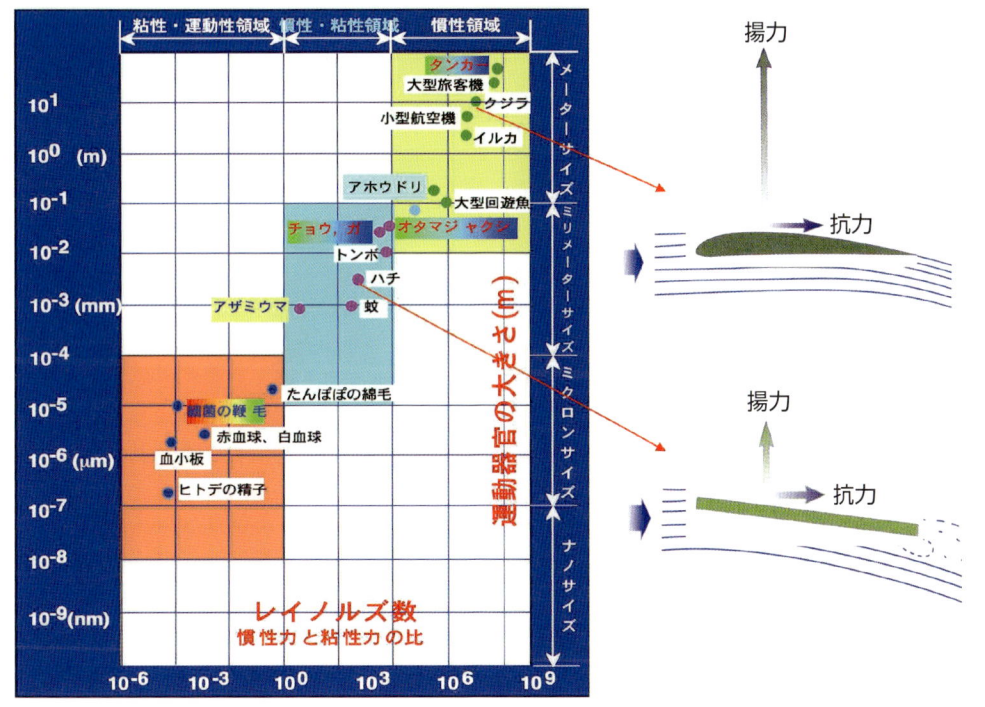

図5 飛行機と生物の飛行の違い

第4章 飛翔からわかること —— 97

間を覆う厚さ2ミクロンの薄膜からなる（図5）．生時の昆虫では翅脈の中は体液で満たされ，高周波数で振動する翅を補強している．

20世紀の初頭まで羽ばたき飛行体はかなり注目を集めていた．しかし工学者や発明者は次第にその設計における航空力学的，機械工学的な複雑さに落胆することになった．昆虫や鳥の羽ばたき飛行はジャンボ飛行機のような固定翼による飛行よりはるかに複雑だったからである．

生物飛行に関わる流体現象を，運動器官の大きさとレイノルズ数（流体の慣性による力と流体の粘性による力の比）の関係で整理すると図6のようになる．この図からサイズによって流体現象や流体力の発生メカニズムが異なることが分かる．我々がよく知る飛行機の領域で起こる流体現象は，レイノルズ数が高く（Re>105），慣性力が支配的で，流体力学理論もかなり整う．例えば，飛行機の翼のような流線型は安定な流体力（揚力や抗力）を発生できる優れた運動器官とみなせる．しかしミリメーターサイズの昆虫の場合，レイノルズ数が100＜Re＜104となるため慣性力と粘性力が互角に働くようになる．つまり流体力（揚力や抗力）の働き方がレイノルズ数の大きい領域とは相当異なるため，昆虫の翅は平板の形を通常とり，激しく羽ばたくことにより流体力を発生させている．

生物飛行の力学

飛翔生物では体のサイズが小さくなり，その重さが減るにつれて前進速度が落ち，羽ばたき周波数が増える．流体力学的に重要なレイノルズ数と前進比が変わり，体のサイズに適した飛行が存在することになる．

翼に働く流体力は，流体の密度に比例する「慣性力」と流体の粘性に依存する「粘性力」とに分けられる．そして2つの力の比であるレイノルズ数は流体力の特性を決める．大きな翼をもつ飛行体は，慣性力が支配的になり，レイノルズ数が高くなる．例えば，ジャンボ機のレイノルズ数は107以上であるが，ショウジョウバエでは100程度である．昆虫と鳥の場合，サイズが小さくなるに従ってレイノルズ数も小さくなり，翼に働く空気力の主体が「慣性力」から「粘性力」に変わる．そのため，小さいサイズの昆虫では，翼に働く空気力に関する非定常性が大きくなる．

飛行の予測

生物飛行を大雑把に予測するために使う幾何学相似則（geometric similarity）は，慣性力，重力，粘性力などの相対的な大きさ（オーダー）を測る尺度とし，次元解析という方法によって異なる物理量を互いに関係づけることができる．もし昆虫や鳥の形状が幾何学的に相似と仮定できるならば，一定速度の飛行に関して，重量はその飛行体の長さの3乗に比例することになる．

図7に昆虫・鳥類から飛行機までの巡航速度，重量および翼荷重に関する興味深い「スケーリング則（二つの量の比例関係を主張する法則）」を示す．この図を見れば，飛行体のサイズの違いから異なる生物間や生物と人工物の比較や関係づけを簡単におこなうことができる．つまり，翼長がどれだけ他の変数（例えばその胴体質量）に関係するかなどが推測できる．

飛翔生物の翼長は，次元解析を通常おこなう際，その質量に関係づけられる．また，昆虫や鳥の翼面積は翼長に比べ大きな変化を示す．例えば，ハチドリは，ほぼ同じ大きさの他の鳥に比べ，大きな翼面積をもつ傾向が知られている．そしてアスペクト比（翼長の二乗と翼面積の比）は羽ばたき飛行生物の飛行特性の指標となる．一般に小さいアスペクト比は高い機動性や操縦性をもたらし，高いアスペクト比は揚力が原因になる誘導抵抗を低減させる効果がある．同様に揚抗比（滑空比）はアスペクト比とともに増加する．

翼を支える骨格の主な機能は飛行中に翼の周囲に力を伝達することである．しかし伝達される力が大きくなりすぎると骨格や筋肉に負担をかける原因となる．このような制限は，飛行に利用する筋肉に関わるパワーとともに，羽ばたき飛行生物の「羽ばたき周波数」の上限と下限を決めることになる．

羽ばたき翼のパワー制限

大型飛翔生物は小型飛翔生物よりも低い周波数で羽ばたきする．多種多様な飛翔生物において羽ばたき周波数には上限と下限がある．スケーリン

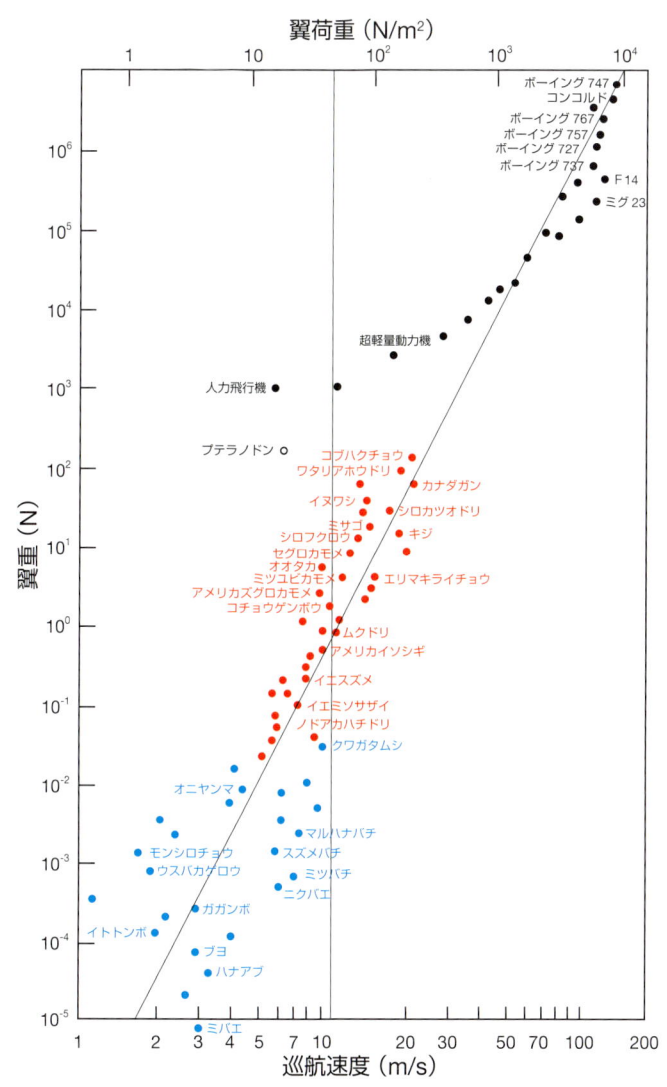

図7 さまざまな飛行体の翼荷重，翼重および巡航速度の相関．青丸，昆虫；赤丸，鳥類；黒，人工物．Tennekes (1996) より

グ解析によると，羽ばたき周波数が飛翔筋のパワーと構造を制限するため，鳥類の体サイズや羽ばたき生物の運動限界について面白い情報が得られる．例えば，羽ばたき飛行ができる飛翔生物の重量の上限は 12〜15 kg になる（Pennycuick, 1996）．大型鳥類は水平飛行（静止飛行）を維持するだけの揚力を発生することができない．一方，小型鳥類はさまざまな羽ばたき周波数を利用する能力をもつ．体重 1 g 前後の飛翔生物は筋肉の収縮後にその収縮メカニズムをリセットするのに時間がかかるという別の制約（上限）をもつ．これらの制限により静止飛行できる鳥やコウモリの最小重量はそれぞれ 1.5 g と 1.9 g と推定される．

飛翔生物は飛行機のように十分なパワーを生産し，揚力を発生させて，抵抗を克服しなければならない．滑空飛行（羽ばたきしない）時，必要なパワーの大半はポテンシャルエネルギーから運動エネルギーへの変換により生じる．羽ばたき飛行の場合，パワーは飛翔筋がなす仕事率となる．この際に飛行体に働く全ての空気力学抵抗は次の3つの成分に分けられる：揚力に由来する「誘導抵抗」，翼形状および摩擦抵抗に依存する「形状抵

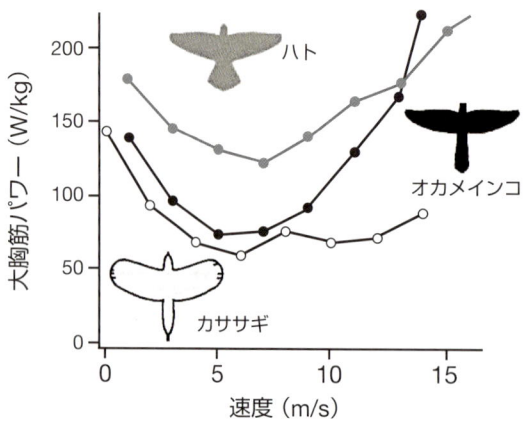

図8 オカメインコ，ハトおよびカササギの大胸筋パワーと飛行速度の関係．Shyy et al. (2013) より

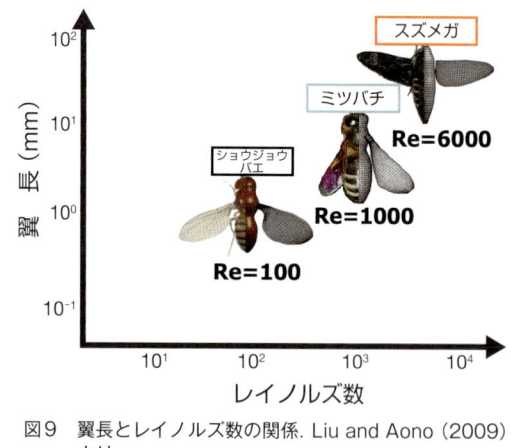

図9 翼長とレイノルズ数の関係．Liu and Aono (2009) より

抗」，そして胴体だけに依存する「有害抵抗」．また前進飛行は，これらの抵抗に対応する次の3つのパワー成分に分けられる：反力が揚力と推力を生み出す渦伴流の発生に必要な仕事率の「誘導パワー」，形状抵抗を克服するに必要な仕事率の「形状パワー」，そして胴体の有害抵抗を克服するに必要な仕事率の「有害パワー」．その他には，翼だけを動かすのに必要な「慣性パワー」がある．また，多くの飛翔生物で観測されているパワー飛行に関する速度カーブは，いわゆるU字型を示す（図8）．

コンピューターシミュレーションが拓く新しい生物飛行の空気力学

昆虫や鳥の羽ばたき飛行に関する流体力学は，図6に示されるように大抵10から105に至るまでの低レイノルズ数領域において高い非定常性をもつ．さらに複雑な羽ばたき運動や柔軟な翼の変形などによる大規模な渦流れといった特徴を示す（Liu, 1998, 2009; Liu and Aono, 2009; 劉，2012; Shyy et al., 2013）．生物の羽ばたき飛行における流体力学メカニズムの解明は，羽ばたき翼の周りの大規模な渦流れや伴流構造がどのように発生しているのか，それらがどのように揚力や推力の発生と関係しているのかといった本質的な疑問に答えることになる．最近の研究では，昆虫，鳥類およびコウモリの羽ばたき飛行において，非定常空気力学原理の多様性と重要性が示されている．それらは，ほとんど非定常的な揚力を向上させるメカニズムであり，いわゆる「クラップーフリング原理（両翅が大きな角度で羽ばたき，反転の際に互いにぶつかり，かつ迅速に反転するような羽ばたき運動で，小型昆虫でよく見られる）」，「ピッチアップ回転（翼の急速な回転により迎角を増大させる）」，「後流捕獲（反転前の翼が通過した後にできた後流を捕獲する）」，「前縁渦（打ち下ろしと打ち上げの際に，翼前縁に見られる強い前縁渦が大きな力をもたらす）」などがある．

飛翔生物の周囲の流れは，どんなに複雑でもその流体を支配する運動方程式によって表現できる．そして羽ばたき飛行に関する流体力学は，実際に昆虫や鳥類に対して翼の動的羽ばたき運動および翼，翼と翼，胴体の相互作用を考慮した「多物体系」周りの非定常流れを取り扱うことになる．しかしこの問題の解決には，羽ばたき翼運動の非定常性に翼周りの「渦流れ」の非定常性が加わるため，大規模なコンピューターシミュレーションに頼らざるを得ない．

一般にコンピューターシミュレーションは生物の羽ばたき飛行の「幾何学モデリング」，羽ばたき翼の「運動学モデリング」および「流体力学モデリング」からなる．「幾何学モデリング」とは昆虫や鳥類の実際の翼・胴体の3次元幾何形状をコンピューター内に忠実に再現し，その幾何学形状モデルの表面および周りの空間に対して流れのシミュレーションをおこなうための計算格子をつ

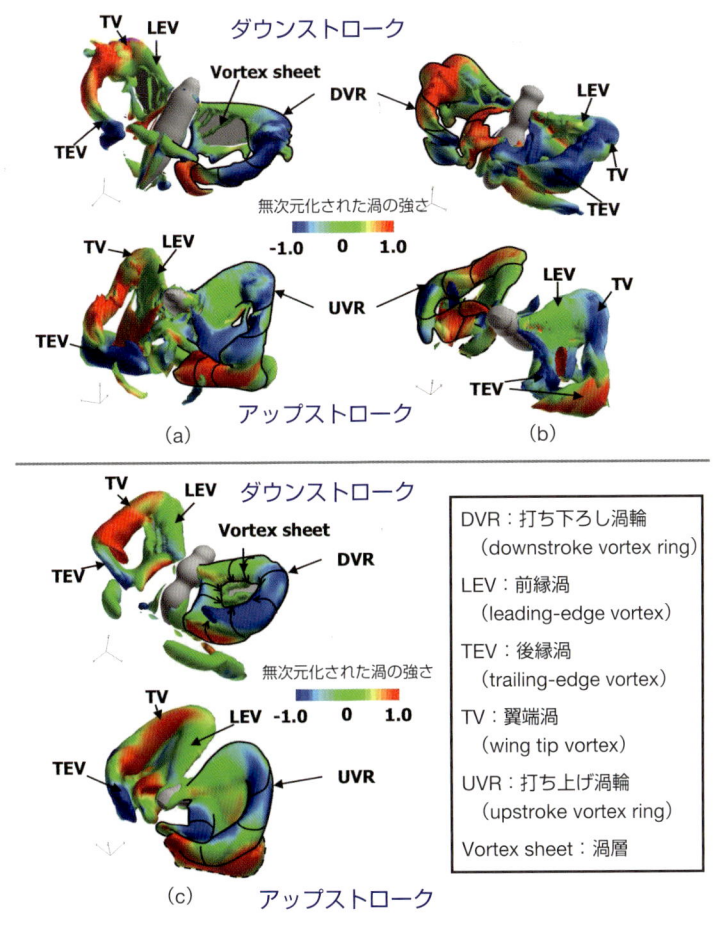

図10 ホバリングする昆虫のまわりの渦構造. (a) スズメガ, (b) ミツバチ, (c) ショウジョウバエ. Liu and Aono (2009) より

くる (Liu, 2009; Liu and Aono, 2009). 図9に翼および胴体の形状を再現したスズメガ, ミツバチおよびショウジョウバエの幾何学モデルと計算格子を示す.

「運動学モデリング」は生物胴体の傾斜角度や羽ばたき翼運動に関わる角度の時間的変化と, 羽ばたき運動に基づいた幾何学モデルの再構築や計算格子の再生成を統合して, 羽ばたき自由飛行を実現する (Liu, 2009; Liu and Aono, 2009).

「流体力学モデリング」については, 昆虫の羽ばたき飛行の流体力学メカニズムの解明への応用ということで, 以下の昆虫飛行のサイズ効果を紹介する.

昆虫飛行のサイズ効果

静止飛行はあらゆる昆虫に観測され, いわば昆虫の特技である. 昆虫の静止飛行の流体力学のサイズ効果はレイノルズ数によって変化する. 図10は上述の3種の昆虫の周囲の渦流れの構造を示す. これらの昆虫はサイズ, レイノルズ数および羽ばたき運動が異なるにもかかわらず, 次のような共通した特性が見られる. つまり, 羽ばたき翼が打ち下ろしを開始すると間もなく一対の馬蹄のような渦構造が形成される. それは前縁渦, 後縁渦および翼端渦からなり, かつ次第に羽ばたき翼全体を包むような強い渦輪に発展していく. そしてその渦輪の中心を下向きの強いジェットが流れていく. これは静止飛行中のヘリコプターの下

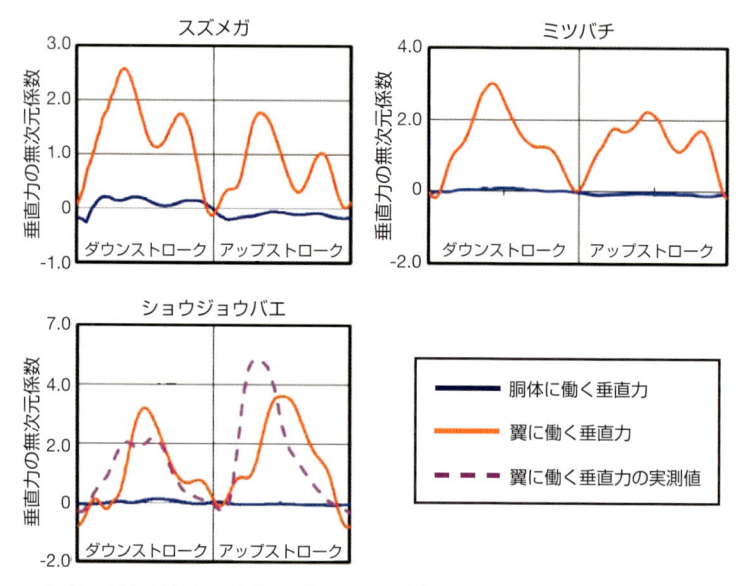

図11 昆虫3種の羽ばたき1周期における垂直力の時間的な変化

方に形成されているジェット流に似る．この渦輪は打ち下ろしと打ち上げの終わりに翼から剥がれ，後流に複雑な渦構造を残す．また，3種の昆虫はサイズまたはレイノルズ数の違いによって渦構造の様相や揚力発生（図11）で顕著な相違も見られる（Liu, 2009; Liu and Aono, 2009; 劉, 2012）．

さらに時系列の垂直力によって周期平均垂直力を計算すると，打ち下ろし時と打ち上げ時に発生する力がサイズまたはレイノルズ数に依存し，その比率は減少する傾向を示す（図11）．このことは，羽ばたき翼の非定常な空気力の発生には明らかなサイズ効果があることを示し，さらに羽ばたき運動も重要であることを教えてくれる．ところでミツバチは時間的に変化する揚力がショウジョウバエとは明らかに異なる．おそらくこれはミツバチのもつ独特な羽ばたき運動（高い羽ばたき周波数と低い羽ばたき振幅を利用する）による違いではないかと思われる．

引用文献

Alexander, D. E. 2002. Nature's flyers. Johns Hopkins University Press, Baltimore.

劉 浩. 2012. 生物の飛翔・遊泳の流体力学．谷下一夫・山口隆美（編），pp. 155-178．生物流体力学．朝倉書店，東京．

Liu, H. 2009. Integrated modelling of insect flight: from morphology, kinematics to aerodynamics. Journal of Computational Physics, 228(2): 439-459.

Liu, H. and H. Aono. 2009. Size effects on insect hovering aerodynamics: an integrated computational study. Bioinspiration & Biomimetics, 4(1): 015002.

Norberg, U. M. 1990. Vertebrate flight: mechanics, physiology, morphology, ecology and evolution. Springer-Verlag, Berlin.

Pennycuick, C. J. 1996. Wingbeat frequency of birds in steady cruising flight: new data and improved predictions. Journal of Experimental Biology, 199: 1613-1618.

Shyy, W., H. Aono, C.Kang and H. Liu. 2013. An introduction to flapping wing aerodynamics, Cambridge University Press, Cambridge.

Tennekes, H. 1996. The simple science of flight (from insects to jumbo jets). MIT Press, Cambridge.

飛翔の進化と多様性 ——————————— 山崎剛史・野村周平

飛翔には大きく分けて滑空と動力飛行の2通りの方法がある．滑空とは，ハンググライダーや紙飛行機のように，翼を用いて揚力を得るが，推進のために特別な動力源をもたず，重力や気流を利用して飛ぶ方法である．滑空はこれまでにさまざまな生物群においてたびたび進化してきた．例えば，現生の哺乳類であれば，ムササビやモモンガが滑空をおこなうものとしてよく知られている．爬虫類ではトビトカゲやトビヘビ，両生類ではトビガエル，魚類ではトビウオなどが滑空する．熱帯雨林の樹冠部に棲むアリ（働きアリ）やクモにも落下時に滑空して幹に戻るものが知られている（Yanoviak et al., 2015）．また，カエデやフタバガキのような植物の果実には，より遠くまで種子を運ぶための適応として，翼が発達しているものが見られる．

一方の動力飛行は，飛行機のように飛翔中に自ら推進力を発生させながら飛ぶ飛翔法のことで，これをおこなう生物はずっと少ない．動力飛行の進化は生物の長い歴史の中でたった4つのグループでしか起きていない（もし，水の噴出によって推進力を得るトビイカを入れるのなら5つである；Muramatsu et al., 2013）．動力飛行が進化した生物群のうち，最古のものは昆虫であり，残りの群はいずれも陸生の脊椎動物（翼竜・鳥類・コウモリ）であった．では，動力飛行を実現したこれら4つのグループにはどのような共通点があり，また，どのような違いがあるのだろうか．本節では，生物の世界に見られる動力飛行の多様性を概観する．

昆虫の飛翔

昆虫は陸上に繁栄する節足動物の一群であり，その生息環境に応じて，膨大な多様化を遂げてきた．昆虫は地球上のあらゆる生物の中で，最初（古生代石炭紀）に空中に飛び出したグループである．のちにこの空中という地球上の領域は，恐竜の子孫である鳥類に支配されることになるが，現在に至っても，昆虫はしぶとく，空中という生息域を手放さずに生きている．

昆虫の動力飛行は，鳥や翼竜や，あるいはその後に空中に参入した哺乳類と同様に，羽ばたき飛翔を基本とする．例えば花に吸蜜に訪れるオオスカシバやホウジャクといったスズメガ類は，ハチドリの飛翔にそっくりである（図1）．その一方で，ほとんど羽ばたかず，わずかな風の中でも滑空して，空中に漂っている昆虫の姿もしばしば目にすることができる．夏ごろから日本各地で数を増し，いたるところで見られるウスバキトンボは，活動時間中はほとんど止まることなく，空中を滑空している．

また一方で，空中プランクトンとして空中に浮遊している昆虫も多く知られている．かなり堅牢な形の甲虫であっても，体長が1 mmを切るようなサイズの微小種では，後翅を広げただけで空中に飛び出し，長時間浮遊していることができる．これは脊椎動物にはない飛翔の形態ということができる．微小昆虫の翅には，そのために発達した

図1 オオスカシバ（チョウ目スズメガ科）の飛翔プロセス

図2　カブトムシ♂の後翅の羽ばたきプロセス（撮影者：北川一敬）

と思われる独特の構造が見られるので，それについては後述する．

このような微小昆虫の飛翔を考える時に，気をつけておかなければならないのは，「レイノルズ数」という物理学上の概念である．レイノルズ数は空気の粘性度とそこで働く慣性力の比を示している．運動する物体のサイズや質量が大きい，すなわちレイノルズ数が高い場合は，我々は我々の生きている世界の感覚で理解することが可能である．しかし，サイズや質量が小さく，レイノルズ数が低い場合には，空気の粘性度は相対的に高く，我々が体験できない物理法則の世界が現れる．微小昆虫は我々とは別の性質の空気の中で運動をしている．昆虫ではないクモの幼生もそのような条件下で生活している．つまり，クモの幼生が分散しようとする場合，尾端から糸を長く伸ばすだけで，粘性度の高い空気中に飛び出すことができ，長時間漂っていられることになる．

カブトムシの飛翔と関連する装置

日本の代表的な甲虫であるカブトムシを例にとり，昆虫が効率的な飛翔をするために，どれほど精緻な装置をそなえているかについて，述べてみたい．カブトムシは大型甲虫であるから，空気の粘性度を考慮する必要はあまりなく，小鳥のサイズと同様の環境条件下で飛翔していると考えて良い．カブトムシはコウチュウ目コガネムシ上科コガネムシ科に属する甲虫の一種である．コウチュウ目，すなわち甲虫の多くは頑丈で短い1対の前翅と，薄い膜状の大きい1対の後翅をもつ．飛ばない時は後翅を折りたたんで胴体の上に載せており，その上に左右の前翅を重ねて，傷つきやすい後翅を保護している．飛ぶ時には，前翅を開き，たたんでいた後翅を広げて，それを激しく羽ばたいて飛ぶ（図2）．前翅はほとんど羽ばたくことはない．

昆虫の多くは2対4枚の翅をもち，止まっている時には，翅を重ねて胴体の上に置く，あるいはたたんだり重ねたりしないで伸ばしっぱなしであることが多い．それ以外の場合には昆虫は翅をたたんでいるが，多くの場合扇をたたんだ時のように幅方向（体軸と平行）の折りたたみだけであって，長さ方向（体軸と直角）の折りたたみはない．しかし30以上ある昆虫の目の中で，コウチュウ目とハサミムシ目だけは，長さ方向にも折りたたむことができる．カブトムシをはじめ，甲虫（＝コウチュウ目）の多くは，飛ばない時は後翅をたたんで前翅の下に収納している．つまり前翅と後翅

図3 カブトムシ♂における前翅固定装置の位置．A，左前翅をはずした背面図（赤矢印1：alacrista；黒矢印1：alacristaの前翅対応部位；赤矢印2：蝶番部固定装置；黒矢印2：同左の前翅対応部位；赤矢印3：肩部固定装置；黒矢印3：同左の前翅対応部位；赤矢印4：後翅屈曲部背面の固定装置；黒矢印4：同左の前翅対応部位）；B，肩部左側後方から；C，同左左前翅を開いたところ（白矢印：肩部前翅固定装置；黒矢印：同左前翅対応部位）

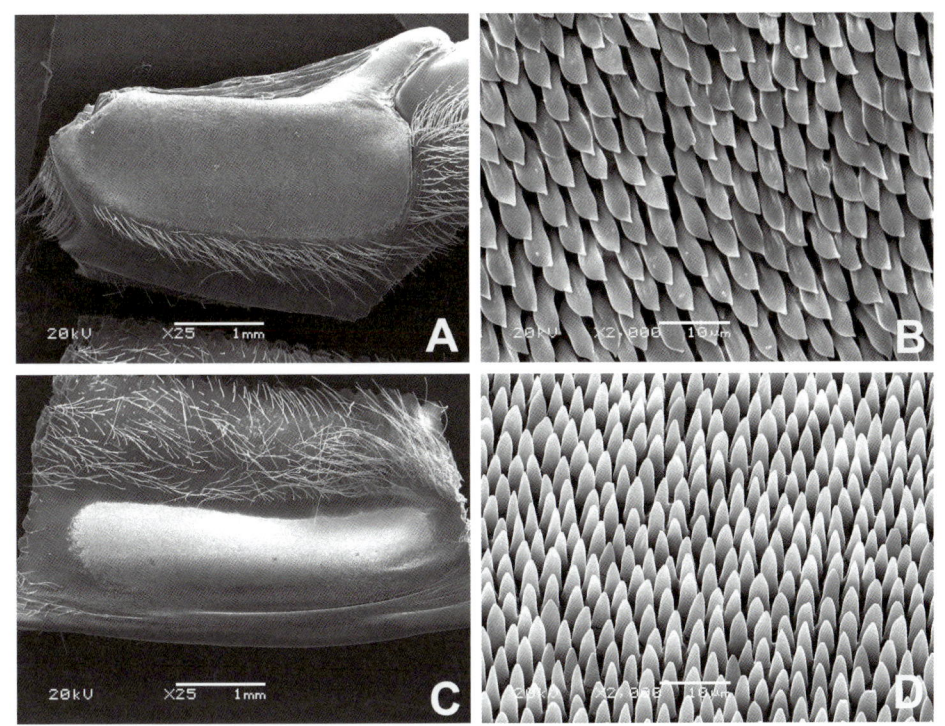

図4 カブトムシ♂における肩部前翅固定装置の微細構造．A，後胸側面のパッチ；B，同左拡大（2,000倍）；C，前翅内面のパッチ；D，同左拡大（2,000倍）

の機能が明確に分かれている．

　カブトムシの場合も，後翅は長さ方向に1〜2回の折りたたみをおこなっている．昆虫の翅には基部にのみ筋肉がついており，胴体を離れた先の方には全く筋肉がついていない．したがって，カブトムシの後翅の中途で折りたたみをおこなうのは筋肉によってではない．それではどのようなメカニズムによって，筋肉によらない翅の折りたたみができるのか？　昆虫の翅には，傘の骨のように太く，翅全体を支えている翅脈と呼ばれる部分がある．翅脈は通常翅の付け根部分を中心として，放射状に走っている．カブトムシのような甲虫の翅には折りたたみ点の手前に，カギ型の2本の太い翅脈が向かい合っていて，前の方から脛脈バネ

第4章　飛翔からわかること ── 105

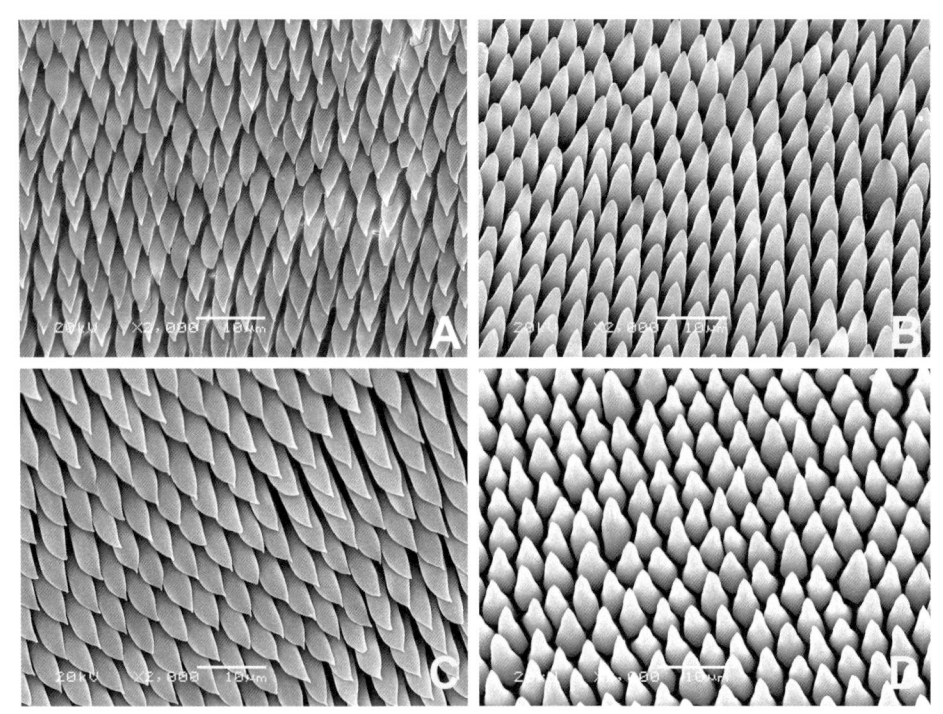

図5　外国産カブトムシ2種における肩部前翅固定装置の微細構造（倍率は全て2,000倍）．A, ヘラクレスオオカブトムシ♂後胸側面；B, 同左前翅内面；C, マルスゾウカブトムシ♂後胸側面；D, 同左前翅内面

（radial loop），中脈バネ（medial loop）と呼ばれている．この2つの翅脈を前後に離すと，これらの間で翅膜面が互いに引っ張り合って，後翅の先方半分が180°回転して広がる．2つの翅脈を上下に重ねると，逆のメカニズムが働き，先半分が逆に半回転して折りたたまれる．

　カブトムシが含まれる甲虫という巨大なグループはこのように，飛翔に関して前翅と後翅の機能分化を果たしていること，そして後翅を折りたたみすること，この2点をそのアイデンティティーとしてもっている．つまり甲虫は昆虫の中でも独自な飛翔方法へ進化を遂げたというように理解することができる．この独特な飛翔方法に付随する装置は後翅の折りたたみ方法だけではない．どのような装置をそなえているのか，以下に説明しておく．

　カブトムシはよく飛翔するが，夜間活発に活動する「夜行性」の昆虫であるために，カブトムシの飛翔を実際に目にすることは少ない．しかし飼育中のカブトムシでも，夜半になると，非常に積極的に飛び出そうとする．先に述べたようにカブ

トムシは，前翅を開き，後翅を伸ばして，後翅だけを羽ばたいて飛翔する．飛ばない時は，長い後翅を折りたたんで前翅と胴体のすき間に収納している．カブトムシは，飛ばない時に，前翅が開いて，後翅が飛び出さないように，前翅を胴体につなぎとめておくための固定装置をいくつかそなえている（図3）．その中でも肩の部分にある固定装置は非常に興味深い．カブトムシの肩の部分は，後胸部の側方と，前翅の内面に，どちらも楕円形のパッチ（毛斑）があり，マジックテープ（ベルクロ®）のような固定装置になっている（野村，2014a；図4）．

　このパッチはきわめて微細な構造であるため，走査型電子顕微鏡（SEM）を用いて観察してみた．すると後胸のパッチでは下向きの木の葉型の突起が規則正しく並んでおり，前翅のパッチでは上向きの突起が並んでいる．この双方がかみ合うことによって，前翅がずれたり開いたりすることのないよう固定されている．この前翅固定装置は，種による違いはあまりなく，世界最大の甲虫として大変有名な中南米産のヘラクレスオオカブトムシや，それに匹敵する巨大甲虫として有名なマルス

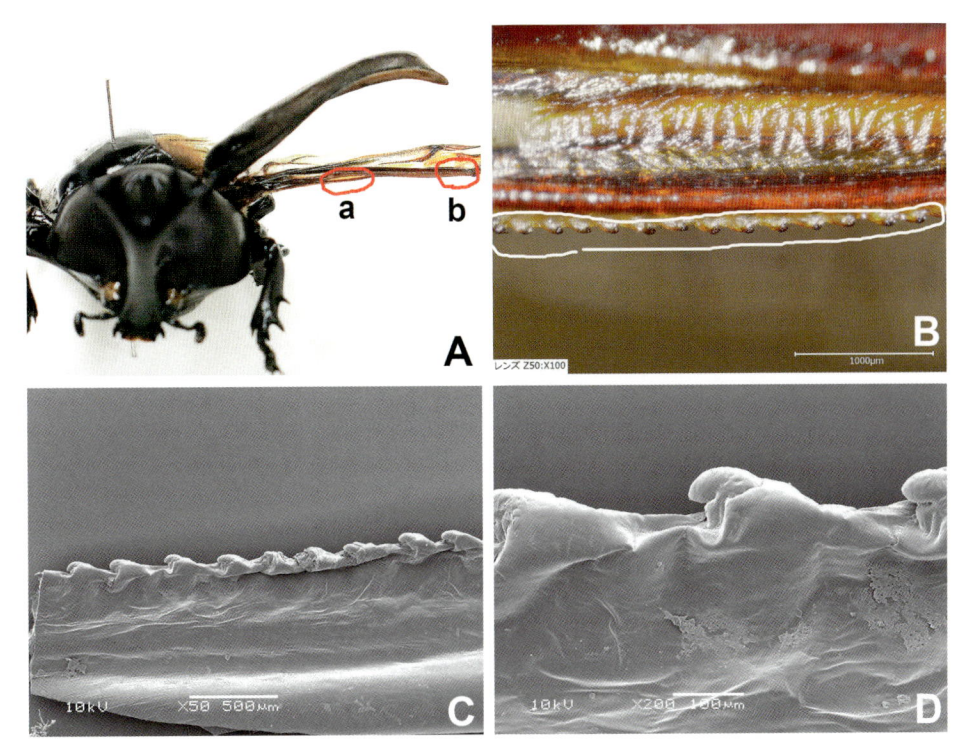

図6 カブトムシの後翅前縁に見られる微細構造1．A，各微細構造の位置（a 基部下面に見られるセレーション；b 屈曲部前面に見られる蛇腹構造）；B，セレーションのデジタルマイクロスコープ画像；C，同左SEM 画像；D，同左拡大

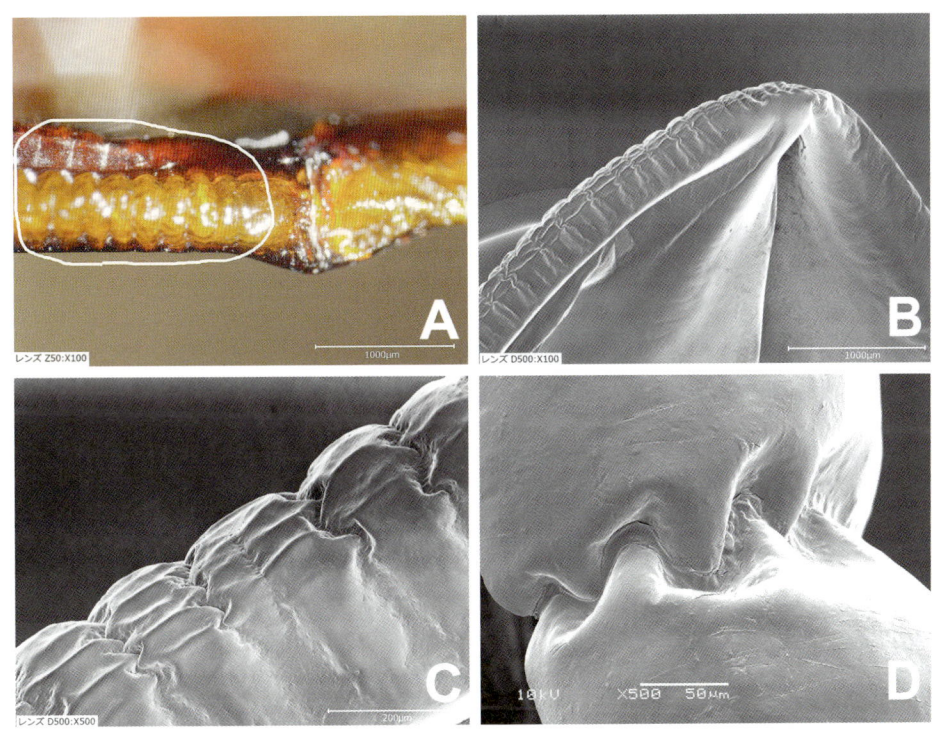

図7 カブトムシの後翅前縁に見られる微細構造2．A，屈曲部蛇腹構造のデジタルマイクロスコープ画像；B，同左 SEM 画像；C，同左拡大；D，同左別部位

第4章　飛翔からわかること —— *107*

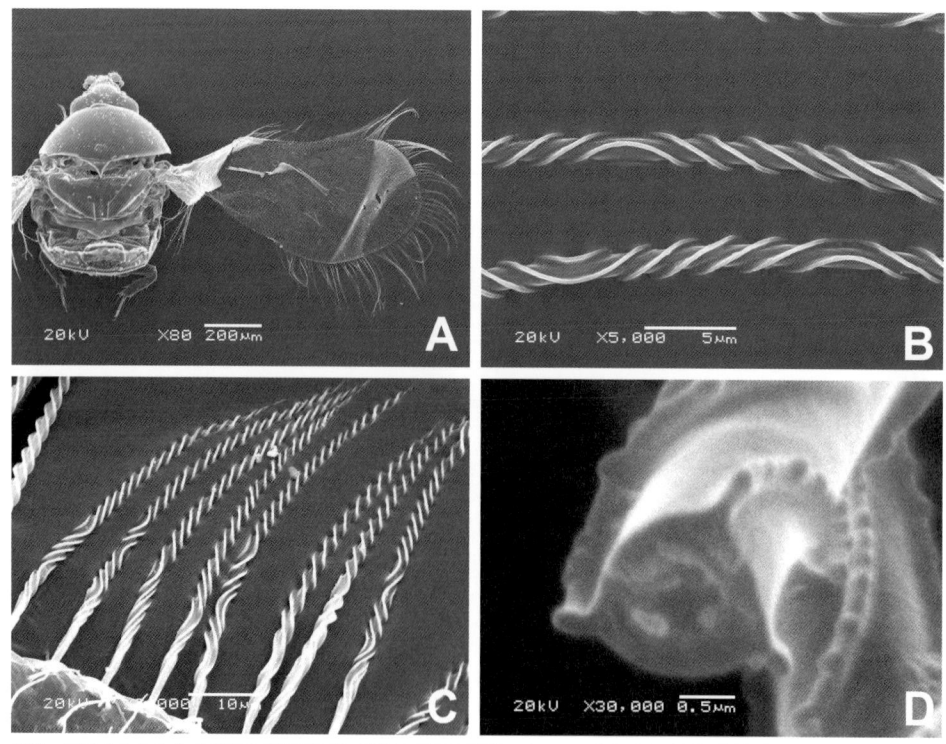

図8　マルケシムシおよびクロサワツブミズムシ後翅の構造．A, マルケシムシ全形（前翅を取り除き，後翅を伸ばしたところ）；B, 後翅縁毛拡大；C, クロサワツブミズムシ後翅縁毛拡大；D, 同左断面（3稜の場合）

ゾウカブトムシでも，日本産のカブトムシとほとんど同じ構造であった（図5）．また，コガネムシ上科の別の科であるクワガタムシでも，この器官が同様に観察された（野村，2014c）．

カブトムシの後翅前縁部の基部腹面には，翅脈に沿って1列のかぎ状突起が並んでいる（図6Aの A, 図6B-D）．この突起列はヒンジ部分までは達しておらず，基部3分の1ほどに限られている．コガネムシ科やセンチコガネ科（いずれもコガネムシ上科）の他の種を調べてみると，全ての種にこのかぎ状突起列が認められた．しかしコガネムシ上科以外の科では発見されていない．この突起列の機能については現段階では明らかではないが，飛翔の速度や効率に関わるものと思われる（野村ほか，2015）．

先に述べたように，カブトムシは甲虫の一種であり，後翅を体軸と垂直な方向に2回ほど折りたたむ．その後翅の前縁部は，ほぼ真ん中のあたりで折りたたまれるが，この部分は前縁部を通る太い翅脈が薄くなっており，何度も折ったり伸ばしたりすることが可能になっている．さらにその前方の前縁部にはアコーデオン状の蛇腹構造がある（図7）．この構造は，コガネムシ上科ばかりでなくハネカクシ科の一部やオサムシ上科にも見られた（野村ほか，2015）．蛇腹構造とはいっても，ひだの織り目が直線状ではなく，ジグザグである点が興味深く，注目される（図7C, D）．

超微小甲虫の飛翔

大半の昆虫は，カブトムシほど大きくなく，重くもなく，サイズとしては体長1cm未満である．このような昆虫ではレイノルズ数の低い，すなわち空気の粘性度が相対的に高い空気中を遊泳している．特に体長1mmを下回るような微小昆虫の場合には，より大きな昆虫と比べて，全く異なる世界で運動していることになる．例えば，日本で最小の甲虫はおそらく，森林の多孔菌の表面に見られる，ヤマトヒジリムクゲキノコムシ（ムクゲキノコムシ科）であって，その体長は約0.6 mmである．世界最大の甲虫と比較するとおよそ300

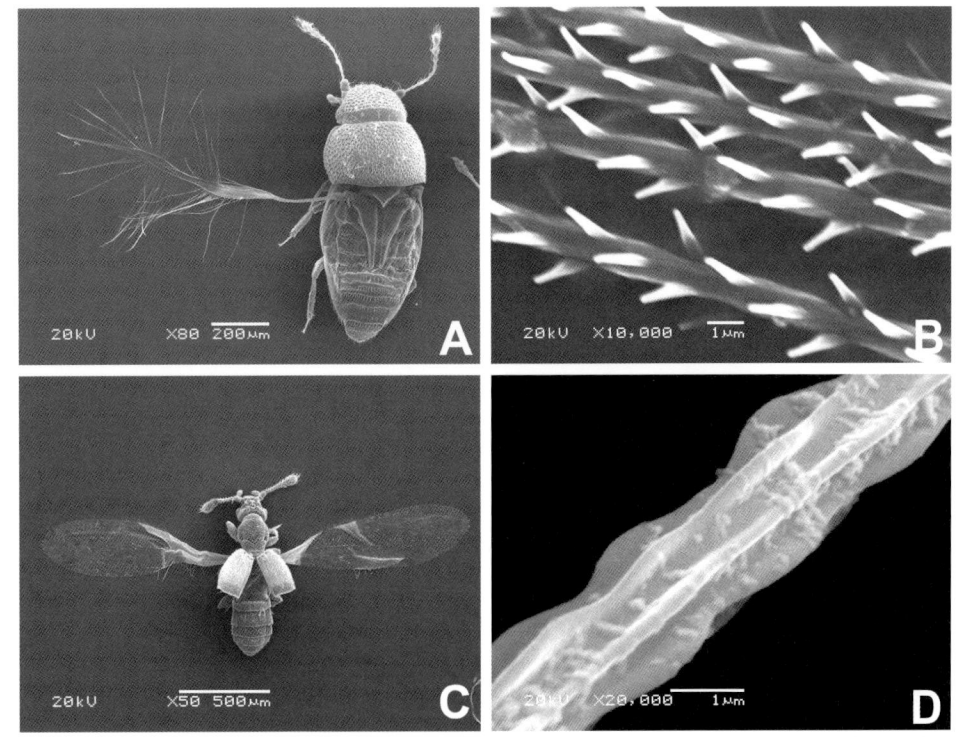

図9 コゲチャナガムクゲキノコムシおよびナガアリヅカムシの一種（*Pseudoplectus*? sp.）の後翅縁毛の構造.
A, コゲチャナガムクゲキノコムシ全形（前翅を取り除き，後翅を伸ばしたところ）；B, 同左縁毛拡大；C, ナガアリヅカムシの一種全形（後翅を伸ばしたところ）；D, 同左縁毛拡大

倍ほどの違いがある．このような超微小甲虫の場合には，翅脈系は非常に退化的になり，翅全体の構造も，大型甲虫と比較すると非常に違ったものになる．特に後翅をとりまく縁毛には，グループごとの高い多様性と，同一個体の異なる部位における高い変異性が見られる．

ケシマルムシ（*Sphaerius* sp.）は，ツブミズムシ亜目に属する，半水生のきわめて微小な甲虫で，最近になって日本に産することが分かった（亀澤・松原，2012）．本種は後翅に長い縁毛をもつが，この表面にはらせん状の隆条が刻まれている（図8）．興味深いのは，毛の根元から先端へ至る間にこのらせんの方向が数回にわたって逆転していることである．この逆転している部分は，非常に特徴的なU字状の条刻となる（図8B）．同じ亜目に属するクロサワツブミズムシも同様の形状の後翅縁毛をもつ．この毛の断面を作ってSEM観察したところ，同一個体の中に，3稜（図8D）と4稜の2型が見いだされた．

同様に1ミリ未満の超微小種を多く含むムクゲキノコムシ科では，後翅全体の形状が他の甲虫とは大きく異なっている．他の甲虫では膜面に当たるところが，著しく縮小して棒状となり，そこに多くの長い縁毛が放射状に生じている（図9AB）．この縁毛はやはり非常に特徴的で，多くの短いトゲを規則的に生じている．種によってこのトゲの長さや数は異なるが，構造自体はムクゲキノコムシ科に共通しているようである（野村，2014b）．ムクゲキノコムシ科と同様のサイズのアリヅカムシ（ハネカクシ科の一亜科）ではまた，異なった縁毛の構造をもっている．翅膜部は他の甲虫と同様であるが，縁毛は背腹方向に扁平となり，背面および腹面に1～2条の直線的な隆条をもつ（図9CD）．一方で毛の側面は直線的な場合もあるが，波型になっている場合もある．

甲虫の場合だけを取り上げてみても以上に示したように，サイズによって，また，グループによって翅の構造は大きく異なっている．昆虫全体ではさらに膨大な多様性を有しており，バイオミメティクスのモデルに事欠かない．

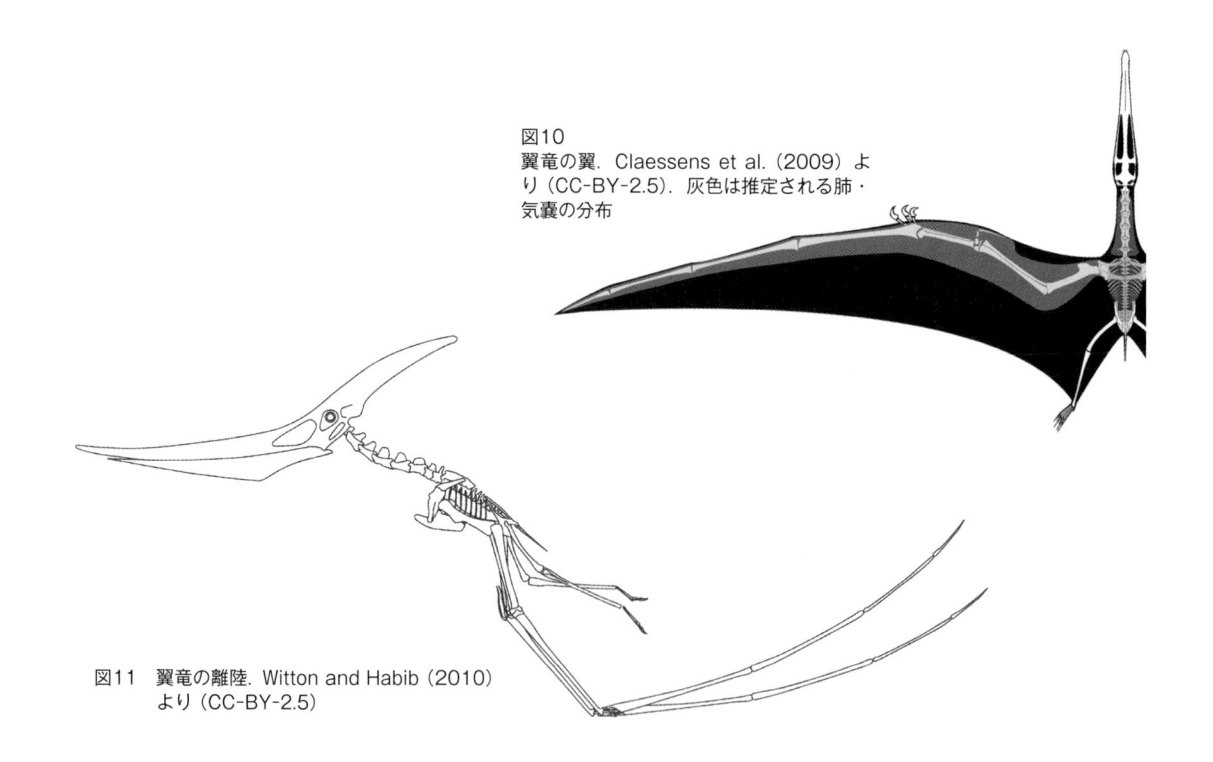

図10 翼竜の翼．Claessens et al.（2009）より（CC-BY-2.5）．灰色は推定される肺・気嚢の分布

図11 翼竜の離陸．Witton and Habib（2010）より（CC-BY-2.5）

脊椎動物の飛翔

本節の冒頭で述べた通り，動力飛行（羽ばたき飛翔）は昆虫の他には陸生の脊椎動物においてのみ進化した．最初に大空を羽ばたいた脊椎動物は，中生代三畳紀に現れた翼竜である．その後，中生代ジュラ紀になると，二足歩行の肉食恐竜（獣脚類）の中から鳥類が生まれ，翼竜と共存するようになった．両者の共存は長く続くが，白亜紀の末に起きた巨大隕石の衝突が引き金となった大量絶滅により，翼竜の子孫はその全てが途絶えてしまった．鳥類はこの未曾有の危機を何とか生き延びたのだが，中生代に隆盛を誇っていた一群（エナンティオルニス類）は絶滅し，その多様性がいったん大きく損なわれた（山崎，2012）．

中生代に優占していた大半の生物が消え去った後，生き残った生物には多くの未利用の資源が与えられた．その結果として，それらは著しい多様化を経験し（適応放散），速やかに多様性が回復したと考えられている．現生の哺乳類や鳥類の主要な分類群は，この時にかたちづくられたものである（本川，2012; 山崎，2012）．コウモリもまた，この時代に進化してきたグループらしい．

脊椎動物の中で動力飛行を獲得した3群（翼竜，鳥類，コウモリ）のいずれにおいても，翼の主要部分へと進化を遂げたのは前肢であった．ただし，その構造，およびそれを用いた飛翔法などの詳細は，グループによって大きく異なっている．

翼竜の飛翔

翼竜は動力飛行をおこなう動物の中で最も体サイズが大きい．最大の種は翼開長（左右の翼の差し渡しの長さ）12 m，地上での体高は現生のキリンほどもあったらしい（Prentice et al., 2011）．これらの大型種でさえ，上昇気流の活用と羽ばたき飛翔により，空を飛んでいたようである（Witton and Habib, 2010）．一方，最小の翼竜は森林に棲むもので，翼開長は25 cmである（Prentice et al., 2011）．

翼竜の翼は，コウモリと同様，皮膚の膜（飛膜）でできていたらしい（図10）．主翼の外縁は，巨大化した第四指が支えており，内縁は胴体と脚部に付着していた（Elgin et al., 2011）．この第四指の可動性は失われていないので，翼竜は翼をたたむことができたようだ．地上において彼らはこの翼を足として用い，四足歩行をおこなっていた

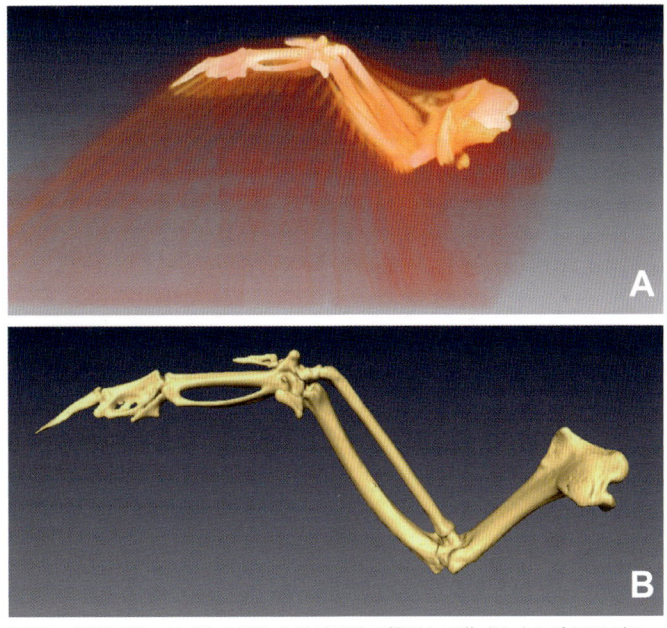

図12 鳥類の翼．ドバトの前肢をX線CTで撮影して作成した三次元モデル．
A, 羽毛・筋肉・骨格；B, 骨格

と考えられている．なお，モデルを用いた風洞実験は，彼らの翼形態が低速飛行に適していた可能性を示唆している（Palmer, 2011）．

　離陸の際，翼竜は，地上で四足歩行をおこなうという彼らの特性を活かしたとても優れた方法を用いていた（図11）．彼らは長い前足を地面につけ，それを支えにして身体を持ち上げることで空へと飛び立っていたのである（Witton and Habib, 2010）．この特別な離陸方法のおかげで，翼竜は鳥類やコウモリでは考えられないような，大型の飛翔性の種を進化させることができたのだと思われる．

鳥類の飛翔

　鳥類は，翼竜の次に羽ばたき飛翔を獲得した脊椎動物である．鳥類は飛翔性の脊椎動物の3群の中で最も成功したグループで，現生種は約1万種に達し，極地・高山・砂漠・外洋などを含む，地球上のありとあらゆる場所にまで侵出している．

　彼らの翼の構造は，翼竜やコウモリのものと根本的に異なっている．翼の前縁の支えが前肢の骨格であることは他のグループと同じなのだが，翼面は主に飛膜ではなく，羽毛によって作られている（図12）．翼竜やコウモリでは，飛膜をぴんと張った状態に保つため，前肢の骨格に加え，胴体や脚部までもが支柱として用いられているのだが，羽毛は中央に固い軸の通った丈夫な構造であるため，そのような追加の支えは鳥類にはほとんど不要である．鳥類の主翼は肩の関節とその周辺を介してのみ，身体のその他の部分とつながっていて，胴部の側面や後肢は全く翼に組み込まれてはいないのである．このことは鳥類に，高度な後肢運動を維持したまま，羽ばたき飛翔をおこなうことができるという利点を与えた．彼らの後肢は，地上での二足歩行，木の枝などへの着地，獲物の捕獲，遊泳など，さまざまな目的で利用されている．これは翼竜やコウモリには見られないことである．

　なお，バイオミメティクスの観点から見た鳥類の飛翔の詳細については，次節で扱う．

コウモリの飛翔

　コウモリは最も新しく羽ばたき飛翔を獲得したグループで，約1,000種が知られている．飛翔性の動物としては後発組であるためからか，生態の多様性は鳥類ほどには高くなく，夜行性の昆虫食か果実食のものがその大半を占めている（本川，2012）．

図13 コウモリの翼．飛膜の中に筋肉が透けて見えている．http://www.pikiwiki.org.il/?action=gallery&img_id=11327 (CC-BY-2.5)

　コウモリの翼（図13）は翼竜と同じく飛膜でできている．翼に組み込まれた指が1本だけである翼竜に対し，コウモリでは5本ある指の全てが翼面を支えている（ただし，1本は翼面の外側に突き出ており，先端に鉤爪がある）．コウモリの翼に見られる最も注目に値する特徴は，飛膜の内部に走っている筋肉の存在だろう．この筋肉は翼の動きと連動して活動することが分かっている（Cheney et al., 2014）．おそらく，飛翔時の翼形態の微妙な制御を担っているのだろう．飛行速度の違いにより，翼の固さを調整しているという可能性も議論されている．

引用文献

Cheney J. A., N. Konow, K. M. Middleton, K. S. Breuer, T. J. Roberts, E. L. Giblin and S. M. Swartz. 2014. Membrane muscle function in the compliant wings of bats. Bioinspiration & Biomimetics, 9(2): 1-11.

Claessens L. P. A. M., P. M. O'Connor and D. M. Unwin. 2009. Respiratory evolution facilitated the origin of pterosaur flight and aerial gigantism. PLoS ONE, 4(2): e4497.

Elgin, R. A., D. W. E., Hone and E., Frey. 2011. The extent of the pterosaur flight membrane. Acta Palaeontologica Polonica, 56 (1): 99-111.

亀澤　洋・松原　豊．2012．東京都多摩川で採集したケシマルムシ属の一種について．さやばねニューシリーズ，(6): 25-27．

本川雅治．2012．有胎盤哺乳類．日本進化学会（編）進化学事典，pp. 420-424．共立出版株式会社，東京．

Muramatsu, K., J. Yamamoto, T. Abe, K. Sekiguchi, N. Hoshi and Y. Sakurai. 2013. Oceanic squid do fly. Marine Biology, 160(5): 1171-1175.

野村周平．2014a．カブトムシ（コガネムシ科）前翅の開閉と固定に関与する構造．さやばねニューシリーズ，(13): 9-16

野村周平．2014b．微小甲虫後翅縁毛の走査型電子顕微鏡（SEM）による観察と形態比較．さやばねニューシリーズ，(16): 16-25．

野村周平．2014c．知られざるノコギリクワガタの一面．月刊むし，(522): 43-50．

野村周平・北川一敬・斉藤一哉．2015．甲虫の後翅前縁にみられる微細構造の多様性と機能．日本甲虫学会第6回大会（2015年11月21-22日），北九州市立自然史・歴史博物館，福岡県北九州市．

Palmer, C. 2011. Flight in slow motion: aerodynamics of the pterosaur wing. Proceedings of the Royal Society of London B: Biological Sciences, 278(1713): 1881-1885.

Prentice, K. C., M. Ruta and M. J. Benton. 2011. Evolution of morphological disparity in pterosaurs. Journal of Systematic Palaeontology, 9(3): 337-353.

Witton, M. P. and M. B. Habib. 2010. On the size and flight diversity of giant pterosaurs, the use of birds as pterosaur analogues and comments on pterosaur flightlessness. PLoS ONE, 5(11): e13982.

山崎剛史．2012．鳥類の起源．日本進化学会（編）進化学事典，pp. 394-396．共立出版株式会社，東京．

Yanoviak, S. P., Y. Munk and R. Dudley. 2015. Arachnid aloft: directed aerial descent in neotropical canopy spiders. Journal of the Royal Society Interface, 12(110): 20150534.

バイオミメティクスの観点から見た鳥類の飛翔適応

山崎剛史

中生代ジュラ紀の終わり頃に動力飛行を獲得した二足歩行の肉食恐竜はそれから1億5000万年もの試行錯誤―突然変異と自然選択―を繰り返し，飛翔の技術を磨き上げてきた（山崎，2012a）．その結果，彼ら鳥類は現在約1万種にまで多様化し，極地，高山，砂漠，外洋などを含む地球上のありとあらゆる場所にまで分布を拡げることができた．彼らが見られない場所はもはや深海ぐらいしか残されていない．

動力飛行をおこなう現生生物のうち中型以上のサイズをもつものの大半は鳥類が占めている．昆虫はどれも小型で鳥類に匹敵するようなサイズのものはいない（これは酸素濃度の低さのせいかもしれない．実際，酸素濃度が高かった古生代には呼吸器の効率の悪い昆虫にも巨大なものが見られた；Kaiser et al., 2007）．またコウモリは鳥類の10分の1ほどの種が知られているだけにすぎない（本川，2012）．トビイカについては捕食者から逃れる際などに空中に飛び出し，水を噴出することでジェット推進をおこなうことが知られているため（Muramatsu et al., 2013），動力飛行をおこなう中型種のひとつだと言えるかもしれないが，隆盛を極めているとはとても言えない．

飛翔性の生物として大きな成功を収めた現生鳥類がカバーする体サイズの領域は近年注目を集めている小型マルチコプター（3つ以上の回転翼を有する小型飛翔体，いわゆるドローン）とも重なる．鳥類が長い時間をかけて磨き上げてきた飛翔適応の詳細を調べることにより，小型マルチコプターを含む人工飛翔体の可能性をさらに大きく拡げることができるのではないだろうか．

本節では鳥類の飛翔のバイオミメティクスを学び，実践する際の基礎となる知識を紹介する．なお，その際，鳥類の飛翔を扱う類書とは異なり，彼らのもつ能力が現行の人工飛翔体を凌ぐ点に注目することを本節の特色としたい．

鳥類の飛翔の研究は本当に必要か？

鳥類の飛翔適応の詳細を紹介する前に，ここで読者が抱いているかもしれないひとつの疑問への回答を試みておきたい．それは「小型飛翔体は現行のマルチコプターで十分であり，鳥類の飛翔の研究など，もはや不要なのでは？」というものである．

この疑問の背景にある考えはおそらくこうだ．一般に生物は祖先の形質の微修正の積み重ねによってしか進化できない．この制約のせいで生物は特定の問題に対し必ずしも最適解を与えるわけではない．鳥類はそうした制約から，優れた点の多い回転翼を単純にもち得ないのだろう．

このような考えには正しい部分も確かにあるだろうが，それに基づき鳥類の羽ばたき飛翔の研究を停滞させることは得策ではないだろう．そのようなやり方は小型マルチコプターを含む人工飛翔体の革新的な発展を阻害するものであるように私は思う．鳥類が制約の中でおこなってきた試行錯誤は1億5,000万年もの長きに渡っており，これは回転翼の歴史とは桁違いの長さだ．私たちは鳥類の飛翔から多くのことを学べるだろうし，技術革新を成し遂げるため，それを学ぶべきである．

例えば小型マルチコプターの1回の充電での飛行時間は2015年現在市販されているもので調べてみると，数分から数十分ととても短い．この点では鳥類が圧倒的に勝利している．例えばアメリカ大陸でおこなわれたレーダーによる鳥類の渡りの研究では，驚くべきことに80～90時間にも及ぶ無着陸飛行が観察されている（Gill, 2006）．より身近な例として，毎年冬になると日本へ訪れるカモ類を見てみよう．彼らは，あの小さな体で，しかも植物の種子，プランクトン，水草，貝類などあまり栄養価の高そうでないものを燃料として用いていながらもユーラシア大陸から飛んでくることができる．鳥類は，私たちの技術体系とは比べ物にならないような驚異的にエネルギー効率の

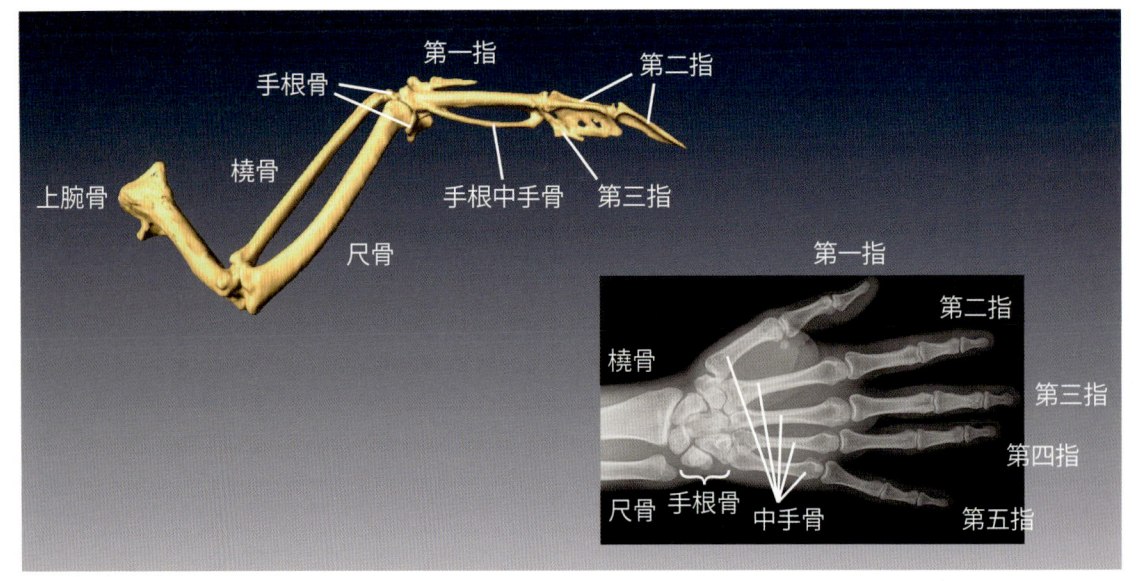

図1　ドバトとヒトの前肢骨格の比較．左上，ドバト前肢の3次元モデル；右下，ヒトの手のひらのX線CT画像

良い飛翔法を進化させているに違いない．

現行の小型マルチコプターの弱点は他にもある．騒音の大きさはその最たるもののひとつだ．うるさい音を出すことは弱肉強食の生物の世界では死に直結する問題である．長い進化の歴史を経てきた鳥類の飛翔ははるかに静かなものに仕上がっている．例えば夜行性のハンターが多くを占めるフクロウ類の羽毛には静かに飛ぶための精巧な仕掛けが発達している．

この他，鳥類の体表がマルチコプターと違い，柔らかい素材で覆われていることや鳥類の翼が故障に強く，一部が破損してもそのまま飛翔を継続できることなども興味深い点だ．また鳥類は曲芸的な飛翔が得意で，上空からの急降下をおこなうものや（ハヤブサは飛翔中の獲物に対し時速320 kmもの速さでアタックする；Gill, 2006），逆さになって飛べるものもいる．ヒマラヤ山脈を超えるような高空を飛ぶものも知られている．多くの鳥類は離着陸の性能にも優れ，木の枝や電線に容易に止まり，不要なエネルギー消費を抑えている．

骨格に見られる飛翔適応

ここからは，鳥類の優れた飛翔力を支えているさまざまな適応を見ていこう．

生物の世界で見られる動力飛行はトビイカの例を除くと，羽ばたきによって推進力を生み出すものがその全てである．羽ばたき飛翔はいったん一定以上の速度で飛び始めさえすれば，非常に効率的な移動方法となり得るが，離陸してからその速度に到達するまでの間には非常に激しい運動をおこなう必要がある．一般に生物の運動は，鞭毛などのわずかな例外を除くと筋収縮によって実現されている．このため羽ばたき飛翔をおこなう生物は，筋肉の付着部や翼面の支柱として必ず体に丈夫な構造を備えていなくてはならない．昆虫には外骨格があり，鳥類やコウモリ，絶滅した翼竜は内骨格をもっている．

鳥類の骨格について詳しく見てみると，それはとても頑丈にできていることがすぐに分かる．飛翔時に不要なねじれなどが生じないよう多くの関節は癒合し，構造も単純化している．バードウォッチングの経験がある読者は鳥の動きがどことなくカクカクとしていることに思い当たるだろう．それは彼らが多くの関節を失い，また残った関節についても自由度が低く抑えられていることを反映しているのである．

例えば，鳥類の主翼を支える前肢の骨格をヒトのそれと比較してみよう（図1）．鳥類の指は親指，人差し指，中指の3本だけしかなく，指の関節もかなり省略されている．手のひらと手首の骨は多

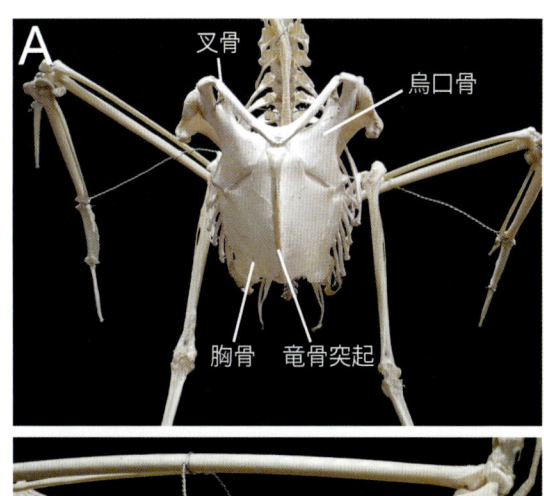

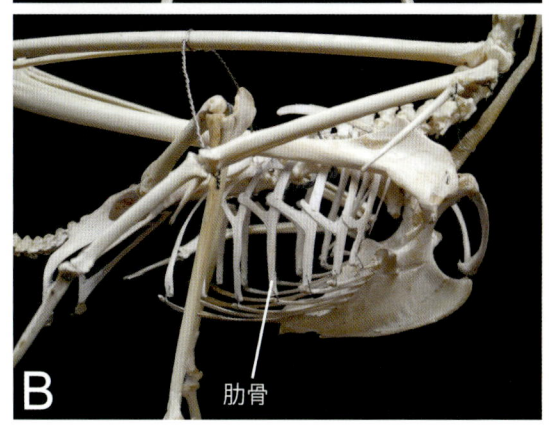

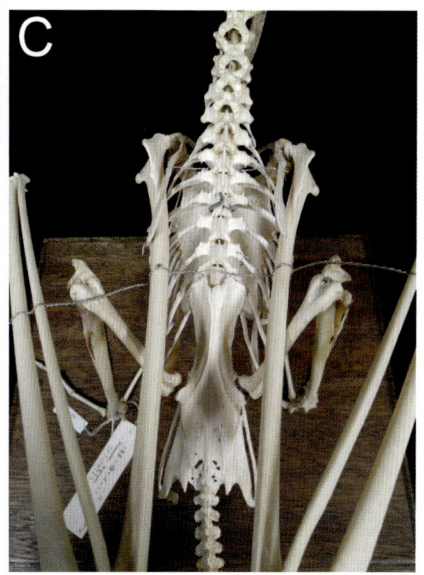

図2　クロアシアホウドリの骨格．A，胸部前面；B，胸部側面；C，腰部背面

くが癒合していて，骨の数は3つにまで整理されている．前腕，上腕についてはヒトと同じく尺骨，橈骨，上腕骨の3つの骨を含んでいるが，関節面の構造が単純化されている．このため鳥類の前肢の指・手首・肘の関節は，ほとんど翼の開閉方向にしか動かなくなっている．

　羽ばたきの際に強い力がかかる体幹部については内部の重要な器官を守るためにも特に頑丈な構造が要求される．鳥類の場合胸椎にはほとんど可動性がなく，互いに癒合していることもある．胸椎から伸びる肋骨は後方に向けて突き出た鉤状の構造によって互いに連結され，強度を増している（図2B）．肋骨の先端は体の前面で胸骨につながり，心臓，肺，肝臓などが入る空間（胸郭）を作る（図2A）．胸骨には中央に竜骨突起とよばれる巨大な構造があり，ここに翼の上げ下ろしを担う強力な筋肉である小胸筋（烏口上筋）（内層），大胸筋（外層）が付着する．この筋の激しい動きに対抗しつつ，胸郭のかたちを維持するため，胸骨と上腕骨の間に頑丈な支柱（烏口骨）が置かれている．さらに両肩の間の距離を保つ構造として左右の鎖骨が癒合してできたU字型の骨（叉骨）があり，2本の烏口骨と胸骨に連結する．ただし，この骨は決して固い構造ではなく柔軟性に富み左右に大きく開くことで種によっては通常時の50％も長くなることが知られている．この骨は飛翔時の翼の動きに合わせてバネのように伸び縮みし，例えばホシムクドリでは毎秒14〜16回も伸縮する．それがどのような機能を果たすのかはまだよく分かっていないが，飛翔運動や呼吸など胸郭内部の臓器の働きを助けているのかもしれない（Gill, 2006）．

　鳥類の体幹は腰の部分においても可動性に乏しい．腰椎はその前方に位置する胸椎の一部と癒合し，また骨盤を支える仙椎，前部尾椎とも癒合して，複合仙骨とよばれる巨大な単一の骨の塊にな

第4章　飛翔からわかること —— 115

図3 旅客機のフラップ

ってしまっている（図2C）．鳥類の腰が，哺乳類と違い，しなやかさに欠けた印象を強く与えるのはこのせいである．

ここまで見てきたように鳥類の骨格はとてもシンプルで頑丈に作られているが，もうひとつの重要な特徴としてはその軽さがある．例えば主な骨の内部は中空になっているが，これは飛翔の効率を上げるために重要なことだ．軽量化のための適応は骨格系だけに限らず鳥類の全身に認められる．歯を排していること，全身の皮膚が極めて薄いこと，排泄に至るまでの時間がとても短いこと，非繁殖期の生殖腺の萎縮などが軽量化のための仕掛けだと解釈できる．

筋肉に見られる飛翔適応

ここまで私たちは鳥類の体がとても頑丈に作られており，可動性に乏しいことを見てきた．しかしそれはあくまでも他の陸生脊椎動物と比べたときの話であることに注意が必要である．もし鳥を人工飛翔体と比べるのなら結論は大きく変わってくる．飛行機，ヘリコプター，小型マルチコプターなどの可動部分の数とそれぞれの動きを考えてみてほしい．鳥類は体の各部の動きを微調整する能力においてそれらをはるかに凌いでいることが分かるだろう．そのうえ鳥類の体の動きは関節部だけに止まらない．彼らは全身を覆っている羽毛を動かすこともできるのである．鳥類は飛翔体の中ではとてもしなやかで，動きの自由度に富むものなのだ．

このような体の各部の動きを作り出しているのが筋肉である．筋肉は，食物の酸化によって取り出され，細胞内に蓄えられた化学エネルギーを用い，収縮する組織で，骨を動かすものの他，ヒトの表情筋や立毛筋のように表皮やそれに付随する構造を動かすものもある．筋肉はエネルギーを使って収縮する一方，伸長のための仕組みを内的には何ももたない．そこで筋肉は普通反対方向に向けて働くものとペアになって配置される．

解剖学的研究の成果によると鳥類では片翼の動きをコントロールする筋肉だけでも40個ほどが知られている（Vanden Berge and Zweers, 1993）．それぞれの筋肉が収縮の程度の微調整をおこなうことのできる素材であることを考えると，取り得る翼形態は天文学的な数となる．人工飛翔体の翼もまた方向転換をおこなったり，姿勢を保ったりする目的で変形するが（図3），その自由度ははるかに低い．鳥類が単一の"機体"でありながらさまざまな飛翔をおこなうことができる理由のひとつはここに求められるだろう．彼らはその時々の状況に最も合った翼型を採用することで"低燃費"の飛翔をおこなっているのだと思われる．

興味深いことに鳥類の翼の筋肉はその発達の程度（出力の大きさ）や付着する部位（出力の方向）に種間の違いがかなり見られる．これは飛び方の種間差に合わせたチューニングなのだろう．例えば，翼を打ち下ろすための巨大な筋肉で飛翔中の推進力を主に生み出す大胸筋は平均的な鳥では全体重の約15%を占める程度だが（Campbell and

図4 ヨーロッパノスリの初列風切羽（正羽）

図5 アオバトの翼

図6 風切羽の柔軟性．飛翔中のハシブトガラス

Lack, 1985)，キジ，ヤマシギ，シギダチョウなどのように地上生で危険を感じたときに急に飛び立って逃げる鳥では，速度を一挙に上げる必要があることから，その比率が40％ほどにもなっている（Proctor and Lynch, 1993）．翼の筋肉の比較解剖学的研究は構造がもつ機能に対し優れた洞察を与えてくれるため，バイオミメティクスの観点から見て重要である．しかしそうした研究はこれまでのところまだ十分におこなわれておらず，今後の発展が期待される．例えば，揚力の発生を主に担う前腕部の大型の羽毛，次列風切羽を拡げる筋肉に種間差が見られることの報告が猛禽類においてなされたのはごく最近のことである（Canova et al., 2015）．それが飛翔にどのような影響を及ぼすのかはまだ分かっていないが，こうした問題の解明を積み重ねていけば私たちはきっと今よりずっとスマートな人工飛翔体を作ることができるようになるに違いない．

皮膚に見られる飛翔適応

鳥類の体の最も外側に位置する皮膚とそれに由来する構造は直接外界と接する部分であるため，効率の良い飛翔を実現するうえで極めて重要である．鳥類の体表は，皮膚由来の硬質の素材で全体が覆われることを基本的な特徴とする．頭部先端には嘴，足には鱗と爪があり，その他の部分はほぼ全てが羽毛で包まれる．さまざまな皮膚構造の中でも羽毛は現生の生物では鳥類だけに見られるものであり，非常に優れた空力学的特性をもっている．

鳥類の羽毛は，クリアーカットではないものの，その形態と機能により，正羽，綿羽，粉綿羽など，いくつかの型に分けることができる．このうち飛翔にとって最も重要なのは正羽である．それは，軸の左右両側に弁を備えた木の葉型の羽毛で（図4），鳥類の体表面を覆って輪郭を形づくる他，翼面の形成にも用いられる（図5）．

正羽はしっかりとした羽軸が支柱の役割を果たすため軽く柔軟なわりに（図6）とても丈夫な構造である．翼竜やコウモリは薄い皮膜を用い，翼面を作っているので，胴体の側面や後肢をも翼の支えとせざるを得ないが，正羽を用いる鳥類は後肢を翼に組み入れずに済んでいる．その結果，鳥類は前肢による飛翔と後肢による二足歩行の両方をおこなうことのできる，極めて運動性能の高い生物になることができた（鳥類の二足歩行への適応については，山崎，2012b を参照）．

この他，正羽の優れた特質としてその復元力を挙げることができる．正羽の羽弁は何かにぶつかると簡単に裂けてしまうのだが，羽繕いをすればすぐ元の状態に戻る．羽弁は，羽軸から分かれた羽枝が多数集まってできているのだが，これらの羽枝間の連結は，小羽枝とよばれる羽枝の枝分かれがもつフック状の構造が隣の羽枝の小羽枝に引

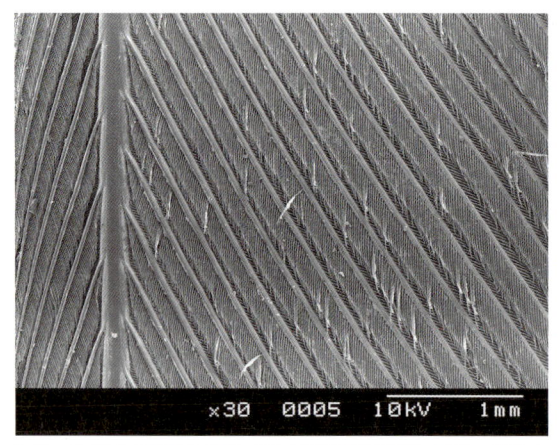

図7 スズメの羽毛のSEM（走査型電子顕微鏡）画像．羽軸から枝分かれした羽枝が小羽枝によって連結されている

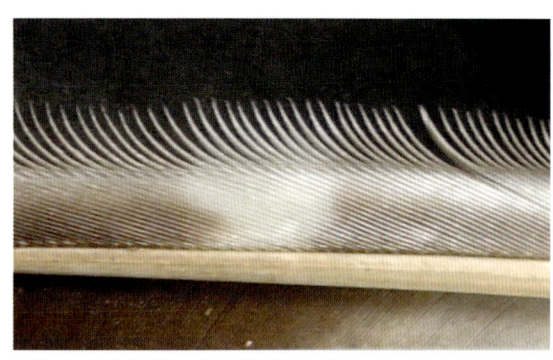

図8 アメリカフクロウ初列風切羽のセレーション

っかかることでなされるため（図7），なでることで裂けた部分がマジックテープのように再びくっつくのである．

また，正羽の表面はV字型の溝が多数縦に連なった構造をしているが，この溝には飛翔時の空気抵抗を大きく減らし，"燃費"向上に効果のあることが最近になって分かってきた（Chen et al., 2013）．飛翔時の空気の乱れのコントロールは夜行性の捕食者を主体とするフクロウ類では死活問題である．彼らの翼の前縁部に位置する正羽にはセレーション（鋸歯状突起）と呼ばれる構造が見られるが（図8），それはノイズ低減のために特に進化してきた特徴だと考えられている（Bachmann and Wagner, 2011）．空気の流れのコントロールは人工飛翔体にとっても最も重要な課題のひとつである．私たちが鳥の表面構造から学ぶべきことは多い．

最後に鳥類のバイオミメティクス研究の基礎知識として，翼の形態に関する用語を整理しておこう（図5）．翼の主要な部分は風切羽（かざきりばね）とよばれる大型の正羽からなる．これらの羽は互いにわずかに重なり合いながら一列に並んでいる．風切羽の基部は前肢の骨に付着しているが，手首から先に付き，主に推進力の生成を担うものを初列風切羽，前腕（尺骨）に付き，揚力の主要な発生源となるものを次列風切羽といって区別する．初列風切羽は普通10枚前後だが，次列風切羽は種によって大きく枚数が異なる（Proctor and Lynch, 1993）．この他，親指に着く数枚の正羽は小翼羽と呼ばれ，低速飛行時に翼面にスロットを作り，失速を防ぐ働きをすると考えられている．また，羽毛で隠れているために分かりにくいが，鳥類も翼竜やコウモリと同様に飛膜をもつ．ただしそれは翼竜・コウモリに比べれば小さなもので，可動性を犠牲にしない範囲で翼面積を増やすための補助的な適応であると解釈できる．鳥類の飛膜は手首の関節と肩を結ぶ線，前腕前縁，上腕前縁からなる三角形の領域に1枚，上腕後端と腋の下を結ぶ領域に1枚の計2枚（左右4枚）が張られている．前者を前翼膜，後者を後翼膜と呼ぶ．

さらに学ぶために

本節で扱いきれなかった鳥類の生理学・行動学的特性などに見られる飛翔適応について基礎知識を得たい読者は鳥類学の網羅的な教科書であるGill（2006）を参考にしてほしい．この本は日本語に翻訳されている．

学習効率を上げるためには実物資料へのアクセスの確保が重要だが，日本各地にある自然史系博物館にはそのような目的に合った資料が蓄積されている．特に千葉県にある我孫子市鳥の博物館は鳥に特化した施設で展示が充実している．バードウォッチングについては公益財団法人日本野鳥の会の支部や自然史系博物館がおこなっている探鳥会に参加するのが良いだろう．

また国内外の大学には鳥に学んだ人工飛翔体の開発に取り組んでいる研究室がいくつかある．本

格的にこの分野のトレーニングを得たい読者はこれらの研究室に所属するべきだろう.

　なお実際に鳥類のバイオミメティクスの研究をおこなう際には自然史系博物館や研究所に保管されている研究用標本を活用するのが良い. ただしこれらの標本資料は長期保管を前提として集められているので, 破壊的な調査の許可は下りにくい. 国内で最も多くの標本をもつのは千葉県我孫子市にある公益財団法人山階鳥類研究所である（ちなみに筆者はこのコレクションの管理責任者である）. 茨城県つくば市の国立科学博物館筑波研究施設, 兵庫県三田市の人と自然の博物館などにも比較的大きな標本コレクションが保管されている.

引用文献

Bachmann, T. and H. Wagner. 2011. The three-dimensional shape of serrations at barn owl wings: towards a typical natural serration as a role model for biomimetic applications. Journal of Anatomy, 219(2): 192-202.

Canova, M., P. Clavenzani, C. Bombardi, M. Mazzoni, C.Bedoni and A. Grandis. 2015. Anatomy of the shoulder and arm musculature of the common buzzard (*Buteo buteo* Linnaeus, 1758) and the European honey buzzard (*Pernis apivorus* Linnaeus, 1758). Zoomorphology, 134(2): 291-308.

Chen, H., F. Rao, X. Shang, D. Zhang and I. Hagiwara. 2013. Biomimetic drag reduction study on herringbone riblets of bird feather. Journal of Bionic Engineering, 10(3): 341-349.

Gill, F. B. 2006. Ornithology. W.H.Freeman and Company, New York. ［山階鳥類研究所（訳）. 2009. 鳥類学. 新樹社, 東京.］

Kaiser, A., C. J. Klok, J. J. Socha, W. Lee, M. C. Quinlan and J. F. Harrison. 2007. Increase in tracheal investment with beetle size supports hypothesis of oxygen limitation on insect gigantism. Proceedings of the National Academy of Sciences, 104(32): 13198-13203.

本川雅治. 2012. 有胎盤哺乳類. pp. 420-424, 日本進化学会（編）進化学事典. 共立出版株式会社, 東京.

Muramatsu, K., J. Yamamoto, T. Abe, K. Sekiguchi, N. Hoshi and Y. Sakurai. 2013. Oceanic squid do fly. Marine Biology, 160(5): 1171-1175.

Vanden Berge, J. C. and G. A. Zweers. 1993. Myologia. Pages 189-247 in J. J. Baumel, A. S. King, J. E. Breazile, H. E. Evans, and J. C. Vanden Berge, eds. Handbook of avian anatomy: nomina anatomica avium. Nuttall Ornithological Club, Cambridge.

山崎剛史. 2012a. 鳥類の起源. pp. 394-396, 日本進化学会（編）進化学事典. 共立出版株式会社, 東京.

山崎剛史. 2012b. 鳥類. pp. 389-393, 日本進化学会（編）進化学事典. 共立出版株式会社, 東京.

コラム4

羽や翅にみられる構造色

森本 元

　我々は，日々の暮らしの中で色を情報として利用している．例えば，鮮やかな果物を見れば食欲をそそられるだろうし，色とファッションや芸術は切っても切れない関係だ．我々ヒトという生き物にとって，色のない世界など想像もつかないだろう．その「色」はどのような仕組みで発色しているのだろうか．構造色と呼ばれる発色メカニズムはそのひとつであり，自然界では，広くさまざまな所に見ることができる．生物の生み出す構造色は，鮮やかさといった表現力の豊かさに加えて，生物由来ゆえに，環境にも優しいといった特徴をもち，新素材開発などバイオミメティクスの観点からも期待されている研究分野のひとつだ．

　特に鳥の羽や昆虫の翅は，構造色の研究が最も進んだ対象である．これらについて紹介する前に，そもそも構造色とは何であるか，色とは何かを説明したい．生物における発色は色素による色と構造色による色に大きく分けられる．例えば，鳥類の羽毛で広く見られる発色メカニズムは主に，赤色系に多いカロチノイド色素，黒・茶色系に多いメラニン色素，青系に多い構造色である．色は太陽や電灯といった光源の光が物体に届き，跳ね返ってきた光の波長のバランスによって決まる．光は電磁波の一種であり，ヒトの眼というセンサーがそれに反応する．その際，人が色として知覚できる範囲を可視光線と呼んでいる．JIS規格では380 nm〜750 nmを可視光線と定めている．短波長である紫外線や長波長である赤外線は人の眼では感じ取れない．このため，この両者と隣接している可視光線の両端では，真っ黒に見えてしまう．テレビなどの工業製品が，RGBという三原色の光の組み合わせを用いて全ての色を表現していることを知っている読者は多いだろう．人間の眼の網膜上には色を感じる為の3種類の視細胞が存在し，それぞれが異なる波長感度特性をもつ．テレビはこれを利用している．R (Red)の赤は長波長，G (Green)の緑は中波長，B (Blue)の青は短波長の光だ．そしてそれぞれの視細胞は，見ている物体の発する光に含まれるこれら3種の光の強さのバランスに反応し，我々人間の脳が色として感じ取る．具体的に青い鳥の羽を用いて説明しよう．ルリビタキにとって色は信号であり，雄同士の闘争において互いの色の違いを利用し闘争方法を変えている．この羽毛の反射スペクトルは，ヒトには見えない紫外線をも含む短波長側に山形の反射ピークがあり，中〜長波長の反射は弱い（Morimoto et al., 2006; 図1）．結果として青色（B）を感じる視細胞が強く刺激され

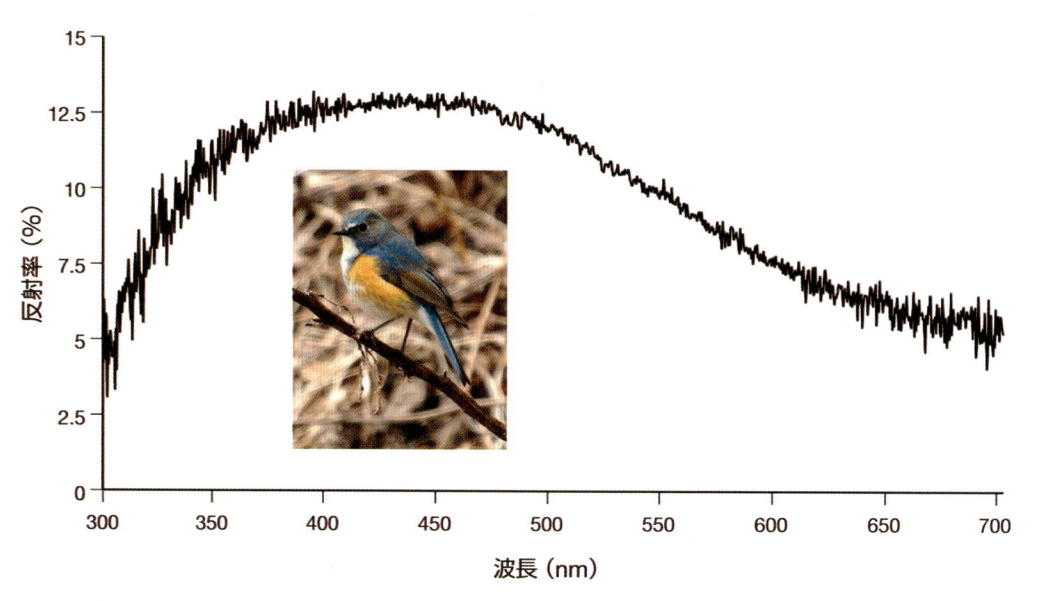

図1　青色構造色をもつルリビタキの青色の反射スペクトル

図2 タマムシとその表皮断面の多層膜構造のTEM（透過型電子顕微鏡）画像（提供：吉岡伸也）

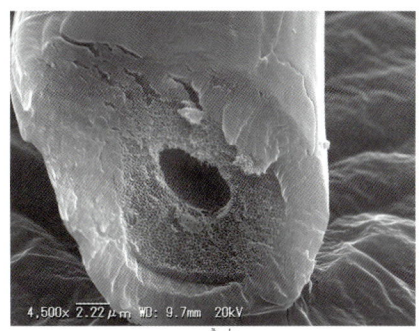

図3 カワセミの羽毛（羽枝）内部に見られる泡状の構造を示すスポンジ層のSEM（走査型電子顕微鏡）画像

るので，青く見えるのである．色素色においては，物体に当たった光のうち，一部が吸収され，残りが反射して我々の眼に届く．カロチノイド色素による赤色であれば，短～中域の波長が吸収され，長波長成分のみが反射されるので赤く見える．この色素色に対し，全く異なる仕組みによる発色が構造色である．構造色では，光の吸収によるのではなく，ナノスケールの微細な構造と光の特性によって色が生じる．

モルフォチョウの青色やタマムシの金属光沢様の美しい色は最もよく研究された構造色のひとつである．これらでは多層膜干渉や回折格子という光の現象が起こって青色となると考えられている．多層膜干渉とは，屈折率の異なるそれぞれの膜で反射された波長が互いに干渉して強め合う，光の現象である．これによって，太陽や電球などの光源から照射された光が翅に当たると，跳ね返ってくる光は短波長が強められた状態で眼に届き，青色に見えるのである（Kinoshita and Yoshioka, 2005）．例えば，モルフォチョウの鱗粉の断面を拡大するとクリスマスツリーのような形の「棚」構造が規則的に並んだ多層模様の構造がある（第2章「バイオミメティクスの視点から気になる昆虫の微細構造」も参照）．また，タマムシの外皮でも，異なる二つの層が折り重なった多層膜であることが見て取れる（図2）．

外骨格であるためか，昆虫ではこうした多層膜構造による構造色が広く見られる．では鳥類ではどうだろうか．鳥類でも多層膜による構造色が存在し，二色性を示すドバトの胸の虹色はその代表例だ（Yoshioka et al., 2007; Nakamura et al., 2008）．他の仕組みもある．クジャクのきらびやかな青緑の虹色は，羽毛内部において，円柱状のメラニン色素の顆粒の並び方で生じる．これは鳥の構造色に多く見られる発色メカニズムだ．メラニン色素の顆粒自体は光を吸収して黒色に見えるのだが，これが一定間隔の隙間をあけながら規則的に並ぶことで，光の一部は吸収されずに，かつ，短波長の光を強め長波長の光を弱める効果が生じて，クジャクの美しい青色を生じている（Kinoshita and Yoshioka, 2005）．さらに，カワセミやルリビタキはこれとも異なる．羽の内部にあるスポンジ層とよばれる泡状・網目状の構造によって構造色を発する（図3）．一見すると，ランダムな網目状構造の様だが，実はここにも三次元の規則的な構造が隠されており，それによって角度依存性の無い構造色を生じると考えられている．生物の構造色の特徴は，前述した点だけでなく，化石になっても残るほどの耐久性もそのひとつである．その微細構造による発色メカニズムの解明と応用が期待されている研究分野と言えよう．

引用文献

Kinoshita, S. and S.Yoshioka. 2005. Structural colors in nature: the role of regularity and irregularity in the structure. ChemPhysChem 6(8): 1442-1459.

Morimoto, G., N. Yamaguchi and K.Ueda. 2006. Plumage color as a status signal in male-male interaction in the red-flanked bushrobin, *Tarsiger cyanurus*. Journal of Ethology, 24(3): 261-266.

Prum, R. O., R. H. Torres, S. Williamson and J. Dyck. 1998. Coherent light scattering by blue feather barbs. Nature, 396(6706), 28-29.

Yoshioka, S., E. Nakamura and S. Kinoshita. 2007. Origin of two-color iridescence in rock dove's feather. Journal of the Physical Society of Japan, 76(1); 013801.

Nakamura, E., S.Yoshioka and S.Kinoshita. 2008. Structural color of rock dove's neck feather. Journal of the Physical Society of Japan, 77(12): 124801.

第5章
科学や人の生活に役立つ生物学情報

バイオミメティクスデータベースとその革新的検索技法

溝口理一郎・長谷山美紀

バイオミメティクスは，異分野連携でイノベーションを創出する新しい学術領域である．深い知識をもちあわせた異なる分野の研究者が，相互の学術領域で連携し，新しい学術領域を創出するためには，互いの知識を共有する必要がある．しかしながら，異なる分野の知識共有は，各分野で用いられる用語も異なり容易ではない．イノベーション創出には，この問題を解決する必要があり，問題解決の手段として，バイオミメティクスのための検索基盤（以下バイオミメティクス・データ検索基盤と呼ぶ）の実現が開始された．この新しい検索基盤は，キーワード探索支援と，検索に不可欠なキーワードを必要としない，画像自体を検索の問い合わせに用いる革新的方法から構成されている．生物学のデータベースには大量のテキストと画像が含まれており，これを活用することで，従来の情報検索とは異なる新しい検索基盤が実現される．実現されたバイオミメティクス・データ検索基盤は，今まで昆虫や魚類など個別のデータベースに蓄積されていたデータを統合することにより，異なる生物の研究者が利用可能となるだけでなく，材料科学や機械工学など広く工学研究者や産業界の利用も可能となる．ここでは，大量の生物学データから生み出されるバイオミメティクスの可能性について，テキストデータと画像データに対する革新的検索基盤に注目して説明する．

大量の生物学テキストデータから生み出される可能性——キーワード探索支援

情報検索を効率良くおこなうためにシソーラス（國岡ほか，2012）が用いられる．シソーラスは同義語や類義語などを体系的に集めたものであり，情報検索におけるキーワードを豊富にして，検索の質の向上に貢献する．異分野交流の一例として知られているバイオミメティクス（下村，2011）では，工学者が生物学の成果の中で，自分が開発すべき新材料の実現に「有用な」情報を見つけることを支援することが強く望まれている．

シソーラスを用いたとしても，バイオミメティックスの技術者が求めている情報を生物系データベースから見つけるのは容易ではない．工学と生物の世界がかけ離れているからであり，その距離を埋める何かが必要となる．異なるドメイン（概念世界）の橋渡しをするものとして，オントロジー（ontology）が注目されている（溝口，2005）．オントロジーとは，世界に存在する物事の本質的な構造を高い抽象レベルで表現したものであり，工学と生物のような異なるドメインの上位に位置して，両者をつなぐ役割を果たす可能性があるからである．オントロジーで補強されたシソーラスがあれば，適切なキーワードを見つけることをサポートするシステムの開発が可能になると期待される．本節では，従来のシソーラスに基づく情報検索に攻めの姿勢を加えた発想支援型情報検索の概念の一例として，バイオミメティックスで研究開発されているオントロジー強化型シソーラス（Ontology-Enhanced Thesaurus，以下 OET と呼ぶ；図1）について紹介する（溝口ほか，2015）．

OET は一種のデータベースであるので，その上で動くキーワード・エクスプローラー（Keyword Explorer）と呼ばれるアプリケーションプログラムが動いて，利用者が適切なキーワードを探すことを支援する．その動きは連想的であり，その例を図2に示した．左上にある「汚れない」というキーワードが入力された時，汚れてもすぐ落ちれば汚れないと言える．汚れが落ちるようにするには洗い流せば良い．洗い流しやすくするには水で表面が覆われていれば良い．そうするには表面が親水性をもっていれば良い．親水性と言えば逆の性質で撥水性という性質もある．親水性と言えばバラの花が有名だ．その実現には表面の凹凸構造が効いている．凹凸構造と言えば蓮の葉の表面もそうだ．そしてそれは撥水性がある．汚れないと言えば，泥の中に済んでいるけど表面が汚れていない動物としてミミズがあるという連想の例である．OET があれば，人間がするように，コンピュ

(a) バイオミメティクスにおける
シソーラスの問題

(b) Ontology-enhanced thesaurus
オントロジー強化型シソーラス

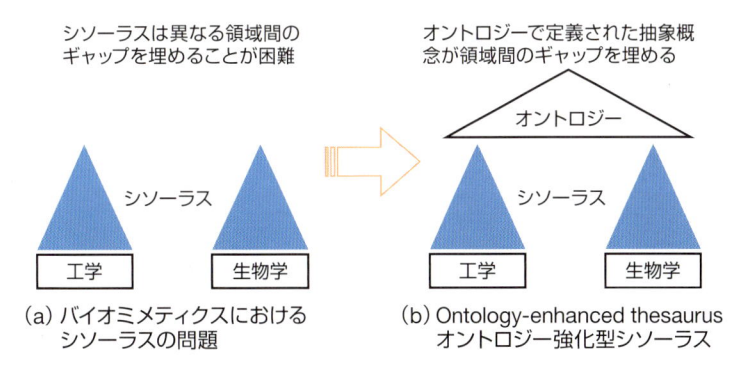

図1　OETによる発想支援型情報検索

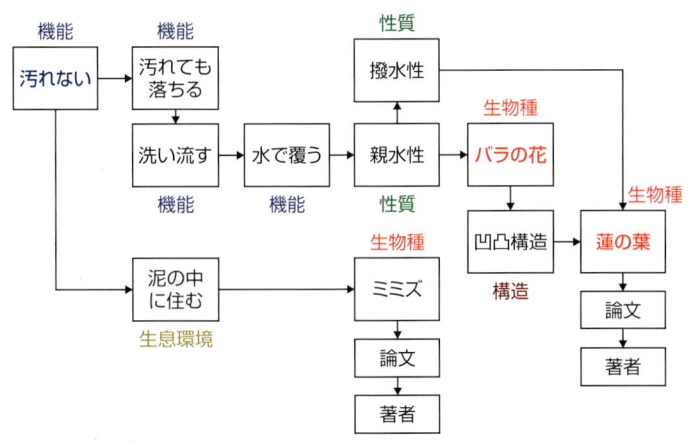

図2　連想的推論の例

ータにもこのような連想推論をさせることが可能になる．そして，ヒントとして与えられた生物を題材にしている論文を検索して，その著者を見つけたり，論文から更に興味深いキーワードを見つけて，本格的な検索を実行することができる．

図2の連想履歴を振り返ってみると，最初の3つは機能に関する概念，次に性質，そして生物種，あるいは構造，そして生態環境という概念が使われていることが分かる．すなわち，それらに関係する概念をオントロジーとして用意しておけば良いことが示唆される．実際，コンピュータ上に実装されたオントロジーは，その構造としては，定義される概念をノードとして種々の関係でつながれたラベル付き有向グラフ構造をなしているとみることができる．概念間のis-a関係（A is a B）は言うに及ばず，属性定義やpart-of関係（A is a part of BまたはA has a B）はそれぞれ属性値や部分概念へリンクされているとみることができる．従って，上の連想的推論はそのラベル付き有向グラフ上の探索として実装できる．そして実際，与えられた機能からそれを実現に関連している可能性のある生物種までのあらゆるパスを探索するエンジンがキーワード・エクスプローラーである（溝口ほか，2015）．

キーワード・エクスプローラーは単に連想推論の結果を見せるだけではなく，得られた生物種情報とそこに至る連想パスを明示することによって，新たな発想を促す効果も期待できる．そして，各ノードを右クリックすることにより，そのノードの語彙をキーとしてWWW上に存在するさまざまなデータベースを検索することができるワークベンチ（Workbench）として設計されている．図3に実行例を示している．中心にある「防汚，抗菌塗料」は工学者が実現したい設計物であり，そ

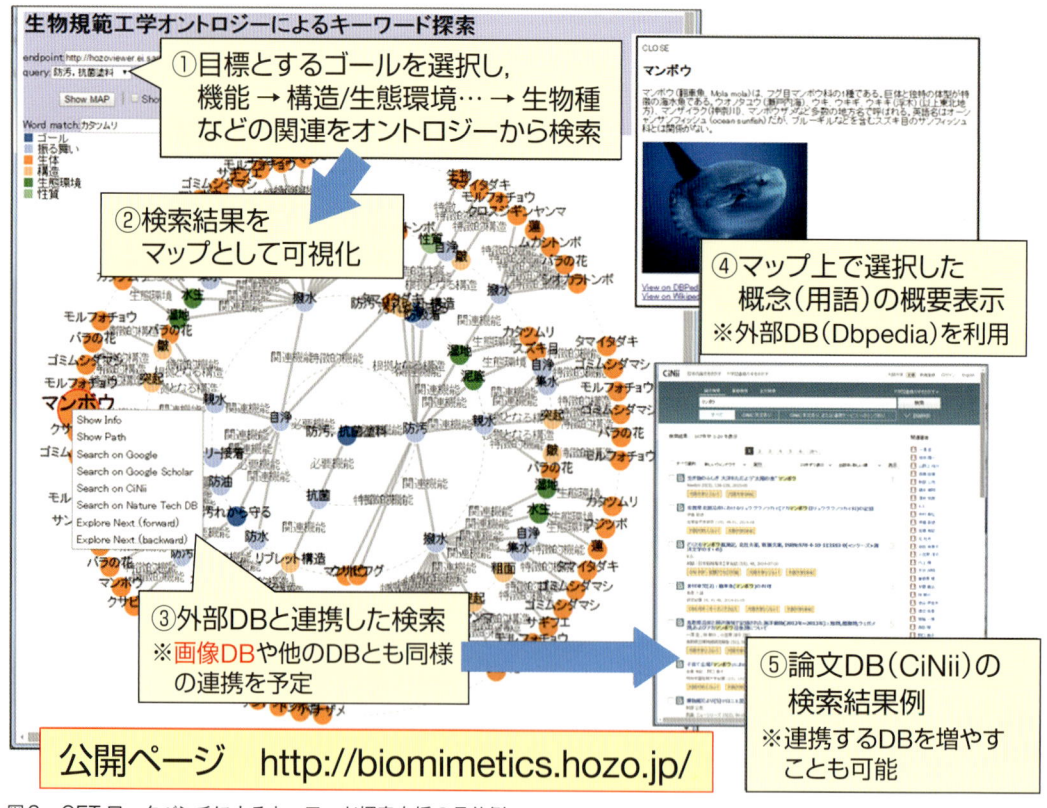

図3 OET ワークベンチによるキーワード探索支援の具体例

れを入力として、その実現に貢献する可能性がある生物種が外周に描画されている．ノードをクリックすると中心からそこに至るパスが表示され，どのような概念を経由してそこに到達したかが分かる．この例では既に知られているカタツムリ，バラの花，蓮の葉などが表示されている．利用者は興味ある概念をクリックしてそれに関する情報を上述のさまざまな情報源から多様な情報を得て，更に良いキーワードを得ることができる．

このような連想推論をするキーワード・エクスプローラーは，すでに知られている情報に加えて，想定外の新情報を提示して工学者の発想を支援する可能性がある．実際，小規模，かつ初期的段階にあるキーワード・エクスプローラーが，防汚，抗菌塗料から出発して，砂漠の砂の中を泳ぐように移動するサンドフィッシュを候補生物として発見した．サンドフィッシュ（爬虫類トカゲ科スキンクス属）は低摩擦・低抵抗の表面をもっている動物として知られているが，防汚に役立つかもし

れないことは新規な情報であった．

OETにおける生物種，その特徴，生息環境などに関する情報は国立科学博物館と山階鳥類研究所から提供されている．機能オントロジーとスキンクス属の一種（*Scincus* sp.）は著者（溝口）らの情報系の研究者によって開発されている．このように，本研究は生物学者と情報科学者の協力によって成り立っている．現在，OETに関してはISO/266Biomimetics委員会の作業部会WG4において標準化が進められている．

大量の生物学画像データから生み出される可能性―発想支援型画像検索

①発想支援型の画像検索

近年，大量に蓄積されたデジタルデータから価値を見出すことが重要とされ，さまざまな研究がおこなわれている．特に，画像や映像はその娯楽性から産業化も早く，既に多くの検索サービスが利用されている（長谷山，2010）．しかしながら，

図4　発想支援型理論に基づく画像検索システム Image Vortex（長谷山, 2010）

既存の画像検索サービスは，適切なキーワードを選ぶことができなければ，必要な情報を入手することが難しい．著者（長谷山）らはこの課題に対して，大量のデータから必要な情報を発見するための，発想支援型画像検索を提案した（Haseyama et al., 2013）．この理論は，画像の類似性に基づき，自動で類似画像を近傍に配置し，大量の画像を一度に見られるように可視化する．ユーザーは，これを見ることで，望む画像を効率的に探すことができる．例えば，北海道の観光画像108枚にこの理論を用いると，図4のような配置が得られる（Haseyama et al., 2009）．図より，個別に調べることが不可能な大量の画像の全体を把握できることが分かる．

② モノづくりの発想を支援するバイオミメティクス・画像検索

上述の「①発想支援型の画像検索」で説明した発想支援型画像検索理論に基づき，バイオミメティクス・画像検索基盤が実現され，ネットワーク経由で検索が可能な環境が整備されている．従来の検索サービスと同様に，生物情報の閲覧や検索結果のキーワードによる絞り込みが可能である他，画像を質問とした検索を可能とする機能が備えられており，生物学者だけでなく，生物の知識が無い技術者など専門分野にかかわらず，技術開発やモノづくりの現場で得られた画像を質問として生物の情報を入手することができる．

実際にシステムを利用している様子を図5に示し，これを用いて主な機能を説明する．なお，説明のためのシステムには，今世紀になって広く普及した走査型電子顕微鏡（SEM）で昆虫や魚類・鳥類の表面のサブセルラー・サイズ構造（細胞内部や表面に形成される数百 nm～数 μm の構造）を観察した5,380枚（国立科学博物館および山階鳥類研究所提供）の画像が登録されている．

画像の類似性に基づき登録された全ての画像を配置する可視化域を図5aに示す．図中右上には，全体の配置の中でどの部分が表示されているかを示すナビゲーションマップが準備されている．この機能を用いることで，ユーザーは，科や種が異なる大量の生物画像を一度に見る．そして，その表面構造の類似性や差異に気づき，新たな発見が期待できる．

撮像生物のインベントリー情報を閲覧する機能は図5bの通りである．この図では，「シオカラトンボ」の画像（昆虫トンボ目トンボ科，右前翅縁紋後方背面，50,000倍）の詳細を確認している．注目する画像の拡大画像の右側にインベントリー情報が閲覧できる．なお，インベントリー情報として，倍率，部位，所蔵場所，大分類，目，科，種和名，属名，種小名，亜種名，性別，採集場所，採集日付，採集者，採集環境，採集方法，体サイズ，撮影機器名，蒸着，取扱責任者，写真撮影者の他，生態キーワードが登録されている．この生態キーワードは，画像を登録する生物学者の自由記載となっており，撥水，浅海，岩場，底生，吸盤，汽水，砂地，泥場，モスアイ，構造色，高速遊泳，回遊，強大な背鰭棘（せびれきょく），紅色，鱗食（りんしょく），無鱗，岩に張り付く，藻類食，汚れを削りとる，潜水，

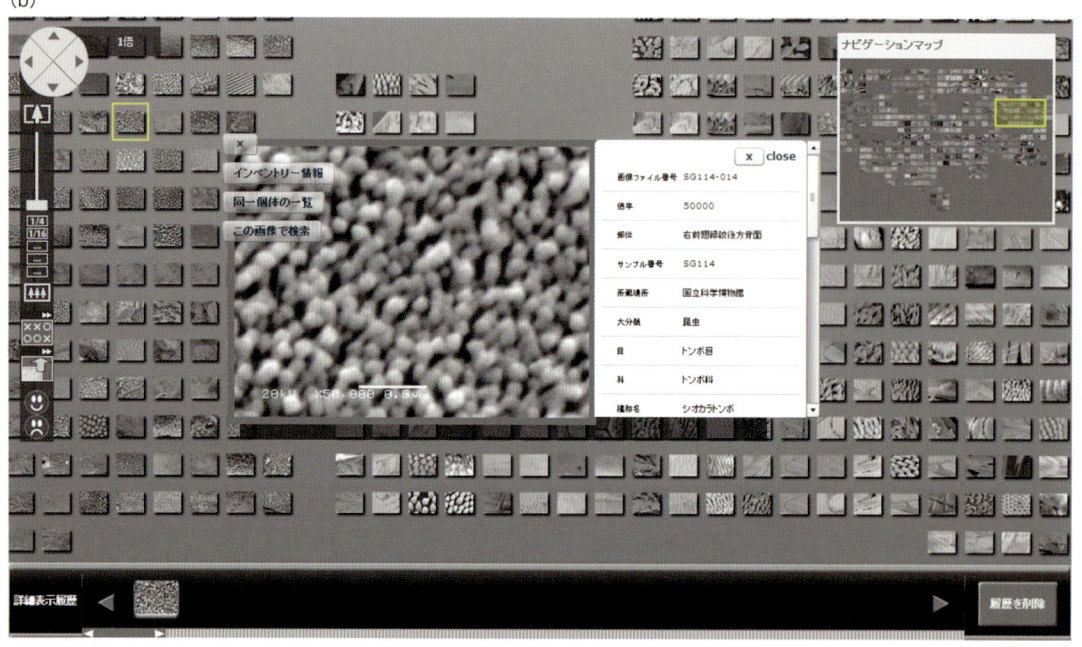

図5　バイオミメティクス・画像検索システムの機能の説明（1）

無反射，前翅端と腹部基部背面をこすり合わせて発音する，フォトニック結晶，多層膜干渉，吸着毛，構造接着など多様な表現で記載されている．表面構造の共通性に加え，この生態キーワードを参考にすることで，異なる種の生物学者や，生物学に精通していない異分野の研究者の利用障壁を低減し，発見を促す．

インベントリー情報による画像の絞り込みである機能を図6aに示す．画像左上が絞り込み画面．画面では，科を「セミ科」，倍率を「2,500倍～10,000倍」として絞り込みをおこなっている．登録画像全体の可視化画面では，撮像生物が「セミ科」であり，撮像倍率が「2,500倍～10,000倍」のSEM画像のみが表示され，他の画像は灰色で表

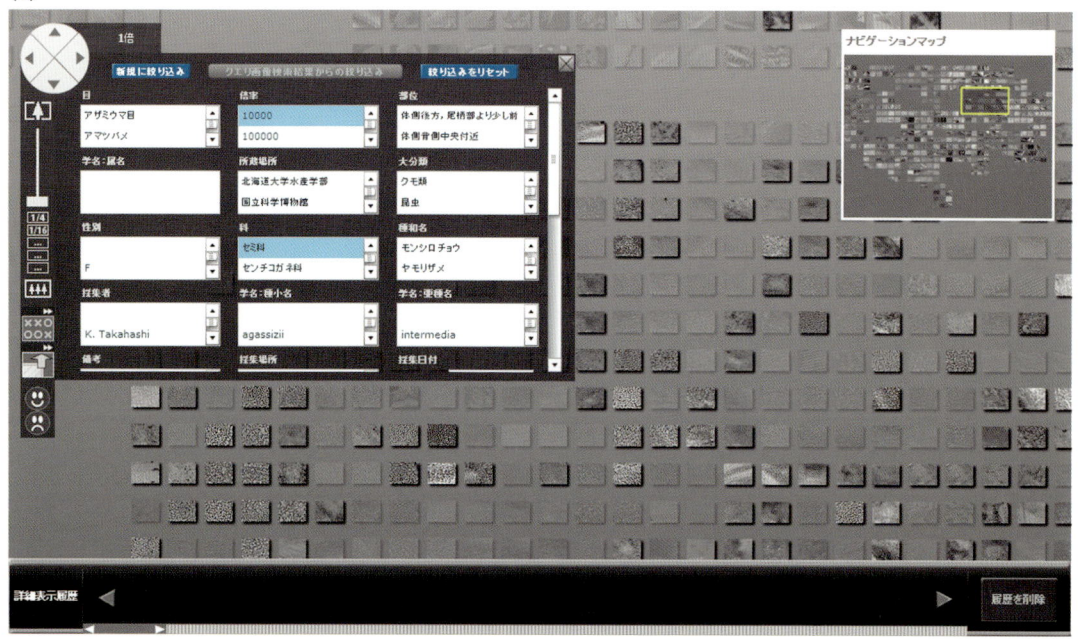

図6　バイオミメティクス・画像検索システムの機能の説明 (2)

示されている．

　画像による画像の検索機能については図6bのとおりである．図の左上に示された「ルリボシタテハモドキ」の画像（昆虫チョウ目タテハチョウ科，右後翅背面青色鱗粉，20,000倍）を質問画像として，類似画像検索をおこなった結果が図中右に示されている．類似画像検索結果の中央の画像は，質問画像（図中左上と同一）であり，その上方から右にツマムラサキマダラ（昆虫チョウ目マダラチョウ科，前翅紫色鱗，20,000倍），アオス

第5章　科学や人の生活に役立つ生物学情報 —— *129*

(a)

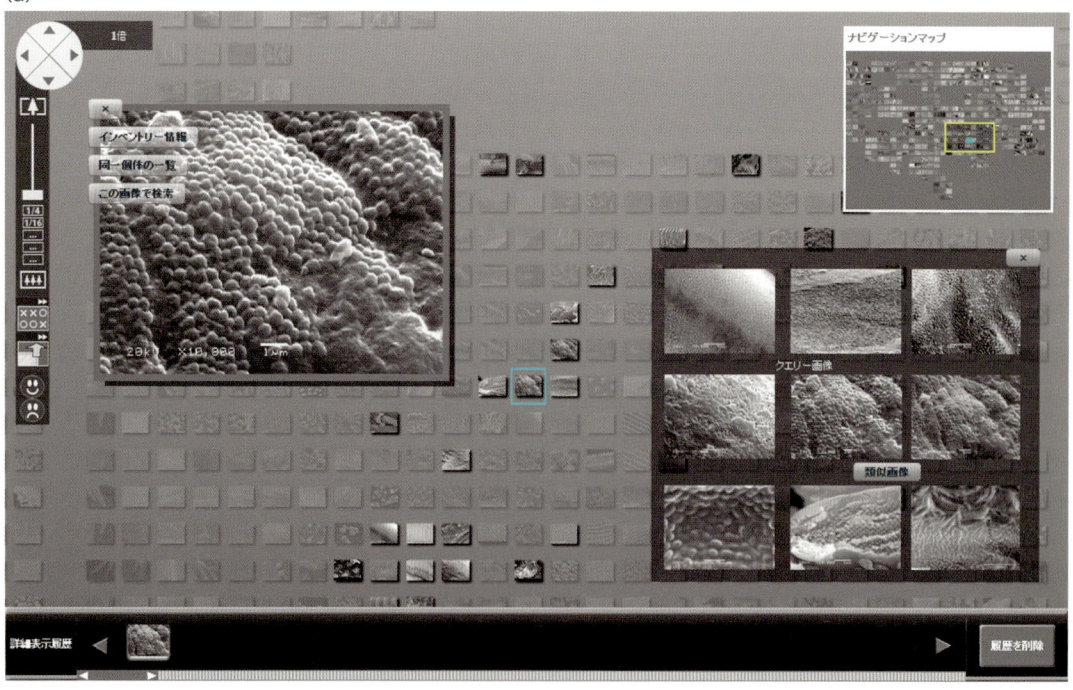

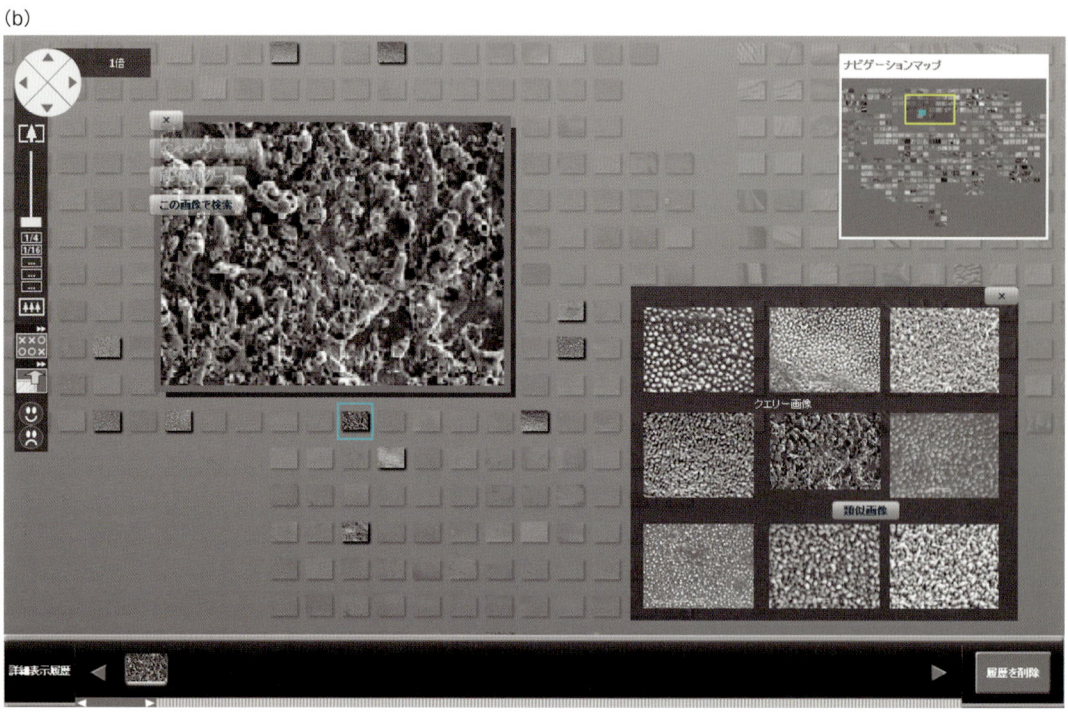

(b)

図7　類似画像検索機能を用いたモノづくりの発想支援（1）

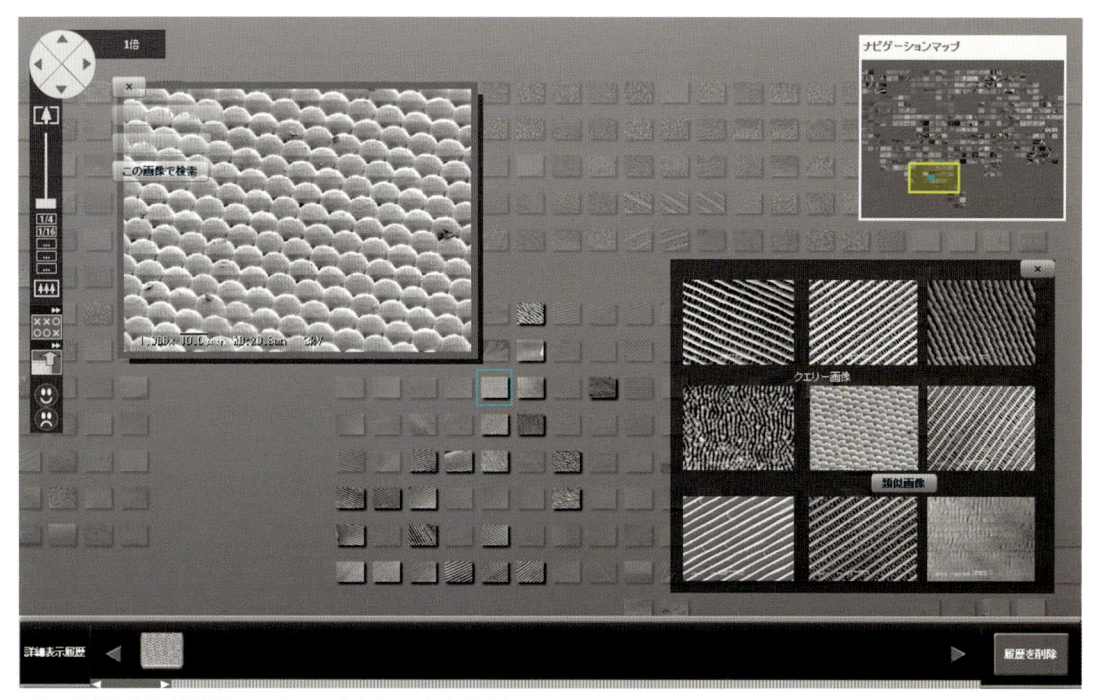

図8 類似画像検索機能を用いたモノづくりの発想支援 (2)

ジアゲハ (昆虫チョウ目アゲハチョウ科, 前翅背面外縁黒色部, 20,000 倍), ヘレノールモルフォ (昆虫チョウ目タテハチョウ科, 前翅青色鱗, 20,000 倍), アオスジアゲハ (昆虫チョウ目アゲハチョウ科, 前翅腹面先端付近黒色部, 10,000 倍), ツマムラサキマダラ (昆虫チョウ目マダラチョウ科, 前翅黒色鱗, 20,000 倍), アオスジアゲハ (昆虫チョウ目アゲハチョウ科, 後翅背面赤紋, 10,000 倍), アサギマダラ (昆虫・チョウ目タテハチョウ科, 右前後翅背面, 20,000 倍), オオスカシバ (昆虫チョウ目スズメガ科, 右前翅背面, 20,000 倍) である. この結果から, 質問画像の表面構造と類似画像検索結果の表面構造に類似性が確認できる. また, 類似画像検索結果で示された 8 画像のインベントリー情報を確認すると, 全てに共通して生態情報に「撥水」が記載されていた. さらに, 5 つの結果に「モスアイ」が記載されていた. 利用者は, 検索結果に見られる共通の表面構造に機能発見の鍵が隠されていると考えることができる.

さらに, 図 6b の類似画像検索機能を用いて, カワハギ (魚類フグ目カワハギ科, 体側中央の背側寄り, 10,000 倍) を質問画像として, 類似画像検索をおこなった結果を図 7a に示す. 図 7b と同様に中央が質問画像であり, その上方から右にチョウセンケナガニイニイ (昆虫カメムシ目セミ科, 前翅先端近く翅脈を離れた膜面, 10,000 倍), ミヤコニイニイ (昆虫カメムシ目セミ科, 左後翅腹面, 5,000 倍), カワハギ (体側中央の背側寄り, 7,000 倍), モノサシトンボ (昆虫トンボ目モノサシトンボ科, 右後翅背面, 5,000 倍), シェーンヘルホウセキゾウムシ (昆虫コウチュウ目ゾウムシ科, 左前脚脛節鱗片, 20,000 倍), クロイワニイニイ (昆虫カメムシ目セミ科, 前翅膜面, 50,000 倍), クマゼミ (昆虫カメムシ目セミ科, 右前翅, 5,000 倍), オキナワヒメハルゼミ (昆虫カメムシ目セミ科, 右後翅背面, 5,000 倍) である. この結果から, 類似画像検索機能を用いて, 表面構造の類似性に注目することで異なる種類の生物を探し出せることが分かる.

さらに, 類似画像検索機能を用いてモノづくりの発想支援が可能となる例を示す. 図 7b は, 企業研究所より提供を受けた金属表面の SEM 画像 (図 7b 中央の画像) を質問画像として, 類似画像

検索をおこなった結果である．中央画像の上方から右に，アブラゼミ（昆虫カメムシ目セミ科，左前翅，5,000倍），オニヤンマ（昆虫トンボ目オニヤンマ科，右前翅背面，20,000倍），アブラゼミ（右後翅，5,000倍），ミヤマカワトンボ（昆虫トンボ目カワトンボ科，右後翅背面，20,000倍），ハグロトンボ（昆虫トンボ目カワトンボ科，左後翅先端近く，20,000倍），ニイニイゼミ（昆虫カメムシ目セミ科，左後翅腹面，10,000倍），ツクツクホウシ（昆虫カメムシ目セミ科，左後翅腹面，20,000倍），クロイワゼミ（昆虫カメムシ目セミ科，右前翅背面，20,000倍）である．この結果より，類似画像検索機能を用いることで，金属表面のSEM画像と昆虫の翅の表面構造との類似性が確認できる．

次に，図8に，材料表面のSEM画像（モスアイ型PDMSマイクロレンズアレイ，千歳科学技術大学平井悠司氏画像提供）を質問画像とした類似画像検索結果を示す．質問画像を中央に配し，その上から右にディディウスモルフォ（昆虫チョウ目タテハチョウ科，後翅腹面5,000倍），ディディウスモルフォ（昆虫チョウ目タテハチョウ科，前翅背面，10,000倍），アサギマダラ（昆虫チョウ目タテハチョウ科，右前後翅背面5,000倍），スジアカクマゼミ（昆虫カメムシ目セミ科，右後翅背面30,000倍），アオスジアゲハ（昆虫チョウ目アゲハチョウ科，前翅腹面黒色部5,000倍），ディディウスモルフォ（昆虫チョウ目タテハチョウ科，後翅背面，5,000倍），ヒグラシ（昆虫カメムシ目セミ科，右前翅背面，30,000倍），アオマエモンジャコウアゲハ（昆虫チョウ目アゲハチョウ科，右後翅背面赤色鱗粉，5,000倍）である．類似画像検索結果に示された8画像の内，4つのインベントリー情報の生態情報に「モスアイ」が記載され，7つに「撥水」が記載されていた．このことから，質問画像のモスアイ型PDMSマイクロレンズアレイの表面構造の特徴を捉えた検索が可能であることが確認できた．

以上，図7bと図8の結果から，例えば，金属加工技術者や材料化学の研究開発者が，自身で得た画像をこの検索基盤に入力して，大量の生物画像の中から，効率的に類似の構造をもつ生物を発見することができることが示された．これにより，生物固有の機能に気づくことや，開発材料に新たな機能を発見することができれば，新しいモノづくりへの発展が期待できる．尚，現状の画像検索システムには約2万枚の生物SEM画像が登録されている他，異なる特徴量を選択することも可能となっており，多様な画像検索を目指し改良が続けられている．

おわりに

生物学に蓄積された大量のデータの背景には，多様な概念が存在し，言語化されにくいものも多く，欲しい情報を得るための大きな障壁となっている．本節で紹介したバイオミメティクス・データ検索基盤は，生物学情報が異分野で活用されることを支援するものであり，広く活用が進むことで新しい産業の創出が期待できる．

引用文献

國岡崇生・田村友紀・山崎文枝・堀内美穂・坂内 悟．2012．JSTシソーラスmap．情報管理，55(9): 662-669．

長谷山美紀．2010．画像・映像意味理解の現状と検索インタフェース．電子情報通信学会誌，93(9): 764-769．

Haseyama, M., T. Murata and H. Ukawa, 2009. A new image retrieval interface and its practical use in "View Search Hokkaido." The 13th IEEE International Symposium on Consumer Electronics: 851-852.

Haseyama, M. and T. Ogawa. 2013. Trial realization of human-centered multimedia navigation for video retrieval. International Journal of Human-Computer Interaction, 29(2): 96-109.

Haseyama, M., T. Ogawa and N. Yagi. 2013. A review of video retrieval based on image and video semantic understanding. ITE Transactions on Media Technology and Applications, 1(1): 2-9.

溝口理一郎．2005．オントロジー工学．オーム社，東京．

溝口理一郎・古崎晃司・來村徳信．2015．オントロジー強化型シソーラス—工学者のための発想支援型情報検索を目指して．情報管理，58(5): 361-371．

下村政嗣（編）．2011．次世代バイオミメティクス研究の最前線—生物多様性に学ぶ．シーエムシー出版，東京．

厳しい環境制約の中で心豊かな暮らしをつくるバイオミメティクス ―――― 石田秀輝・古川柳蔵・山内 健・小林秀敏・須藤祐子

なぜバイオミメティクスなのか?

ひとつには,学問的に大きな空白部分があるからと言う視点は無論正しいのだろう.一方,環境科学と言う視点で見れば,過去に経験したことがない厳しい地球環境制約の中で,心豊かな暮らしを創出しなければならない21世紀型テクノロジーに求められるものは,自然を基盤とした暮らしに立脚できるものであり,それは地下資源・エネルギー消費型のテクノロジーではなく,完璧な循環を最も小さなエネルギーで駆動する唯一の持続可能な社会を創っている自然から学ぶことが出来る可能性が極めて高い.ここでは,21世紀に求められる新しいライフスタイルが求めるテクノロジーの価値を再考してみたい.

地球環境問題とは何か?

地球環境問題は,今世紀最大の課題であることは誰もが認識し,また多くの努力にも拘らず劣化が進み,ますます厳しい状況となっている.社会科学的な問題を除き,我々の周りには7つのリスクがある(図1).それは,資源/エネルギーの枯渇リスクであり,生物多様性の劣化リスク,水/食料の分配のリスク,急激に増える人口のリスク,そして,地球温暖化に代表される気候変動のリスクである.重要なことは,これらのリスクを生み出したのは,我々自身であり,我々がちょっとした快適性や利便性を求めた結果が生み出した幾何級数的な環境負荷の積み重ね結果なのである.すなわち,地球環境問題の本質は「人間活動の肥大化」である(石田,2009).

一方,この問題を解決するために,例えばエコ・テクノロジーが大量に市場に投入されているものの,残念ながら環境劣化には大きな効果を出してはいない.エコ・テクノロジーはそれ自体極めて有効で環境負荷を下げるものではあるものの,それが市場に投入される場は大量生産大量消費の構造であり,結果としてエコ・テクノロジーが消費の免罪符としてしか働かず,家庭のエネルギー消費を下げる力になっているとは言えない(石田・

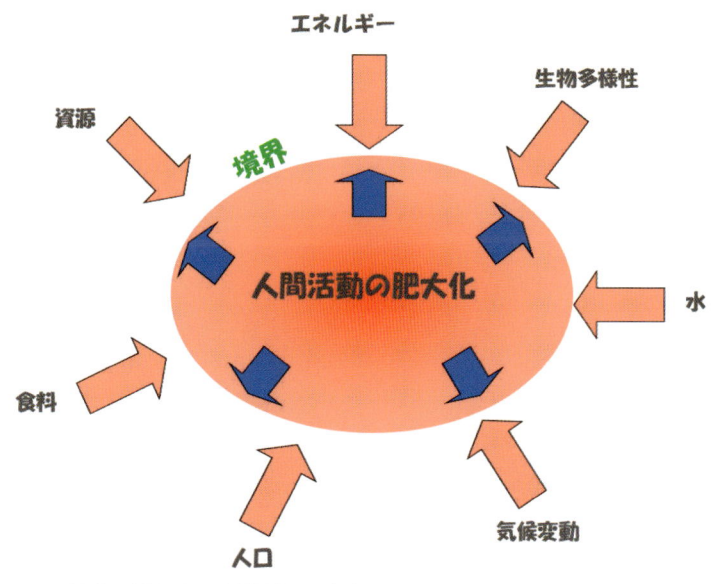

図1 地球環境問題とは人間活動の肥大化

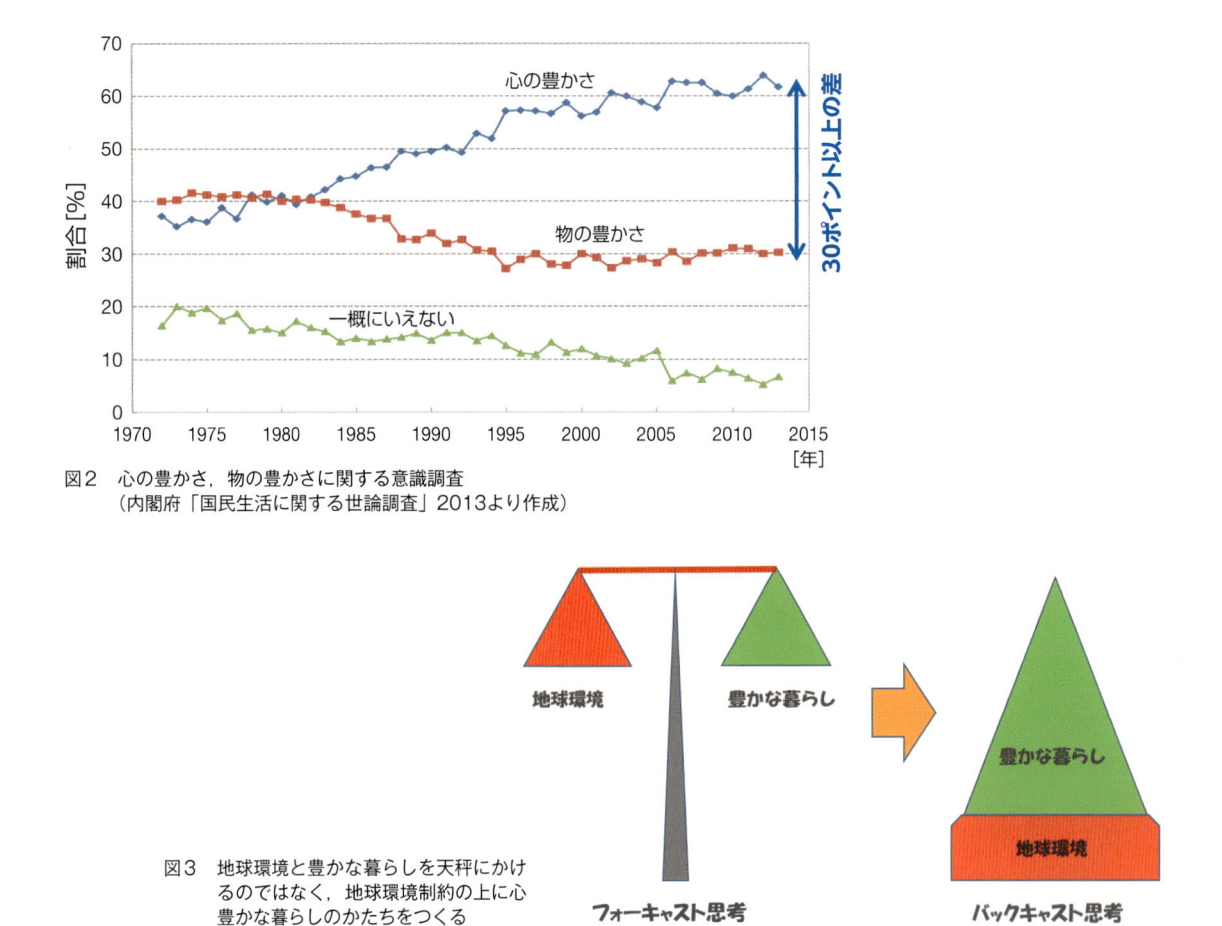

図2 心の豊かさ，物の豊かさに関する意識調査
（内閣府「国民生活に関する世論調査」2013より作成）

図3 地球環境と豊かな暮らしを天秤にかけるのではなく，地球環境制約の上に心豊かな暮らしのかたちをつくる

田路, 2013).

今，我々が出さねばならない解は，人間活動の肥大化を人間のもつ本質的な価値である「心豊か」に暮らすことを担保しながら「停止・縮小」することであり，それこそが今求められているのだと思う．

予兆が示すあたらしい価値とは？

ではこのようなアプローチは白いキャンバスに絵を描くようにゼロからのスタートなのか？ いや，すでに多くの予兆がそれを明らかにしている．我が国では，1980年代の半ばから「もの」より「心の豊かさ」を求める人が増え続け，現在この両者には30ポイント以上の差がついている（図2）（内閣府, 2013）．若い人たちは，車より自転車の方がカッコ良いと言い，フリーマーケットで物々交換することに違和感がなく，週末にはアウトドアをはじめ自然と関わりあうことがブームになり，家庭菜園やガーデニングに目を輝かせ，ビンテージではないものを修理して大事に使うことがお洒落だと言い始めた．予兆は明らかに，「もの」から「心」へ移行することを示している．

少し大きな視点で見れば，狩猟採集社会も，農耕社会も「もの」の移動が飽和してくると（テクノロジーの集積が文明であり，知の集積が文化であるとすれば），文明的な発達から文化的な成熟，例えば洞窟壁画や芸能へ向かう（広井, 2015）．18世紀に始まった近代社会も，大量生産大量消費という構造を成熟させるとともに資本主義の構造を確固たるものにしていった．それは，少し荒っぽい言い方をすれば，濃いところから薄いところへものを流す社会である．そしてその薄いところを世界中から探すためにITが武器となり，ビジネスのグローバル化が進んだ．そして今，薄いところ

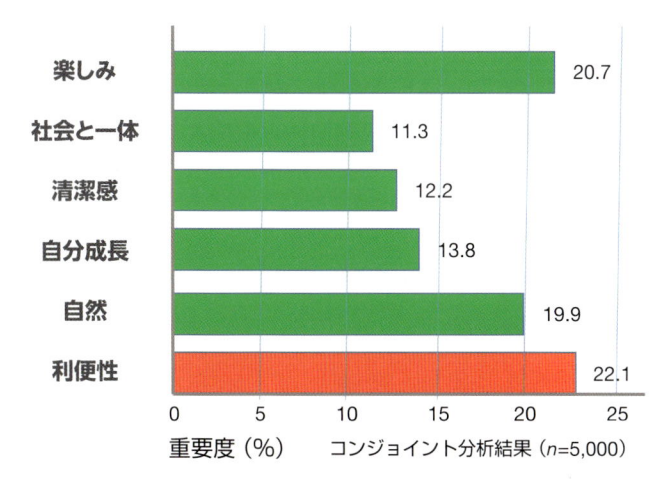

	値
楽しみ	20.7
社会と一体	11.3
清潔感	12.2
自分成長	13.8
自然	19.9
利便性	22.1

図4　暮らしの中で潜在的にもっている欲求（20～60歳代）

がなかなか見つからず，飽和してきていることも事実であろう．過去の社会構造に学べるとすれば，これからの世界は，非貨幣，ローカル，労働集約に代表されるような文化的な価値に重きを置く社会への移行が始まりかかっているとも言えるのではないかと思う（石田，2015）．

では，精神的な社会に貢献できるテクノロジーやサービスとは何か，それは決して無形のものであるわけではないが，それを明らかにするためには，足場を変えて思考する必要がある．従来型の思考（フォーキャスト思考）で地球環境のことを考えれば，心豊かに暮らす部分を削り我慢の戦略を取ることになる．節水，節電，省エネに代表されるテクノロジーは全てこの思考から生まれた．これからますます厳しくなる地球環境制約に対して，これからも我慢を強いるテクノロジーを作り続けることが次世代への責任とはとても思えない．それは将来への責任の先送りでもある．私たちはこれからどのような環境制約が掛かって来るのか，すでにかなり定量的な知見をもっている．重要なことは，この制約の中で，ワクワクドキドキ心豊かに暮らせるライフスタイルをしっかりイメージし（バックキャスト思考），それに必要なテクノロジーやサービスを具体的に創り上げる必要がある（図3）．

心豊かな暮らし方のかたちとは？

では，心豊かな暮らし方のかたち，そのライフスタイルとはどのようなものか？　すでにバックキャスト思考で4,000を超えるライフスタイルを描き，その各々について社会受容性を測定し，その分析結果から，現在の20～60歳代の方々が潜在的にどのような欲求をもっているのかをほぼ明らかに出来た（Ishida and Furukawa, 2013; 図4）．最も強い価値は，予想通り「利便性」であったが，驚いたのはこれとほぼ同じ強さで「楽しみ」と「自然」が続いたことである．無論，バックキャストで描いたライフスタイルにはインターネットやテレビゲームは現れない．社会はそのようなものとは異なる「楽しみ」を求めているのである．「自然」も同様に，恐らく自然と何らかの形で関与したいと言うことなのだろう．また，これらに続いて「社会と一体」，「自分成長」などの価値観が強く現れた．

さらにこれらの価値を深掘りするために，新たに開発した90歳ヒアリング手法（古川・佐藤，2012）を導入した．戦前に成人になり，日本が高度経済成長の地盤を固めた1960年代に40歳代の働き盛りだった方々のヒアリングを通して，日本人の生活原理を炙り出そうというものである．現在までに海外2ヶ所，国内全都道府県で450名を越える方々のヒアリングを終了し，日本の文化を創ってきた生活原理が44個に集約でき（古川・佐藤，2012; 表1），この基盤の上に地域性が存在することも分かってきた．この90歳ヒアリング結果とバックキャスト思考によるライフスタイル

表1　日本の文化を創ってきた生活原理（90歳ヒアリング結果）

1 自然に寄り添って暮らす	16 何でも手づくりする	31 家族を思いやる
2 自然を活かす知恵	17 直しながらていねいに使う	32 みんなが役割を持つ
3 山、川、海から得る食材	18 最後の最後まで使う	33 子どもを囲む
4 食の基本は自給自足	19 工夫を重ねる	34 ともに暮らしながら伝える
5 手間暇かけてつくる保存食	20 身近に生きものがいる	35 いくつもの生業を持つ
6 質素な毎日の食事	21 暮らしの中に歌がある	36 お金を介さないやりとり
7 ハレの日はごちそう	22 助け合うしくみ	37 町と村のつながり
8 野山で遊びほうける	23 分け合う気持ち	38 小さな店、町場のにぎわい
9 水を巧みに利用する（水を使い分ける、水を確保する）	24 つきあいのたしなみ	39 振り売り、量り売り
	25 人をもてなす	40 どこまでも歩く
10 燃料は近くの山や林から	26 出会いの場がある	41 ささやかな贅沢
11 暮らしの中心に火がある	27 祭りと市の楽しみ	42 ちょっといい話
12 自然物に手をあわせる	28 行事を守る	43 ほどのいいあんばい
13 庭の木が暮らしを支える	29 身近な生と死	44 生かされて生きる
14 暮らしを映す家のかたち	30 大ぜいで暮らす	
15 一年分を備蓄する		

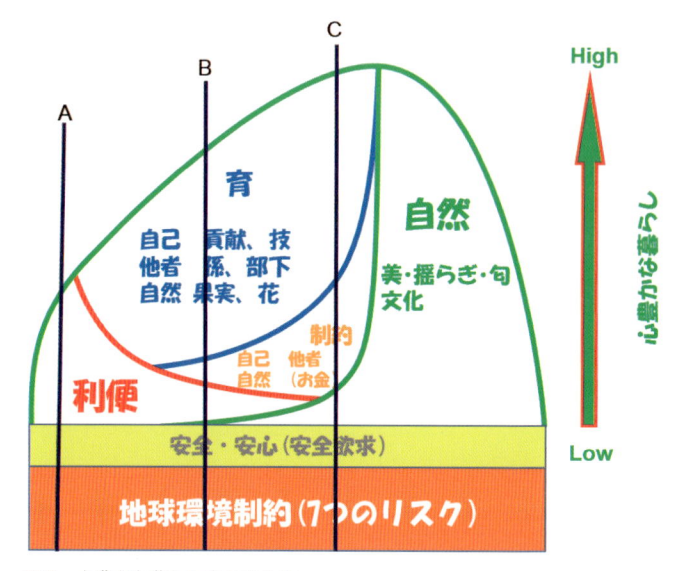

（自然との関わり／暮らしのかたち／人との関わり／仕事のかたち／生と死の関わり）

図5　心豊かな暮らし方のかたち

の分析で明らかになった潜在欲求から，心豊かな暮らしの構造がやっと見えてきた（Ishida and Furukawa, 2013）．

心豊かな暮らし方は地球環境制約の上に利便，自然，育と言う3本の柱が立っており（図5），図のAからCに向かうほど心豊か度が上昇する．Aの領域にある商材は例えばエコなエアコンかもしれない．地球環境のことを考えてはあるものの利便性しかなく，購入したときは嬉しいものの，すぐに飽きてしまう．B，Cの領域にあるものは，組み立て式の家具や家庭菜園などがこれに当たる．この領域では，何かしら制約がかかり，それを知恵や技で克服（ポジティブ制約）することで愛着や達成感が生まれる．これから求められるテクノロジーやライフスタイルはこのB，C領域のものになる．

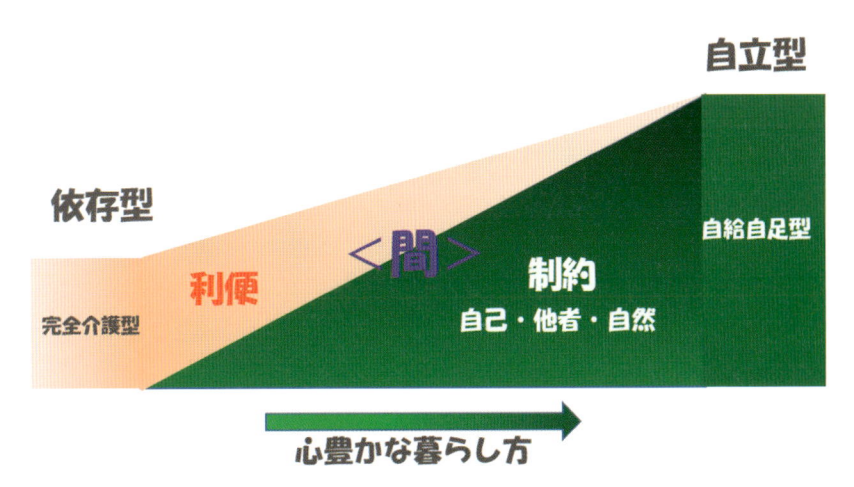

図6 依存型と自立型のライフスタイルの間には「間」が存在する

自立と依存のライフスタイルを考える間抜けの研究とは？

図5をライフスタイルという視点で見れば，Aの領域は依存型のライフスタイルであり，B，Cの領域は自立型のライフスタイルと言える．そして，今，生活者が求めているものは「自立型」のライフスタイルであるものの，多くのテクノロジーやサービスは「依存型」のライフスタイルを煽(あお)るものが圧倒的に多い．利便性のみを追求し，ブレーキを踏まなくても止まる車をはじめ，あらゆるものが全自動化の方向にある．これが極端になれば，「完全介護型」のライフスタイルになる．これは健康な人をベッドに縛り付けているようなものである．初日は嬉しいかも知れない．何もしなくてもあらゆることをテクノロジーやサービスが処理してくれるのだから……しかし，10日も暮らせば，ストレスが溜まり，それはとんでもない苦痛になる．お客様のことを思って作れば作るほどクレームが増える……今，多くの企業が抱えている問題はここにもあるように思う．ともあれ，生活者が求めているものとは逆行している．では，自立型のライフスタイルを煽るテクノロジーやサービスはあるのか？ 残念ながらほとんど無い．自立型＝自給自足型と定義されているようで，田舎暮らし，1次産業という認識が圧倒的に濃く，さらには，都会暮らしの人たちには圧倒的にハードルが高い．要するに，自立と依存の間に「間」があるのであるが，これがすっぽり抜けている．「間抜け」なのである（石田，2015; 図6）．最近，「ものを欲しがらない若者」などの議論が新聞でよく特集されているが，本当にそんな若者が存在するとは思えない．若者が求めているものは，この「間」を埋めるテクノロジーやサービスであり，利便性のみを煽(あお)るテクノロジーやサービスではないのだと思う．

「間」を埋めるテクノロジーやサービスはほとんど研究されておらず，ビジネスにもなっていないが，間違いなくここには山ほどの宝物が眠っている．間を埋めるテクノロジーやサービスとはちょっとした不便さや不自由さという制約を自分の知識やスキルで乗り越えるということである．それによって，達成感や愛着が生まれることは，家庭菜園をはじめ多くの予兆が明らかにしていることでもある．但し，超えられない制約（ネガティブ制約）は苦痛であり，どの程度の制約までなら超えられるのかということを考えることも生活者の責任であり，そのレベルに応じて色々な制約（例えば，求められるスキルのレベル）を準備することが企業やテクノロジーの責任でもある．

自立型のライフスタイルを最先端テクノロジーが煽る，恐らく従来の思考とは大きく足場を変えた新しいビジネスフィールドがそこに見えてくる．これこそ，イノベーションだと思う．

高名な経済学者のヨーゼフ・シュンペーター（Joseph Alois Schumpeter: 1883-1950）は，テクノ

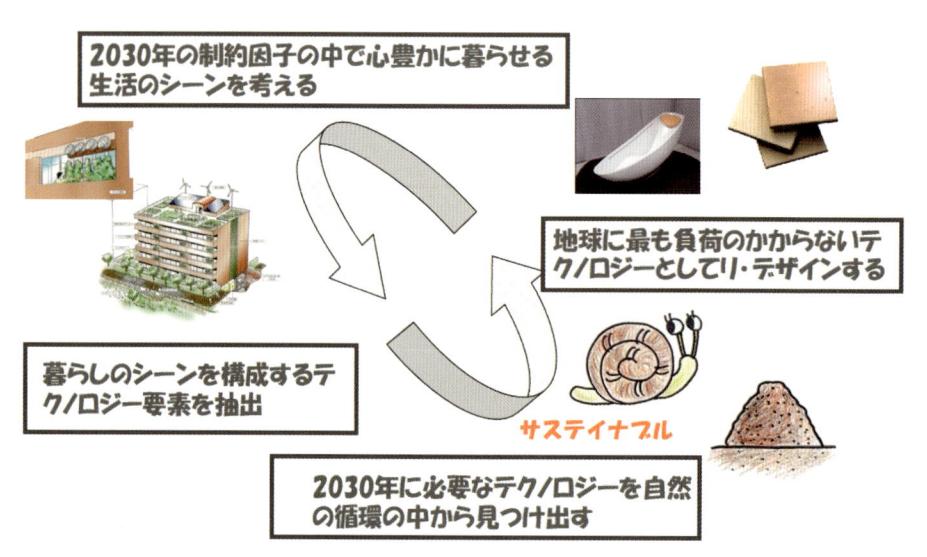

図7　ネイチャー・テクノロジー創出システム

ロジーだけではイノベーションは起こらないと言い，新しい欲望が生産者側から消費者に教え込まれてイノベーションは起こると言った（Schumpeter, 1950）．予兆だけではイノベーションは起こらず，何かと何かを置き換えるテクノロジーではイノベーションは起こらないのである．今求められているのは，自立型ライフスタイルを煽るテクノロジーの創生なのである．

21世紀型テクノロジー創出システムとは？

私たちは，そのようなテクノロジーの創出手法をネイチャー・テクノロジー［狭義のバイオミメティクス（生物模倣）と区別するためにこの表現を使わせて頂く］と呼び研究を続けている（Ishida, 2010）．これは，4つのアプローチからなる．①2030年の環境制約をベースに厳しい環境制約の中でワクワクドキドキ心豊かに暮らせるライフスタイルを描く．②描かれたライフスタイルから必要なテクノロジーを抽出する．③完璧な循環を最も小さなエネルギーで駆動する自然から，必要なテクノロジー要素を探す．④見つけたテクノロジー要素をサステイナブルというフィルターを通して具体的なテクノロジーにリ・デザインする．この手法を使って，水のいらないお風呂，無電源エアコン，効率の良い小型風力発電機……などが生まれ（図7），いくつかは市場投入されている．

具体的なアプローチをトンボに学んだ小型風力発電機を例に見てみよう（石田・古川，2013）．

①ライフスタイルを描く
〈小さな小さな風の発電機〉

2030年，昔の様に石油を使って電気を創ることは難しくなりました．原子力発電も2011年の福島第一原発の事故をきっかけに，先進国では運転がほとんど止まりました，途上国でも放射性廃棄物の処理など，先進国に頼っていた分を自分達で処理するにはあまりにコストが掛り，ほとんどの国でその使用をあきらめているようです．その代わり，薄いけれど大量にある自然エネルギーを旨く使う知恵比べが始まりました．エネルギーの使い方も随分変わってきました．今では，庭先でくるくる回る小さな発電機が子供たちの羨望の的です．何故って，自分で貯めた電気は自分で使うことが出来るからです．昨日貯めた電気で少しだけゲームをしました．今日貯める電気は，本当はゲームに使いたいけれど御隣のおばあちゃんの補聴器の電気が無くなりかけたと今朝聞いたので，おばあちゃんにプレゼントしようと思っています．明日は，少したくさん風が吹くといいなぁ……そんなことを思いながら空とくるくる回る発電機を眺めるのがとても幸せです．

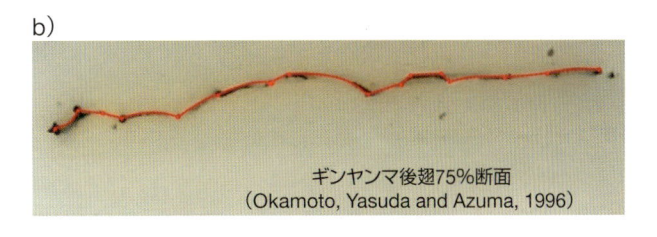

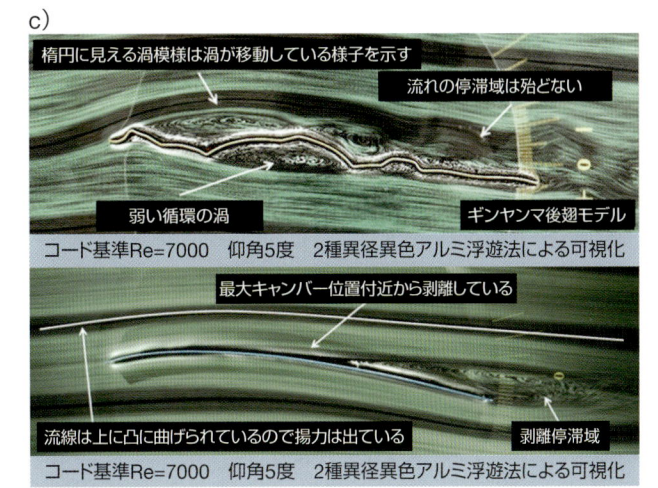

図8 トンボの翅に学んだ風力発電機．a) 滑空するトンボ；b) トンボの翅の断面；c) トンボの翅（上），流線型の翅周辺の空気の流れ（Re=10³）；d) 凸凹羽根をもつ風力発電機

②ライフスタイルからテクノロジーを抽出する

このライフスタイルに求められるテクノロジーは，庭先で風鈴がちりちり鳴るように，小さな風力発電機がいつも回っていることである．いつ見ても回っている，子供にとって自分のためにいつも回ってくれている発電機が必要であり，それには微風でも回ることが最も重要なテクノロジー価値となる．

③自然の中にテクノロジー要素を探す

自然のドアをノックすることで，トンボを見つけた．トンボは昆虫の中で最も低速で滑空が可能，すなわち低速で浮力を得ることが可能であり，これを応用すれば低風速でも回る風力発電機開発が可能となる．

④テクノロジーとしてリ・デザインする

トンボはレイノルズ数（Re）10^3 程度の領域で飛翔している．残念ながらこのような低 Re 領域での研究はほとんどなく，日本文理大学小幡章研究室のサポートを頂きながら共同でそのメカニズムを明らかにすることができた．トンボの羽根の断面は凸凹しているが，低 Re 領域では，この凸凹の部分に小さな渦が発生し，これがボールベアリングのような役割をして，粘性の高い空気をベルトコンベヤに載せるようにして後方へ運ぶのである．この領域では，流線型の羽根では羽根の中ほどで空気が羽根表面から剥離しているのが観察される（図8）．トンボの羽根の凸凹が実に上手く機能していることが明らかになった．その結果，風速 20 cm でも回転する直径 50 cm の発電機が試作された（図8）．この発電機は従来の小型風力発電機が，例えば風速 2.5 m/s では発電しないのに比べ，1.0 m/s で 18% の効率を示す（図9）．さらに高い Re では性能が低下するため，風速が増せば回転数が落ち定速となり，減速機不要の風力発電機と言う二次効果も確認された（Ishida and Furukawa, 2013）．

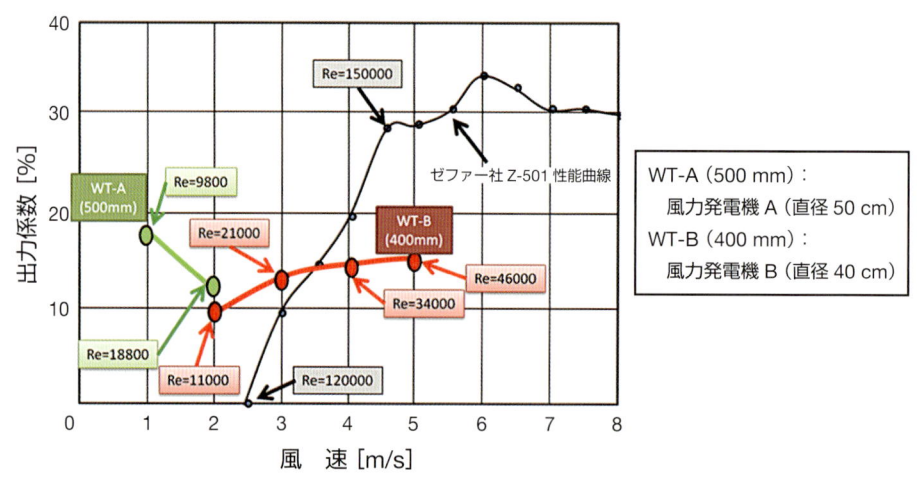

図9 風力発電機の効率図．黒線は市販の小型風力発電機，緑線・赤線は開発したトンボに学ぶ風力発電機

ネイチャー・テクノロジーは汎用化できるのか？

このように，バックキャスト思考によるライフスタイルから環境制約を基盤に心豊かなライフスタイルを担保できるテクノロジーを生み出せることが明らかとなった．次のステップは，このようなアプローチが誰にでも可能となるための汎用的なシステム開発が必要となる．

そのひとつとして，オントロジー工学の導入が有力である可能性が見えてきた．オントロジーとは「人工システムを構築する際のビルディングブロックとして用いられる基本概念／語彙の体系（理論）」のことである（溝口，2005）．この手法を使って，心豊かな暮らし方の構造分析が可能であることは明らかとなってきており，社会受容性の高いライフスタイル，および90歳ヒアリングで得られた心豊かなライフスタイルの構造を分析することにより，本質的に同じ行為で生じる問題の解決方法を提示できる標準語彙が構築できるのではないかと考えている．現在，代表的なライフスタイルについて分析がおこなわれており，どの程度の数の標準語彙で心豊かなライフスタイルが収束するのかを含め，そのシステム化に取り組んでいる．

また，行為が生み出す方式は，現実解（テクノロジー）としては矛盾を起こすこともに多い．例えば，社会受容性が高いと評価された「木造電柱を総合小型発電機のハブとして機能させる」では，広葉樹のようなフレキシブル太陽電池の開発が有効である．しかしながらこの現実解を実現するには「なるべく太陽の光を吸収させるためには表面積を大きく取りたいが，一方，表面積を大きくすればするほど台風などの外乱を受けやすい」などの技術矛盾が生じる．このような問題を解くために，バイオTRIZ（BIO-TRIZ）データベースの開発研究を並行しておこなっている（山内・小林，2013）．TRIZは技術矛盾を解決する方法として約250万件の特許分析からロシアで生まれた手法であるが，この手法を利用して150万種の生物を分析して問題を解決するのがバイオTRIZである（図10）．これは，互いに矛盾する要素を40の開発原理から3～4の原理に絞り，その原理を反映する生物機能を提案する手法である．例えば，先の表面積と台風による外乱の矛盾であれば，解決原理として〈先取り反作用原理〉が，生物機能としては「ラック虫がつくる保護カバー」が提案された．同様に〈局面原理〉「ヒレを丸めてすいすい泳ぐブルーギル」・「360度全方位を見渡すロブスターの複眼」・「梅毛虫の防水テント（局面で光も集めて保温）」，〈ダイナミック性原理〉「生物のしなやかさの利用」，〈入れ子原理〉「光を集めて温まるチョウ（トリバネチョウ鱗粉のハニカム構造）」などの原理と生物機能が提案されるという

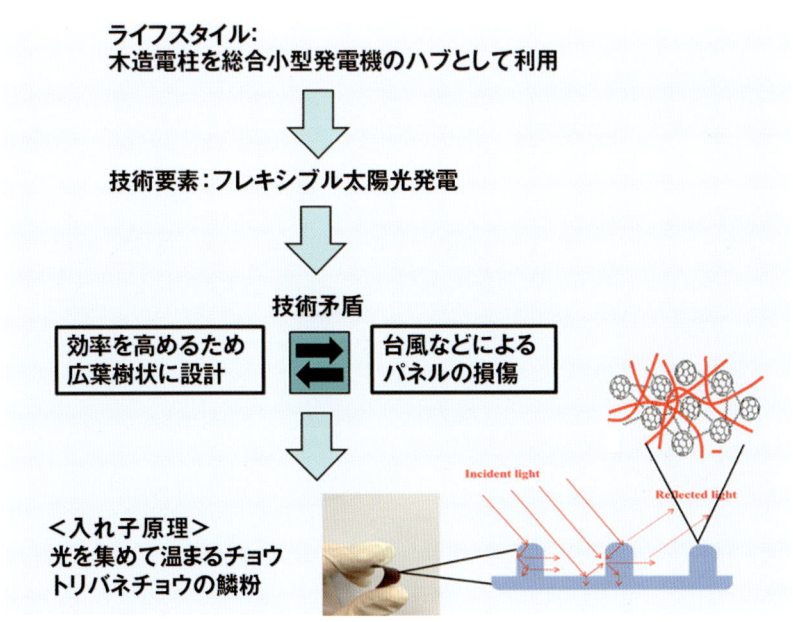

図10 バイオTRIZによるアプローチ例

 もので，すでにプロトタイプでの実証可能性試験が始まっている．これによって，問題に対して従来に無い原理・法則の発見と応用の可能性も高くなるものと思っている．

引用文献

広井良典．2015．ポスト資本主義．岩波新書，東京．
石田秀輝．2009．自然に学ぶ粋なテクノロジー．化学同人，京都．
Ishida E. H. 2010. Channeling the forces of nature. Tohoku University Press, Sendai.
石田秀輝．2015．光り輝く未来が，沖永良部島にあった！ ワニブックス，東京．
石田秀輝・古川柳蔵．2013．自然界はテクノロジーの宝庫．技術評論社，東京．
Ishida, E. H. and R. Furukawa. 2013. Nature technology. Springer, Tokyo.
石田秀輝・田路和幸．2013．それはエコまちがい．プレスアート，仙台．
古川柳蔵・佐藤 哲．2012．90歳ヒアリングのすすめ．日経BP，東京．
溝口理一郎．2005．オントロジー工学．オーム社，東京．
内閣府．2013．心の豊かさ，ものの豊かさに関する意識調査．国民生活に関する世論調査．
Okamoto, M., K. Yasuda and A. Azuma. 1996. Aerodynamic characteristics of the wings and body of a dragonfly. Journal of Experimental Biology, 199: 281-294.
Schumpeter, J. A. 1950. Capitalism, Socialism and Democracy, Harper & Brothers, New York.
山内 健・小林秀敏．2013．生物の不思議を工学に移転する技術－バイオTRIZという技法－．PEN: Public Engagement with Nano-based Emerging Technologies Newsletter, 4(5): 8-13.

コラム5

ネムリユスリカのクリプトビオシス

奥田　隆

　世の中には不思議な生き物がいる．我々の生命観の常識を疑わせるような驚異的な生命力をもつネムリユスリカという昆虫を紹介したい．アフリカの半乾燥地帯の花崗岩の岩盤の上にできた小さな水たまりに生息しており，ネムリユスリカ幼虫は8ヶ月間に及ぶ長い乾季の間，干上がった水たまりの底に溜まったデトリタスで作った巣の中でカラカラに干涸びた乾燥状態で次の雨季を待つ（図1）．乾燥幼虫は心臓も脳も活動を停止している．ヒトの「生死の定義」では，乾燥幼虫は生きていないことになる．しかし，次の雨が降ると幼虫は吸水し，1時間ほどで，何事のなかったかのように蘇生し活動を再開する．この生きてもいないが死んでもいないという不思議な状態（現象）をクリプトビオシスという．乾燥幼虫は水を与えない限り眠り続ける．17年後に水に戻して蘇生した記録がある．ネムリユスリカ幼虫の臓器は，「蘇生可能な乾燥状態」で，しかも「常温」で数十年という単位の長期間，保存されているということになる．ネムリユスリカ幼虫のこの極限的な乾燥耐性の仕組みを解明し，それを模倣することで，ヒトの細胞や臓器を，現行のエネルギーを大量に消費する冷蔵，冷凍方法ではなく，エネルギーを必要としない常温での保存が可能になると未来予想している．しかし，ネムリユスリカの驚異的な乾燥耐性の仕組みが明らかになるに従って，この夢の技術を一般化することが決して容易でないことも分かってきた．2つの大きな壁が立ちはだかる．幼虫の身体から水分が失われ始めると，トレハロースという糖が体内で大量に合成蓄積され，これが水の代替分子として，生体成分を保護する．最終的にはトレハロース含量は乾燥重量あたり20％にも達して乾燥した幼虫の身体は，まるで琥珀に封入された化石昆虫のようにガラス状態となる．幼虫の生体成分はトレハロースのガラスによって封入されることで酸化ストレスから護られる（図2）．このトレハロースは多くの昆虫が血糖としてもっている．しかしヒトはトレハロースを分解する酵素はもっているものの合成する能力はない．これが第1番目の問題．幼虫の脱水および再水和時に身体の中で活性酸素が発生することが分かってきた．活性酸素の中には有害な作用をもたらし，脂質の過酸化，DNAの切断等を誘発する．それに対抗するために幼虫は多くの抗酸化因子を発動させるが，DNA損傷を回避することはできない．しかし最終的には損傷したDNAを修復する酵素遺伝子群を発現させ，完全に元通りに修復する．クリプトビオシスの過程で生じるDNAへの

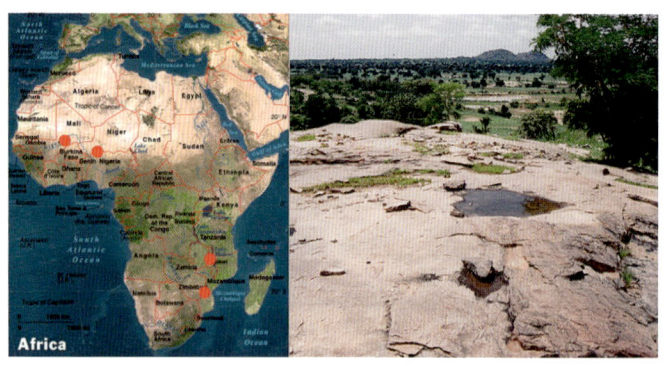

図1
ネムリユスリカの生息場所．
左図：ネムリユスリカはアフリカ大陸のみで生息が確認されている．現時点ではナイジェリア，ブルキナファソ，マラウィ，モザンビーク（赤丸）で確認されている．
右図：半乾燥地帯の花崗岩の岩盤にできた浅くて小さな水たまりに棲む．8ヶ月間におよぶ乾季には水たまりは干上がり，ネムリユスリカも乾燥して次の雨季を待つ

図2　ネムリユスリカのクリプトビオシス．ネムリユスリカ幼虫（左）は脱水に伴いトレハロースという糖を大量に合成し，それが水の代わりに生体成分や細胞を保護する．さらに脱水が進むとトレハロースはガラス状態となり生体成分の酸化から長期的に護る．乾燥幼虫が17年後に水に戻して蘇生した記録が残っている

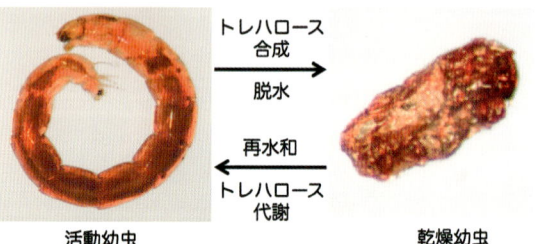

図3　宇宙空間に直接暴露させたネムリユスリカを入れた金属カニスターの回収．100℃近い高温で2年半の間，宇宙空間に暴露されたネムリユスリカ乾燥幼虫は地球に帰還後，水に戻すと蘇生し活動を再開した

図4　ネムリユスリカ生存の危機．ナイジェリアのネムリユスリカの生息場所が採石場となり，砕石所の片隅の水たまりでネムリユスリカが細々と暮らしている．このような現状が続くとネムリユスリカの個体群はどんどん減っていく．マラウィ個体群は新種の可能性があるが，絶滅の危機に瀕している．新種記載後に絶滅させてという悲劇は何としても避けたい

損傷は，約70 Gyの線量の放射線を照射した時と同程度であることが判明した．一方，ヒトの細胞の半数は5 Gyの放射線照射で致死する．つまりDNAが損傷を受けたときの反応（生存戦略）がネムリユスリカとヒトでは全く次元が異なるのである．前者が損傷を可能な限り修復を試みる戦略を採用しているのに対して，後者は修復するよりも損傷を受けた細胞を排除（アポトーシス等で）してしまう．この生存戦略の違いが第2の壁である．ネムリユスリカは乾燥ストレスがかからなければ寿命は1ヶ月ほど，それに対してヒトの寿命は80年と，両者で生存戦略が異なっても不思議ではないし，昆虫たちがさまざまな過酷な環境に適応し，地球で最も繁栄に成功した背景には，こうした戦略があってのことかもしれない．最近，我々はネムリユスリカ胚子由来の培養細胞（Pv11）の「常温保存」に成功した．この単純な系を用いることで乾燥耐性の仕組みの解明が加速的に進むことが大いに期待される．

　ひとつ夢のある話を紹介したい．ネムリユスリカを使った宇宙実験が国際宇宙ステーションで展開されている．2年半の宇宙空間暴露実験（図3）や若田宇宙飛行士によって微重力下での蘇生実験が実施された．クリプトビオシスをするような生命体が地球外の惑星にも仮死状態で存在している可能性も考えられる．夢物語から現実的な話に戻ると，ネムリユスリカ研究の継続が危ぶまれる事態が現地アフリカで起こっていることも分かってきた．原産地の生息場所（岩盤）が砕石所になるなど人間の経済活動によってどんどん破壊されているのである（図4）．現地の人々はネムリユスリカの存在を全く知らない．仮に知ったとしても，ネムリユスリカが彼らの生活に全く役に立たなければ彼らが保護活動をすることはない．そこでネムリユスリカ幼虫を大量に増殖し，アフリカで盛んなナマズ養殖の種苗生産に餌として活用することを提案した．特にナマズの仔魚が消化できる最適な餌がなく「共食い」が発生し困っている．ネムリユスリカ幼虫はその餌問題を解決してくれる．早速その事業に着手した．「貴重な生物資源をその資源が捻出する資金で保護活動ができる」，そんなモデルケースをネムリユスリカで何とか実現したい．

用語集

································ ア行 ································

アポトーシス
遺伝子のプログラムにより自らの細胞を死滅させる積極的, 機能的な細胞死.

インベントリー
博物館, 大学などの収蔵品の目録. 生物学ではある地域に分布する生物の種類目録, 分布図などを指す.

オントロジー
哲学用語では存在論のことを指すが, 情報科学分野においては, 対象世界に存在する物事の本質的な構造を捉え, 高い抽象レベルで表現した概念体系のことを意味する. オントロジーでは概念間の is-a（上位下位）関係に加えて, part-of（全体－部分）関係, 属性定義など, 様々な概念間の関係が定義される.

オントロジー強化型シソーラス
シソーラスにおける語彙体系ではカバーできない分野間での用語の違いを, オントロジーにおける抽象レベルの高い概念を介して架橋することで, バイオミメティクスのような領域横断的な分野での発想支援型情報検索に利用できるようしたもの.

································ カ行 ································

回折格子（カイセツコウシ）
格子状のパターンにより, 異なる波長が混ざった光を波長毎に分ける構造. 周期がナノスケールの場合, 構造色を発する.

滑空飛行
羽ばたき運動がなく, ハンググライダーのように翼を用いて揚力を得るが, 推進のために特別な動力源をもたず, 重力や気流を利用して飛ぶ方法. 動力飛行も見よ.

クリプトビオシス
クマムシ, ネムリユスリカなどに見られる, 極度の乾燥などの厳しい環境に対して, 活動を休止し無代謝の永久的休眠状態になる現象. 水分などが与えられると活動を再開する.

グルーミング
体の衛生状態や機能保持を目的とする動物の行動. 自分自身に対しておこなうものと, 他者に対して行うものがある. 毛繕い, 羽繕い, ノミ取りなどが含まれるが, 昆虫が付節を擦り合わせる行為などもある.

弦音器官（ゲンオンキカン）
昆虫の体内で, 弦のように張りめぐらされた感覚子が集まった感覚器.

懸濁物食性（ケンダクブツショクセイ）
水中に浮遊するプランクトン, 死んだ生物が分解される途中の有機物の塊などの懸濁物を餌とすること.

構造色
色素によるものではなく, 微細構造による光の干渉, 回折などにより生じる発色.

································ サ行 ································

シールド工法
19世紀前半に, マーク・イザムバード・ブルネル（Marc Isambard Brunel: 1769-1849）という技師によって提案されたトンネルの工法. トンネルを掘り進める際にシールドと呼ばれる大型装置で掘った穴を支えつつ, セグメント化されたトンネルを作るという工法. フナクイムシが木材に穴を開けて掘り進む際に, 開けたトンネルのを胴体部から出す粘液で補強しながら進むという生態からヒントを得て創出された.

色素増感太陽電池（シキソゾウカンタイヨウデンチ）
二酸化チタンを光電極として用いる太陽電池. 二酸化チタンの微粒子の表面に色素を吸着することで可視光にも感度をもつようになり（色素増感）, 飛躍的に起電力が増加することが見出された.

シソーラス
語句の同義語, 類義語, 包摂関係などを体系的に集めたもの. 情報検索においてキーワードを豊富にする際などに利用される.

実在流体
粘性（周囲の流体や物体表面に引きずられる性質）をもつ流体. 現実の流体は全て粘性をもつためこう呼ばれる. 粘性流体とも言う. 理想流体も見よ.

自動洗浄作用
雨の水, 光などの自然の力で汚れを防いだり分解し

たりして，きれいな状態を自動的に保つ作用．セルフクリーニングとも言う．

ジャイロイド構造
周期性のある3次元の立体構造のひとつ．

楯鱗（ジュンリン）
サメ，エイなどの軟骨魚類に特有な鱗．

スパチュラ構造
ヤモリの指先に密集して生えている微細な毛の先端部分に見られるスプーンのように広がった構造．この構造が付着面に接することで，分子間力による接着力を発生する．

生態系サービス
生態系から受けているさまざまな恩恵のこと．一般に「供給サービス」，「調整サービス」，「文化的サービス」および「基盤サービス」の4つに区別される．

相同
ある生物の間に見られる共有の性質が，共通祖先がもっていたものを子孫として引き継いでいる場合を言う．

足糸（ソクシ）
イガイの仲間が海底で体を固定させるために用いる糸状の付着器．主成分は接着性のあるタンパク質で強固な接着を可能としている．

疎水性
水との親和性が低いこと．水に溶解したり，水と結びついたりしにくいため，水が表面で広がらず，水をはじく性質となる．

---------- タ行 ----------

対称ホバリング
羽ばたき翼が打ち下ろしと打ち上げの時に，ほとんど対称的な運動をともなうホバリング．ハチドリや昆虫が良く利用する．非対象ホバリングも見よ．

多層膜干渉（タソウマクカンショウ）
多層の膜からなる微細構造で，各層の表面で反射された光が互いに干渉しあうことによって，特定の波長の光が強調され，他の波長の光は打ち消されるという発色メカニズム．

タペータム
網膜の後部にある反射層．深海魚などが眼の中に入った光を無駄なく活用するため網膜を一度通過した光を反射させて再利用する．

第4次産業革命
ドイツが「スマートファクトリー」（考える工場）を基本コンセプトとして進めている国家プロジェクト．機器をネットワークに接続することで情報技術を実世界に結びつけ，様々データを蓄積・分析・活用することにより，製造業の革新を目指している．インダストリー4.0とも言う．

超磁歪素子（チョウジワイソシ）
磁界によってひずみを生じる材料で作られた素子．これにコイルを巻き，交流電流を流すことで振動を発生できる．

動力飛行
飛翔中に自ら推進力を発生させながら飛ぶ方法．滑空飛行も見よ．

---------- ナ行 ----------

ナノパイル構造
ガの複眼（モスアイ），セミやトンボの翅の透明部分などに見られる微細な円筒形の柱状突起がびっしりと並んだ構造．

虹色素胞
魚類などがもつ色素細胞の一種．色素はもたないが，グアニンを主成分とする非常に小さな結晶板が多数配列した構造があり，その結晶の配列角度を変化させることで，多様な構造色を呈する．

---------- ハ行 ----------

バイオミメティクス
生物がもつ優れた形態，機能，製造プロセスなどを模倣し，技術開発やモノづくりに応用すること．日本語では「生物模倣技術」などと訳される．類似した言葉に「バイオミミクリー（biomimicry）」や「バイオインスパイアード（bio-inspired）」がある．

バイオミメティック・ケミストリー
酵素や生体膜などを分子レベルで模倣しようとする化学分野における取り組み．1970年代に世界的な潮流を迎えた．

ハイドロゲル
液体と固体との中間の性質をもつ物質をゲルと呼び，特に多量の水分を含むものをハイドロゲルと呼ぶ．

羽ばたき周波数
羽ばたき飛行において，単位時間あたりに翼を羽ばたかせる回数．

羽ばたき飛行
羽ばたき運動により重力に逆らいながら空気抵抗を克服して推進する飛行方法．

ハビタット
特定の生物が適応している自然環境．

非対称ホバリング
羽ばたき面が通常傾斜しており，打ち下ろしと打ち上げの間で翼を反転させることができず，非対称な運動をともなうホバリング．主にコウモリや鳥類の一部で観察される．対象ホバリングも見よ．

フォトニック結晶
構造色をもたらす微細構造のひとつ．屈折率の異なる材料が周期的に配列された構造体．フォトニクス結晶とも言う．

フリーズ反応
カミキリムシ，カブトムシの幼虫などが振動などによって動きを止める反応．

分子間力
分子と分子の間に働く力．中でも無極性の分子間に働く力．ファンデルワールス力とも呼ばれる．

ベルヌーイの定理
1つの系に含まれる流体がもつエネルギーの総和が常に一定であるという法則．これにより流体は，流速が上がると圧力は下がり，流速が下がると圧力が上がるという性質をもつ．理想流体においては，このベルヌーイの定理が成立する．

―――――――― マ行 ――――――――

迎え角
流体中の物体が，流体の流れの方向に対してどれだけ傾いているかを表す角度．迎角とも言う．

面状ファスナー
オナモミやゴボウのようなキク科の植物のタネが，先端がU字に曲がったトゲにより動物の毛に付着することからヒントを得て製品化された面的に着脱できるファスナー．マジックテープという名称でよく知られている．

モスアイ構造
ガの複眼表面などで見られる，微細な突起が林立し，反射光を抑える働きをもつ構造．

―――――――― ヤ行 ――――――――

よどみ点
流体中の物体の前方において流体の流速が非常に小さくなり（理想流体においては流速がゼロになる），圧力が高くなる場所．

―――――――― ら行 ――――――――

理想流体
流体力学において，粘性が存在しないと仮想的に見なした数学的に理想的な流体．完全流体とも言う．実在流体も見よ．

鱗粉
チョウやガの翅や体を覆っている微少な粉．規則的に配列しており，翅の模様を形成すると共に，撥水性などさまざまな機能を実現している．

レイノルズ数
流体力学において，流体の慣性力と粘性力の比で定義される無次元数．

―――――――― ワ行 ――――――――

ワークベンチ
作業台という意味から，ソフトウェアでおこないたい作業に応じて関連するメニューや機能，ツール類が利用しやすい形でまとめられたもの．

索引

【あ】
アスペクト比　42, 98
圧力抗力　77-79
脂鰭　63
アポトーシス　143

【い】
遺伝資源　22
イノベーション　8, 26, 124, 137, 138
入れ子原理　140
隠蔽効果　72
インベントリー　8, 10, 127, 128, 131, 132

【う】
運動学モデリング　100, 101

【え】
エコジレンマ　10, 11
エコ・テクノロジー　133

【お】
オナモミ　4, 5
オントロジー　9, 124-126, 140
オントロジー強化型シソーラス　124

【か】
回折格子　57, 58, 121
害虫防除　46, 47
カイメン　12, 13
角度依存性　38, 121
風切羽　7, 117, 118
可視光線　120
カタツムリ　2, 4, 8, 126
滑空飛行　94, 96, 99
ガラス海綿　18
カワセミ　7, 8, 14, 15, 121
感覚器官　49, 82
環境科学　10, 133
環境制約　133-136, 138, 140
環境負荷　133
環境問題　84, 86
慣性力　96, 98, 104
環節　26-28
間接飛翔筋　96
完全流体　77
乾燥　35
乾燥耐性　142, 143

【き】
キーワード　90, 124-128
機械系バイオミメティクス　6, 7

幾何学モデリング　100
気候変動　20, 133
技術革新　8, 10, 11, 14, 26, 36, 113
吸着器官　34
吸着毛　30, 33-36, 128
吸盤　30, 33, 34, 37, 38, 41, 42, 70-72, 86-88, 127
境界層　77-79
驚愕反応　46, 47
局面原理　140
金属光沢　14, 56, 89, 121

【く】
グアニン　88
クラップフリング原理　100
グランドプラン　26
クリプトビオシス　142, 143
グルーミング　40

【け】
迎角　96, 100
形状抗力　77
系統樹　19
弦音器官　47
懸濁物食性　12

【こ】
高位分類群　19
抗菌塗料　125, 126
合成繊維　4, 16
構造色　7, 14, 55-57, 88, 120, 121, 127
構造接着　7, 128
高速遊泳魚　69, 73
抗付着効果　82, 83
剛毛　28, 37-40
抗力　74-79, 96, 98
国際標準化　2, 8
固着性　12
固着動物　12, 13
固定装置　105, 106
固定翼　94, 98

【さ】
サイエンスミュージアムネット　23
材料科学　7, 124
材料系バイオミメティクス　6, 7
魚の群れ　14, 89, 90
先取り反作用原理　140
里地里山　14
サブセルラー・サイズ構造　7, 127
サメ肌　7, 66, 73, 79, 84, 90
酸性雨　14

【し】
シールド工法　4
ジェット推進　113
色素増感太陽電池　6
自然選択　19, 113
シソーラス　9, 124
持続可能性　9, 10
持続可能な利用　22
実在流体　77-79
失速　75, 76, 79, 118
失速角　75
自動洗浄作用　2
翅膜　54, 55, 106, 109, 131
翅脈　96-98, 105, 106, 108, 109, 131
ジャイロイド構造　56
社会受容性　135, 140
周波数　46, 47, 95, 98
縦扁形　63, 70, 72
絨毛状構造　71
収斂形質　36
収斂進化　13, 19
種内変異　16, 17
楯鱗　66, 68, 73, 79, 80, 84, 85
衝突回避　90
食物連鎖　16
人工筋肉　6
人工飛翔体　113, 116-118
振動　46, 47, 96, 98

【す】
水生甲虫　27, 30, 33, 34
水中歩行　44
推力　74-76, 94-96, 100
スパチュラ　38
スポンジ層　121

【せ】
静止飛行　94, 99, 101
生息環境　27, 35, 62, 70, 103, 126
生態学　19, 94
生態系　12, 14, 16, 19, 20, 22, 46, 47
生態系サービス　19, 20
生物規範工学　2, 8, 10, 11
生物多様性　2, 14-16, 20, 22, 23, 58, 60, 133
生物多様性条約　8, 20, 22
生物模倣技術　2, 10
接着　2, 7, 10, 12, 13, 30, 33, 37-44, 70, 73, 82, 86-88, 128
接着性剛毛　39
接着装置　33
接着タンパク質　13

接着力　37-41, 44
セメントタンパク質　82
セルフクリーニング　10, 38
セレーション　107, 118
センサー　6, 39, 90, 120
前進飛行　94, 95, 100
選択圧　19

【そ】
ソアリング　96
相同　19
層流境界層　78, 79
足糸　12, 13
側扁形　63
疎水性　39

【た】
対称ホバリング　94, 95
ダイヤモンド構造　56, 57
第4次産業革命　7
タコの吸盤　41, 42, 86, 88
多重反射　89
多層膜干渉　55, 57, 121, 128
脱着　72
タペータム　89, 90
タマムシ　55, 121

【ち】
地球温暖化　14, 133
超磁歪素子　47
超撥水　2, 7, 10, 50
直接飛翔筋　96, 97

【て】
定位　7, 46, 69
低環境負荷　10
適応　11, 19, 20, 26, 27, 35, 36, 60, 70, 84, 103, 110, 113, 114, 116-118, 143

【と】
動力飛行　103, 110, 113, 114
土壌洗浄法　35
トレハロース　142

【な】
ナイロン　4, 16
名古屋議定書　22
ナノスーツ法　90, 91
ナノテクノロジー　7, 10
ナノニップル　50
ナノパイル　50, 52, 54
ナノパイル構造　54

【に】
虹色素胞　88

二名法　19

【ね】
ネイチャー・テクノロジー　10, 138, 140
ネムリユスリカ　142, 143
粘性抵抗　37
粘性底層　78
粘性度　104, 108
粘性流体　77
粘着力　96, 98
粘着物質　30

【は】
バイオTRIZ　140, 141
バイオインスパイアード　2, 6
バイオテクノロジー　10
バイオミミクリー　2, 8, 9
バイオミメティック・ケミストリー　6, 7
ハイドロゲル　82, 83
剥離　37, 38, 40, 43, 77-79, 139
剥離強度　42, 43
剥離性　37, 38
ハス　2, 3, 7, 8, 10
発音器　48, 49
バックキャスト思考　135, 140
発色　7, 8, 56-58, 120, 121
発色メカニズム　55-57, 120, 121
発想支援　8, 9, 124, 125, 127, 130, 131
発想支援型画像検索　126, 127
ハニカム構造　49, 140
羽ばたき周波数　96, 98, 99, 102
羽ばたき飛行　94, 96, 98-101
ハビタット　30, 35
反射スペクトル　120

【ひ】
光伝送性能　18
微細構造　7, 8, 23, 35, 39, 41, 48, 50, 53-57, 66, 87, 90, 91, 105-107, 121
飛翔生物　94-96, 98-100
非相同　19
非対称ホバリング　94, 95
ピッチアップ回転　100
表面研磨　42
表面張力　37

【ふ】
ファンデルワールス力　2, 37, 38, 88
風力発電機　138-140
フォーキャスト思考　135
フォトニック結晶　56, 57, 128
複眼　35, 50-52, 54, 140
フクロウ　7, 8, 114, 118

フジツボ　12, 13, 37, 82, 83, 86, 87
付属肢　26, 27
付着生物　82, 83, 87
フナクイムシ　4, 5, 20
フリーズ反応　46, 47
浮力　16, 44, 68, 74, 139
分子間力　2, 37, 88
分子系バイオミメティクス　6, 7
分子ナノテクノロジー　6
分類学　7, 18, 19, 22, 48, 60

【へ】
並走　90
ベルヌーイの定理　77

【ほ】
防汚　7, 82, 125, 126
紡錘形　63, 84
歩行器官　26, 27
ボルテックスジェネレーター　79

【ま】
摩擦　37, 38, 48, 77-79, 81, 88, 126
摩擦抗力　77-79
摩擦抵抗　74, 77-79, 81, 99
マジックテープ　4, 106, 118
マツ材線虫病　46

【み】
ミツバチ　16, 28, 94, 101, 102

【む】
迎え角　74-76, 79
無反射フィルム　7

【め】
面状ファスナー　4, 5

【も】
毛状構造　37, 39, 43, 44, 88
モスアイ　7, 127, 131, 132
モスアイ構造　50, 52, 54
モルフォチョウ　7, 8, 55, 56, 121

【ゆ】
有機スズ化合物　82
有向グラフ構造　125
有翅昆虫　26, 27

【よ】
揚抗比　96, 98
よどみ点　77

【ら】
ライフスタイル　10, 133, 135-140

ラムサール条約　20
乱流境界層　78-81

【り】
理想流体　77-79
リブレット　66, 79, 80, 81, 84, 85
流線形　76, 78, 79, 85
流体力学モデリング　100, 101
流体力　98

鱗粉　7, 54-57, 97, 121, 129, 132, 140
鱗片　56-58, 131

【る】
類似画像検索　129-132

【れ】
レイノルズ数　96, 98, 100-102, 104, 108, 139

【ろ】
ロール運動　94

【わ】
ワークベンチ　125, 126
ワシントン条約　20

執筆者一覧（五十音順）

石田秀輝（いしだ　ひでき）
合同会社地球村研究室代表，東北大学名誉教授
専門：環境科学

奥田　隆（おくだ　たかし）
農業生物資源研究所上級研究員
専門：昆虫生理学

片山英里（かたやま　えり）
国立科学博物館動物研究部支援研究員
専門：魚類分類学

河合俊郎（かわい　としお）
北海道大学総合博物館助教
専門：魚類系統分類学

古崎晃司（こざき　こうじ）
大阪大学産業科学研究所准教授
専門：オントロジー工学

小林秀敏（こばやし　ひでとし）
大阪大学大学院基礎工学研究科教授
専門：材料力学，衝撃工学，植物バイオメカニックス

篠原現人（しのはら　げんと）
別記

下村政嗣（しもむら　まさつぐ）
千歳科学技術大学理工学部教授
専門：バイオミメティクス，高分子科学

須藤祐子（すとう　ゆうこ）
東北大学工学研究科工学教育院特任准教授
専門：材料科学

高梨琢磨（たかなし　たくま）
国立研究開発法人森林総合研究所主任研究員
専門：生物音響学，行動生理学，応用昆虫学

田中博人（たなか　ひろと）
東京工業大学大学院理工学研究科機械制御システム専攻准教授
専門：マイクロ加工，流体力学，羽ばたき飛行ロボット

椿　玲未（つばき　れみ）
国立研究開発法人海洋研究開発機構ポストドクトラル研究員
専門：動物生態学

野村周平（のむら　しゅうへい）
別記

長谷山美紀（はせやま　みき）
北海道大学教授
専門：マルチメディア信号処理

平井悠司（ひらい　ゆうじ）
千歳科学技術大学専任講師
専門：バイオミメティクス，自己組織化

古川柳蔵（ふるかわ　りゅうぞう）
東北大学大学院環境科学研究科准教授
専門：環境イノベーション

細田奈麻絵（ほそだ　なおえ）
国立研究開発法人物質・材料研究機構グループリーダー
専門：バイオミメティクス，接合

松浦啓一（まつうら　けいいち）
国立科学博物館名誉研究員
専門：魚類系統分類学，生物多様性情報学

溝口理一郎（みぞぐち　りいちろう）
北陸先端科学技術大学院大学特任教授
専門：オントロジー工学

室崎喬之（むろさき　たかゆき）
旭川医科大学医学部化学教室助教
専門：高分子科学，付着生物学

森本　元（もりもと　げん）
公益財団法人山階鳥類研究所研究員
専門：鳥類行動学，鳥類生態学，進化生物学

劉　浩（りゅう　ひろし）
千葉大学工学研究科教授
専門：生体力学，バイオミメティクス，昆虫型飛行ロボット

山内　健（やまうち　たけし）
新潟大学工学部教授
専門：高分子材料

山崎剛史（やまさき　たけし）
公益財団法人山階鳥類研究所自然誌研究室研究員
専門：鳥類分類学，鳥類形態学

編集者略歴

篠原現人（しのはら　げんと）
国立科学博物館・動物研究部脊椎動物研究グループ・研究主幹
北海道大学総合博物館・資料部・研究員
北海道大学大学院水産科学研究科博士後期課程修了（水産学博士）
主著　『日本の海水魚』（分担筆，山と渓谷社），『日本動物大百科6魚類』（分担筆，平凡社），『標本の世界』（分担筆，東海大学出版会）など
専門　魚類系統分類学

野村周平（のむら　しゅうへい）
国立科学博物館・動物研究部陸生無脊椎動物研究グループ・研究主幹
九州大学大学院・比較社会文化研究院・客員准教授
九州大学大学院博士後期課程単位取得退学（農学博士）
主著　『新版昆虫採集学』（分担筆，九州大学出版会），『次世代バイオミメティクス研究の最前線―生物多様性に学ぶ―』（分担筆，シーエムシー出版），『大都会に息づく照葉樹の森―自然教育園の生物多様性と環境―』（分担筆，東海大学出版会）など
専門　昆虫分類学，生物多様性

国立科学博物館叢書――⑯
生物の形や能力を利用する学問 バイオミメティクス
（せいぶつ の かたち や のうりょく を りよう する がくもん）

2016年3月30日　第1版第1刷発行

　編著者　篠原現人・野村周平
　発行者　橋本敏明
　発行所　東海大学出版部
　　　　　〒259-1292　神奈川県平塚市北金目4-1-1
　　　　　TEL 0463-58-7811　FAX 0463-58-7833
　　　　　URL http://www.press.tokai.ac.jp/
　　　　　振替　00100-5-46614
　印刷所　港北出版印刷株式会社
　製本所　誠製本株式会社

Ⓒ National Museum of Nature and Science, 2016　　　ISBN978-4-486-02098-1

Ⓡ〈日本複製権センター委託出版物〉
本書の全部または一部を無断で複写複製（コピー）することは，著作権法上の例外を除き，禁じられています．本書から複写複製する場合は日本複製権センターへご連絡の上，許諾を得てください．日本複製権センター（電話 03-3401-2382）